ゼロからはじめるデータサイエンス
Pythonで学ぶ基本と実践

Joel Grus 著

菊池 彰 訳

本書で使用するシステム名、製品名は、それぞれ各社の商標、または登録商標です。
なお、本文中では™、®、©マークは省略している場合もあります。

Data Science from Scratch

Joel Grus

Beijing · Cambridge · Farnham · Köln · Sebastopol · Tokyo

©2017 O'Reilly Japan, Inc. Authorized Japanese translation of the English edition of "Data Science from Scratch". ©2015 O'Reilly Media. This translation is published and sold by permission of O'Reilly Media, Inc., the owner of all rights to publish and sell the same.

本書は、株式会社オライリー・ジャパンがO'Reilly Media, Inc.との許諾に基づき翻訳したものです。日本語版についての権利は、株式会社オライリー・ジャパンが保有します。

日本語版の内容について、株式会社オライリー・ジャパンは最大限の努力をもって正確を期していますが、本書の内容に基づく運用結果について責任を負いかねますので、ご了承ください。

訳者まえがき

　本書は、Joel Grus著『Data Science from Scratch』の邦訳です。ソーシャルネットワーク運営企業であるデータサイエンス・スター社に雇用されたデータサイエンティストがさまざまな課題に直面し、それをデータサイエンスの手法を使って次々と解決していきます。その過程を通してPython言語とデータサイエンスの手法を学びます。

　著者が「はじめに」でも述べているように、NumPy、scikit-learn、pandasなど既製のライブラリを使えば、データサイエンスを理解していなくてもある程度のことはできるようになるでしょう。本書ではライブラリの使い方を解説して単に使えるようにするのではなく、それぞれのライブラリが実装している各種の技法がどのように作られているかをPythonのコード実装例と共に示し、データサイエンスの各分野に対する理解を促すというアプローチに特徴があります。

　本書の構成は大きく2つに分けることができます。前半の「1章　イントロダクション」から「11章　機械学習」までは、基礎編として後半の各章で使われる部品を作り、基礎となる考え方を学びます。後半の「12章　k近傍法」から「22章　リコメンドシステム」までは、応用編として各種データサイエンス技法を、「23章　データベースとSQL」と「24章　MapReduce」は必須のツールとしてリレーショナルデータベースとMapReduceを解説します。ゼロから作る方式は、すなわちゼロからの積み上げ方式であり、前の章までに作ったものの上にロジックが組み上げられます。そのため、できれば前半の章を通して読んだ上で、後半の興味のある章に取りかかるのが良いでしょう。

　本書の企画段階から翻訳の完成まで辛抱強くサポートをいただきました、オライリー・ジャパンの赤池氏に深く感謝いたします。また、大橋真也氏、藤村行俊氏、大

岩尚宏氏には翻訳のレビューを行なっていただき、技術的誤りや文書の改善について数多くの指摘をいただきました。貴重なアドバイスに深く感謝いたします。

2017年1月

菊池 彰

はじめに

データサイエンス

　データサイエンティストは「21世紀で最もセクシーな職業」と呼ばれていますが、セクシーさで言うなら、消防士も負けてはいません。とはいえ、データサイエンスは注目され高く成長している分野であるため、今後10年以上にわたり今よりもずっと多くのデータサイエンティストが必要になると予測されています。

　ところで、データサイエンスとは何でしょうか。データサイエンスが何を表すのかがわからなければ、データサイエンティストの育成はできません。有名なデータサイエンス・ベン図によると、次の3分野の交わるところがデータサイエンスとなります。

- ハッキングスキル
- 数学と統計学の知識
- 実質的な専門知識

　そこでこれら3分野すべてについて取り上げた書籍を書いてみようと思い立ったわけですが、「実質的な専門知識」はとても扱いきれるものではないと気付くに至り、最初の2分野に的を絞ることにしました。つまり、データサイエンティストとして必要となるハッキングスキルを身につけること、そしてデータサイエンスの核となる数学と統計学に苦痛を感じないだけの知識を習得することです。

　これは書籍というメディアに対する少々重い課題でもあります。ハッキングスキルを身につける最良の方法は、何かをハックすることです。本書を読めば、筆者が必要としたハッキングスキルを理解できるでしょう。しかし、それは自分に必要なハッキングスキルを学ぶ最良の方法ではないかもしれません。本書を読めば、筆者が使用した

ツールについて理解できるでしょう。それは必ずしも自分が必要とするものではありません。筆者が行った問題に対する解法も同様に、自分の問題に対する最良の解法ではないはずです。本書の意図するところ（そして筆者の希望）は、本書の例が読者独自の方法で問題に取り組む際のヒントとなることです。本書の例をすぐにでも試してください。すべてのコードとデータは GitHub（https://github.com/joelgrus/data-science-from-scratch）で提供しています。

同様に数学を学ぶ最良の方法は、数学を行うことです。本書は数学の教科書ではありませんし、多くの場面で数学を実行しているわけでもないことを強調しておきます。しかしながら、確率、統計、線形代数に関する知識なしにデータサイエンスを行えないのも事実です。そのために必要となれば方程式、数学的直感、公理、簡単なレベルの数学上の定理に踏み込むこともあります。恐れることはありません。筆者がついています。

また、本書を通してデータと戯れる楽しさも伝えたいと思います。なぜなら、データと遊ぶのは本当に楽しいのですから（納税や石炭掘りと比べてみれば良くわかります）。

ゼロからはじめる

一般的な（同様に一般的でないものも含めて）データサイエンスのアルゴリズムや技法を実装したライブラリ、フレームワーク、モジュール、ツールキットは星の数ほど存在します。データサイエンティストになりたいのであれば、NumPy、scikit-learn、pandas、その他のライブラリ群に精通している必要があります。これらはデータサイエンスを行うには必須のものですが、同時にデータサイエンスを理解せずにデータサイエンスを始めるための道具でもあります。

本書では何もないところからデータサイエンスを始めます。言い換えると、アルゴリズムをより良く理解するためにツールをゼロから実装します。多くの解説を加えながら、明快で読みやすい実装や事例となるよう十分に配慮しました。多くの場合、こうしたツールはわかりやすい一方で実用的ではありません。小さな実験的データではうまく動作しますが、現実的なデータ量に対しても同様の動作は望めません。

巨大なデータに対して、実際にはどのようなライブラリを使うべきなのかを提示しますが、本書で使うことはありません。

データサイエンスに最適なプログラミング言語に対する活発な議論が行われています。統計解析言語であるRを推す人が多数います（この人達は思い違いをしていると筆者は考えます）。JavaやScalaを提案する人も多少はいます。しかし、Pythonこそが疑う余地のない選択であると筆者は思います。

Pythonはデータサイエンスを学ぶ（そして実行する）のに適した特徴をいくつも備えています。

- フリーである
- 比較的簡単にコーディングできる（そして、理解するのも容易である）
- データサイエンスに役立つライブラリを数多く備えている

Pythonが最良のプログラミング言語であるとは思っていません。より良くデザインされ、筆者にとって心地良く、コーディングが楽しくなる言語が他にあります。それでも、新たにデータサイエンスプロジェクトを始めるときの言語は、いつもPythonに落ち着きます。プロトタイプを手っ取り早く作らなければならない時は、いつもPythonを使っています。データサイエンスの概念をわかりやすく、すっきりと説明したい時には、いつもPythonを利用します。そうして、本書でもやはりPythonを使うことになりました。

本書の目的はPythonを教えることではありません（とはいえ、本書を読めばPythonの一部を学べます）。本書の目的のための重要な機能に焦点を当てた集中コースを一章設けましたが、読者がPythonについて（もしくはプログラミングについて）全く知識がないのであれば、「初心者のためのPython」といったチュートリアルが必要となるでしょう。

データサイエンスへの入門でも同じ手法を使います。詳細が重要であるか理解の助けになる場合には解説を行いましたが、それ以外は読者が自分で学ぶ（またはWikipediaを調べる）ための余地を残しています。

何年にもわたり、筆者はデータサイエンティストを育成してきました。彼ら全員が世界を変えるようなデータのスーパースターになったわけではありませんが、より良いデータサイエンティストとして成長させました。その中で筆者はある程度の数学的な能力とプログラミングスキルは、データサイエンティストであるための材料であると強く確信するようになりました。必要となるのは探究心、意欲、勤勉さ、そして本書だ

けです。そのために、本書があるのです。

表記法

本書では、次のような表記法に従います。

ゴシック (サンプル)
新しい用語を示す。

等幅 (`sample`)
プログラムリストに使うほか、本文中でも変数、関数、データ型、文、キーワードなどのプログラムの要素を表すために使う。

太字の等幅 (**`sample`**)
ユーザがその通りに入力すべきコマンドやテキストを表す。

斜体の等幅 (*`sample`*)
ユーザが実際の値に置き換えて入力すべき部分、コンテキストによって決まる値に置き換えるべき部分、プログラム内のコメントを表す。

 このアイコンはヒントや提案を示す。

 このアイコンは一般的な注記を示す。

 このアイコンは警告や注意事項を示す。

はじめに | **xi**

コード例の使用

コード例、練習問題などのソースコードはhttps://github.com/joelgrus/data-science-from-scratchからダウンロードできます。

本書は、読者の仕事の実現を手助けするためのものです。一般に、本書のコードを読者のプログラムやドキュメントで使用可能です。コードの大部分を複製しない限り、O'Reillyの許可を得る必要はありません。例えば、本書のコードの一部をいくつか使用するプログラムを書くのに許可は必要ありません。O'Reillyの書籍のサンプルを含むCD-ROMの販売や配布には許可が必要です。本書を引き合いに出し、サンプルコードを引用して質問に答えるのには許可は必要ありません。本書のサンプルコードの大部分を製品のマニュアルに記載する場合は許可が必要です。

出典を明らかにしていただくのはありがたいことですが、必須ではありません。出典を示す際は、通常、題名、著者、出版社、ISBNを入れてください。例えば、『Data Science from Scratch』(Joel Grus著、O'Reilly、Copyright 2015 O'Reilly Media、ISBN978-1-491-90142-7、日本語版『ゼロからはじめるデータサイエンス』オライリー・ジャパン、ISBN978-4-87311-786-7)のようになります。

コード例の使用が、公正な使用や上記に示した許可の範囲外であると感じたら、遠慮なくpermissions@oreilly.comに連絡してください。

問い合わせ先

本書に関するご意見、ご質問などは、出版社に送ってください。

株式会社オライリー・ジャパン
電子メール japan@oreilly.co.jp

本書には、正誤表、サンプル、追加情報を掲載したWebサイトがあります。このページには以下のアドレスでアクセスできます。

http://shop.oreilly.com/product/0636920033400.do (英語)
http://www.oreilly.co.jp/books/9784873117867/ (日本語)

本書に関する技術的な質問やコメントは、以下に電子メールを送信してください。

bookquestions@oreilly.com

当社の書籍、コース、カンファレンス、ニュースに関する詳しい情報は、当社の
Webサイトを参照してください。

http://www.oreilly.com（英語）

http://www.oreilly.co.jp（日本語）

当社のFacebookは以下の通り。

http://facebook.com/oreilly

当社のTwitterは以下でフォローできます。

http://twitter.com/oreillymedia

YouTubeで見るには以下にアクセスしてください。

http://www.youtube.com/oreillymedia

謝辞

本書の執筆提案に応じていただいた（そして本書が妥当なページ数となるような助言
をいただいた）Mike Loukidesに感謝します。彼が安易に「いつも試し書きのような文
章しか送ってこない、こいつはいったい誰だ。どうすればもっとましになるだろう。」
と筆者に言わなかったことを非常にありがたく感じています。そして編集のMarie
Beaugureauに感謝します。彼女は出版のプロセス全般にわたり筆者の良き相談者で
あり、筆者がこれまでに得た経験を超えて本書をすばらしい内容とするための指導者
でありました。

データサイエンスを学んでいなければ、恐らく本書を執筆することはなかったでしょ
う。そしてDave Hsu, Igor Tatarinov, John Rauserを始めとするFarecast[※1]の仲間
から影響を受けなければデータサイエンスを学ぶこともありませんでした（当時、この
分野はまだデータサイエンスと呼ばれていませんでした）。そしてCourseraに関わる
人々に感謝します。

※1 訳注：Farecastは航空運賃の比較や、航空券を購入する際に今後運賃が高くなるか安くなるか
を過去のデータから予測するサービスを提供していた米国の企業。2008年にマイクロソフトに
買収された。

はじめに | **xiii**

　出版前の本書を査読をしていただいた方々に感謝します。Jay Fundlingからは説明が不明瞭な点や誤りの指摘を数多くいただきました。彼の貢献により本書はより良く（そしてより正確に）なりました。本書の統計に関する記述の整合性はDebashis Ghoshを中心に確認していただきました。「PythonよりもRを好む人々は精神的に堕落している」という本書の考え方を和らげるよう、Andrew Musselmanから提案をいただきました。最終的にはこのアドバイスが良い影響をもたらしたと考えています。Trey Causey, Ryan Matthew Balfanz, Loris Mularoni, Núria Pujol, Rob Jefferson, Mary Pat Campbell, Zach Geary, Wendy Grusからも非常に貴重な意見をいただきました。そうした助言があってもなお本書に誤りが残っていたなら、それは筆者の責任です。

　Twitterの#datascienceコミュニティーに感謝します。そこでは数多くの新しい考え方を学びました。多くのすばらしい人々との出会いがありました。そして筆者はまだまだ修行が足りないということを十分に思い知らされました。それを補うために本を書いています。Trey Causeyには「第4章 線形代数」を加えることになるきっかけをいただきました。またSean J. Taylorの示唆により「第10章 データの操作」におけるいくつかの大きな欠落が判明しました。両者には特に感謝します。

　そしてGangaとMadelineには最大級の感謝を捧げます。書籍を執筆するよりも難しいのは、書籍を執筆する者と一緒に生活することだけです。家族の支えなしに、本書が完成することはなかったでしょう。

目次

訳者まえがき ……………………………………………………………………………… v
はじめに ……………………………………………………………………………………… vii

1章　イントロダクション ……………………………………………………… 1

1.1　データに支配された世界 ……………………………………………………… 1
1.2　データサイエンスとは …………………………………………………………… 1
1.3　仮想事例：データサイエンス・スター社にて ………………………………… 3
　　1.3.1　キーコネクタを探せ …………………………………………………… 3
　　1.3.2　知り合いかも？ ………………………………………………………… 6
　　1.3.3　給与と経験値 …………………………………………………………… 9
　　1.3.4　有料アカウント ……………………………………………………… 12
　　1.3.5　興味に関するあれこれ ……………………………………………… 13
　　1.3.6　明日以降に向けて …………………………………………………… 15

2章　Python速習コース ………………………………………………………… 17

2.1　Python基礎 …………………………………………………………………… 17
　　2.1.1　Pythonの入手 ………………………………………………………… 17
　　2.1.2　禅 of Python ………………………………………………………… 18
　　2.1.3　空白によるフォーマット …………………………………………… 19
　　2.1.4　モジュール …………………………………………………………… 20
　　2.1.5　算術演算 ……………………………………………………………… 21
　　2.1.6　関数 …………………………………………………………………… 21
　　2.1.7　文字列 ………………………………………………………………… 22
　　2.1.8　例外 …………………………………………………………………… 23

| | 2.1.9 | リスト | 23 |

2.1.9　リスト ··· 23

2.1.10　タプル ·· 25

2.1.11　辞書 ··· 26

2.1.12　集合 ··· 29

2.1.13　実行順制御 ··· 30

2.1.14　真偽 ··· 31

2.2　上級Python ··· 32

2.2.1　ソート ·· 33

2.2.2　リスト内包 ·· 33

2.2.3　ジェネレータとイテレータ ··· 34

2.2.4　乱数 ·· 35

2.2.5　正規表現 ·· 37

2.2.6　オブジェクト指向プログラミング ·································· 37

2.2.7　関数型ツール ··· 38

2.2.8　enumerate ·· 40

2.2.9　zipと引数展開 ·· 41

2.2.10　argsとkwargs ·· 41

2.2.11　データサイエンス・スター社へようこそ！ ···················· 43

2.3　さらなる探求のために ·· 43

3章　データの可視化　45

3.1　matplotlib ··· 45

3.2　棒グラフ ··· 47

3.3　折れ線グラフ ·· 51

3.4　散布図 ··· 52

3.5　さらなる探求のために ·· 55

4章　線形代数　57

4.1　ベクトル ··· 57

4.2　行列 ·· 62

4.3　さらなる探求のために ·· 65

5章　統計　67

5.1　データの特徴を表す ·· 67

5.1.1　代表値 ·· 69

		5.1.2　散らばり	71
	5.2	相関	73
	5.3	シンプソンのパラドクス	76
	5.4	その他相関係数についての注意点	78
	5.5	相関関係と因果関係	78
	5.6	さらなる探求のために	79

6章　確率 　　81

	6.1	従属と独立	81
	6.2	条件付き確率	82
	6.3	ベイズの定理	84
	6.4	確率変数	85
	6.5	連続確率分布	86
	6.6	正規分布	88
	6.7	中心極限定理	91
	6.8	さらなる探求のために	93

7章　仮説と推定 　　95

	7.1	統計的仮説検定	95
	7.2	事例：コイン投げ	95
	7.3	信頼区間	100
	7.4	pハッキング	101
	7.5	事例：A/Bテストの実施	102
	7.6	ベイズ推定	104
	7.7	さらなる探求のために	107

8章　勾配下降法 　　109

	8.1	勾配下降法の考え方	109
	8.2	勾配の評価	110
	8.3	勾配を利用する	113
	8.4	最善の移動量を選択する	114
	8.5	1つにまとめる	115
	8.6	確率的勾配下降法	116
	8.7	さらなる探求のために	118

9章	**データの取得**	**119**

9.1	stdin と stdout	119
9.2	ファイルの読み込み	121
	9.2.1 テキストファイルの基礎	122
	9.2.2 区切り文字を使ったファイル	123
9.3	Web スクレイピング	125
	9.3.1 HTML とその解析	126
	9.3.2 事例：データに関するオライリーの書籍	128
9.4	API を使う	133
	9.4.1 JSON（そして XML）	133
	9.4.2 認証の必要がない API を使う	135
	9.4.3 必要な API の探索	136
9.5	事例：Twitter API	137
	9.5.1 認証の取得	137
9.6	さらなる探求のために	141

10章	**データの操作**	**143**

10.1	データの調査	143
	10.1.1 1次元データの調査	143
	10.1.2 2次元データ	146
	10.1.3 多次元データ	147
10.2	データの整理と変換	149
10.3	データの操作	152
10.4	スケールの変更	156
10.5	次元削減	157
10.6	さらなる探求のために	164

11章	**機械学習**	**165**

11.1	モデリング	165
11.2	機械学習とは？	166
11.3	過学習と未学習	167
11.4	正確さ	169
11.5	バイアス–バリアンス トレードオフ	172
11.6	特徴抽出と特徴選択	174

目次 | xix

11.7	さらなる探求のために	175

12章　k近傍法　**177**

12.1	モデル	177
12.2	事例：好みの言語	179
12.3	次元の呪い	183
12.4	さらなる探求のために	190

13章　ナイーブベイズ　**191**

13.1	非常に単純なスパムフィルタ	191
13.2	より高度なスパムフィルタ	192
13.3	実装	194
13.4	モデルの検証	196
13.5	さらなる探求のために	199

14章　単純な線形回帰　**201**

14.1	モデル	201
14.2	勾配下降法	204
14.3	最尤推定	205
14.4	さらなる探求のために	206

15章　重回帰分析　**207**

15.1	モデル	207
15.2	最小二乗モデルへの追加前提	208
15.3	モデルのあてはめ	209
15.4	モデルの解釈	210
15.5	あてはめの良さ	211
15.6	余談：ブートストラップ	212
15.7	回帰係数の標準誤差	213
15.8	正則化	215
15.9	さらなる探求のために	217

16章　ロジスティック回帰　**219**

16.1	問題	219
16.2	ロジスティック関数	222

16.3	モデルの適用	224
16.4	あてはめの良さ	225
16.5	サポートベクタマシン	227
16.6	さらなる探求のために	231

17章　決定木　233

17.1	決定木とは	233
17.2	平均情報量 (エントロピー)	235
17.3	分割のエントロピー	237
17.4	決定木の生成	238
17.5	ひとつにまとめる	241
17.6	ランダムフォレスト	244
17.7	さらなる探求のために	245

18章　ニューラルネットワーク　247

18.1	パーセプトロン	247
18.2	フィードフォワードニューラルネットワーク	249
18.3	逆伝播誤差法 (バックプロパゲーション)	252
18.4	事例：キャプチャ (CAPTCHA) を無効化する	254
18.5	さらなる探求のために	259

19章　クラスタリング　261

19.1	アイディア	261
19.2	モデル	262
19.3	事例：オフラインミーティング	263
19.4	kの選択	266
19.5	事例：色のクラスタリング	268
19.6	凝集型階層的クラスタリング	270
19.7	さらなる探求のために	276

20章　自然言語処理　277

20.1	ワードクラウド	277
20.2	n-gram モデル	279
20.3	文法	283
20.4	余談：ギブスサンプリング	286

20.5	トピックモデリング	288
20.6	さらなる探求のために	294

21章　ネットワーク分析　　295

21.1	媒介中心性	295
21.2	固有ベクトル中心性	301
	21.2.1　行列操作	301
	21.2.2　中心性	304
21.3	有効グラフとページランク	306
21.4	さらなる探求のために	309

22章　リコメンドシステム　　311

22.1	手作業によるキュレーション	312
22.2	人気の高いものをお勧めする	312
22.3	ユーザベース協調フィルタリング	313
22.4	アイテムベース協調フィルタリング	317
22.5	さらなる探求のために	319

23章　データベースとSQL　　321

23.1	表の作成 (CLEATE TABLE) と行の追加 (INSERT)	321
23.2	行の更新 (UPDATE)	323
23.3	行の削除 (DELETE)	324
23.4	行の問い合わせ (SELECT)	325
23.5	グループ化 (GROUP BY)	327
23.6	並び替え (ORDER BY)	330
23.7	結合 (JOIN)	330
23.8	サブクエリ	333
23.9	インデックス	334
23.10	クエリ最適化	334
23.11	NoSQL	335
23.12	さらなる探求のために	336

24章　MapReduce　　337

24.1	事例：単語のカウント	337
24.2	MapReduceを使う理由	339

xxii | 目次

24.3	一般的なMapReduce	340
24.4	事例：近況更新の分析	341
24.5	事例：行列操作	343
24.6	余談：コンバイナ	345
24.7	さらなる探求のために	345

25章　前進しよう、データサイエンティストとして　347

25.1	IPython	347
25.2	数学	348
25.3	既存のライブラリを活用する	348
	25.3.1　NumPy	349
	25.3.2　pandas	349
	25.3.3　scikit-learn	349
	25.3.4　可視化	350
	25.3.5　R	350
25.4	データの供給源	351
25.5	データサイエンスを活用しよう	352
	25.5.1　Hacker News記事分類器	352
	25.5.2　消防車ランク	352
	25.5.3　固有Tシャツ	353
	25.5.4　データサイエンスを使って何をしますか？	353

付録A 日本語に関する補足　355

| A.1 | 本書のコード例と日本語コードについて | 355 |
| A.2 | 和文対応のtokenize関数 | 358 |

索引 363

1章
イントロダクション

「データ！データ！データ！」彼はイライラして叫んだ。
「粘土がなければレンガは作れない。」
—— アーサー・コナン・ドイル ● 小説家

1.1　データに支配された世界

　我々はデータの海に水没した世界に暮らしています。Webサイトはすべてのユーザ
のクリックをすべて記録しています。スマートフォンは毎日、毎秒ごとの位置情報と移
動方向の記録を積み上げています。「自己定量化主義者"Quantified selfers"」は心拍数、
運動量、摂取カロリー、睡眠パターンを常に記録するウェアラブルデバイスを身に着
けています。スマートカーは運転パターンを、スマートホームは生活習慣を、スマー
トマーケットは購買パターンを収集します。インターネット自体は知識の巨大なネット
ワークです。そこには（特に）相互参照された百科事典、映像、音楽、スポーツの結果、
ピンボールマシンの種類、ミーム、カクテルなどの領域特化データベース、そして多
数の政府機関が自らの主張を正当化するための（そしていくつかは、おおよそ真実を表
している）大量の政府統計などが含まれます。

　こうしたデータに埋もれているのは、これまでに誰もが考えたこともないような無数
の問いに対する答えです。本書は、これらを見つける方法を学びます。

1.2　データサイエンスとは

　データサイエンティストとは、コンピュータ科学者よりも統計に長けており、統計
学者よりもコンピュータ科学に詳しい者である、というのはジョークです（あまり良い
ジョークとは思いませんが）。実際、多くのデータサイエンティストはソフトウェアエ
ンジニアとはっきりと区別できませんが、一部は統計学者であるとも言えます。多くは
幼稚園程度の機械学習も実装できませんが、一部は機械学習のエキスパートです。多
くは（情けないことに）学術論文を見たことすらありませんが、中にはすばらしい論文

を書いた実績のあるPhD保持者もいます。要するにどのようにデータサイエンスを定義しようとも、実際にその人を見てみればその定義が全く、そして完全に誤りであることがわかるでしょう。

そうであったとしても、何らかの定義は必要です。データサイエンティストとは、大量の乱雑なデータから物事の本質を引き出す者、であるとしておきましょう。今やデータから何らかの洞察を得るために挑戦し続ける者は、世界中に溢れています。

例えば出会い系サイトOkCupidは、大量の質問をメンバーに行い、最も適した相手を見つけます。同時に、最初のデートで相手が眠くならないように、相手が興味を持たない分野を明らかにする分析も行います（https://blog.okcupid.com/index.php/the-best-questions-for-first-dates/）。

Facebookはこれまでに住んだ場所と現在の居住地を尋ねます。これはメンバーの友人を発見しやすくするためであると言われていますが、同時に移住パターン（http://on.fb.me/1EQTq3A）や居住地（http://on.fb.me/1EQTvnO）ごとにフットボールチームの好みを分析するためにも使われます。

大規模小売店であるTargetは、実店舗とオンラインでの購買履歴および挙動を記録しています。そして、顧客に子供が生まれる予定の有無や、いつ新生児関連の商品を売り込むべきであるかを予測するモデル（http://nyti.ms/1EQTznL）のために、データを使います。

2012年、オバマ大統領の選挙運動では数十人ものデータサイエンティストが雇用され、何らかの配慮が必要な投票者の特定、寄付金提供者ごとに最適な資金集め要請プログラムの選択、最も有益と思われる投票推進運動へのシフト、などの課題に対するデータマイニングと新しい選挙手法が試みられました。これらの取り組みは、大統領の再選に大きな影響を与えたと一般的に認知されています。つまり、データを活用した政治的活動は将来的に有益な手法であり、データサイエンスの活用とデータ収集は終わりのない競争に突入しています。

うんざりする前に思い出してください。データサイエンティストの中には、そのスキルを時に応じて使用し、データを活用することで政府をより効率的にしたり（http://www.marketplace.org/2014/08/22/tech/beyond-ad-clicks-using-big-data-social-good）、ホームレスを救済したり（http://bit.ly/1EQTIYl）、公衆衛生を向上させているのです（https://plus.google.com/communities/109572103057302114737）。し

かし一方で、人々に広告をクリックさせる手法の研究を楽しんでいたとしても、その人のキャリアに傷がつくことがないのも、また事実です。

1.3　仮想事例：データサイエンス・スター社にて

　おめでとう。あなたはデータサイエンス・スター社の一員となりました。これからデータサイエンティストのソーシャルネットワークであるデータサイエンス・スターのデータサイエンスに関する取り組みを指揮することになります。

　データサイエンティスト向けのサービスでありながら、これまでデータサイエンス・スター社は自身のデータサイエンスについては全く投資を行っていませんでした（公正のために補足しますが、データサイエンス・スター社は自社の製品についても全く投資を行っていません）。それは、あなたの仕事です。あなたが直面する問題を解決するために必要となるデータサイエンスの考え方を本書から学びます。ユーザが入力したデータを参照する場合もあれば、ユーザがサイト上で行った行動から生成されるデータを調べる場合もあります。もちろん、これからデザインするデータサイエンスの手法により生成されるデータも使います。

　データサイエンス・スター社は「自社開発至上主義」であり、自社で使うソフトウェアはすべて自社でゼロから作ります。そのため、データサイエンスの基本は確実に理解しておく必要があります。社内の課題や興味を引いた問題に対して、自分のスキルを制約なく適用できる環境となっています。

　ようこそ、そして健闘を期待します（金曜日にはジーンズで構いません。それからトイレは廊下の先、右側にあります）。

1.3.1　キーコネクタを探せ

　データサイエンス・スター社への出社1日目です。ネットワーク担当部長は、ユーザに関して尋ねたいことを山ほど持っていました。これまで彼は誰にも相談できなかったので、あなたの入社を心から歓迎しています。

　彼は特に、ユーザの中で誰が「キーコネクタ」であるかを知りたいのです。そのために、データサイエンス・スターのネットワークに関するあらゆるデータが手に入りました（実際には、必要とするデータが都合良く提供されるわけではありません。第9章でデータを取得する方法を紹介します）。

このデータとは、どのようなものでしょうか。これは辞書形式のユーザリストであり、ユーザのID（番号）と、name（名前）で構成されています（大宇宙の偉大な偶然により、IDとnameは韻を踏んでいます）

```
users = [
    { "id": 0, "name": "Hero" },
    { "id": 1, "name": "Dunn" },
    { "id": 2, "name": "Sue" },
    { "id": 3, "name": "Chi" },
    { "id": 4, "name": "Thor" },
    { "id": 5, "name": "Clive" },
    { "id": 6, "name": "Hicks" },
    { "id": 7, "name": "Devin" },
    { "id": 8, "name": "Kate" },
    { "id": 9, "name": "Klein" }
]
```

IDの組である「交友関係（friendships）」データも受け取りました。

```
friendships = [(0, 1), (0, 2), (1, 2), (1, 3), (2, 3), (3, 4),
               (4, 5), (5, 6), (5, 7), (6, 8), (7, 8), (8, 9)]
```

例えば、タプル(0, 1)は、id 0のユーザ（Hero）と1のユーザ（Dunn）が友人であることを示しています。図1-1に交友関係を示します。

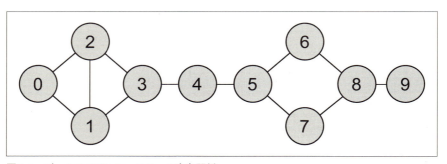

図1-1　データサイエンス・スターの交友関係

ユーザを辞書で表現しているので、ユーザが増えてもデータを追加するのは容易です。

ここではまだコードの詳細を理解する必要はありません。第2章でPythonの速習コースを行います。今は何を行っているのか、その雰囲気だけを感じてください。

例えば、各ユーザに友人のリストを加えたいとしましょう。まず各ユーザのfriendsプロパティに空のリストを設定します。

```
for user in users:
    user["friends"] = []
```

続いて、交友関係データを使い友人リストを設定します。

```
for i, j in friendships:
    # IDがiのユーザは、users[i]で表される
    users[i]["friends"].append(users[j]) # iの友人にjを追加
    users[j]["friends"].append(users[i]) # jの友人にiを追加
```

各ユーザに友人リストを設定したなら、ネットワークの状態は簡単に調べられます。例えば、平均接続数はいくつでしょうか。

最初に友人リストの長さを足し合わせて、接続数の**総計**を求めます。

```
def number_of_friends(user):
    """各ユーザは、何人の友人を持つだろうか"""
    return len(user["friends"])          # friend_idsリストの長さ

total_connections = sum(number_of_friends(user)
                        for user in users)     # 24
```

総計をユーザ数で割って平均を求めます。

```
from __future__ import division   # 時代遅れの整数除算をPython 3.X相当にする※1
num_users = len(users)            # ユーザのリスト
avg_connections = total_connections / num_users # 2.4
```

接続の最も多い、つまり多くの友人を持つユーザを探すのも簡単です。
ユーザは多くないので、全ユーザを友人の多寡でソートします。

※1 訳注：Python 2.Xでは、整数の除算は切り捨てが起きるので、__future__パッケージを用いて、小数が保持されるPython 3.X相当の方式を使う。2.1.5節を参照。

```
# リストを作成(user_id, number_of_friends)
num_friends_by_id = [(user["id"], number_of_friends(user))
                     for user in users]

sorted(num_friends_by_id,                                    # num_friendsで
       key=lambda (user_id, num_friends): num_friends, # 降順にソート
       reverse=True)

# ユーザ(user_id)と友人数(num_friends)のペア
# [(1, 3), (2, 3), (3, 3), (5, 3), (8, 3),
# (0, 2), (4, 2), (6, 2), (7, 2), (9, 1)]
```

考慮したのは、ネットワーク上どのユーザが中心的な存在となっているかを特定する方法でした。事実、ここで計算したのは、**次数中心性**(degree centrality)というネットワーク指標です(**図1-2**)。

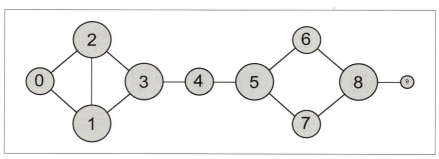

図1-2　次数でサイズを変えたデータサイエンス・スターの交友関係

この指標は計算しやすいという長所がありますが、一方で常に期待している結果が得られないという短所もあります。例えば、Dunn(id 1)には3つの接続がありますが、Thor(id 4)の接続数は2です。しかし直感的にはThorの方が中心に位置しているように感じます。ネットワークについては第21章で詳細に調査し、より複雑な中心性の概念を取り上げます。

1.3.2　知り合いかも？

新入社員としての事務処理を行っていると、交流促進担当部長がやってきました。彼女はメンバー間のつながりを促すために、お知らせ機能「データサイエンティストの

1.3 仮想事例：データサイエンス・スター社にて | **7**

知り合い」をデザインするよう依頼してきました。

友人の友人はおそらく知り合いであるだろうと考え、お知らせ機能は簡単に実現で
きると思っていました。各ユーザの友人と、それぞれの友人を集めるのは簡単です。

```
def friends_of_friend_ids_bad(user):
    # foafは、"friend of a friend"の短縮形
    return [foaf["id"]
            for friend in user["friends"]  # ユーザの友人
            for foaf in friend["friends"]] # 友人の友人を収集
```

この関数をusers[0]（Hero）に適用すると、次の結果が得られます。

```
[0, 2, 3, 0, 1, 3]
```

ここにはユーザ0が2回登場します。自分の友人の友人は、自分自身です。ここに
はユーザ1と2も現れますが、2人はすでにHeroの友人です。ユーザ3が2回登場し、
Chiが異なる2人の友人から別々に繋がっていることがわかります。

```
print [friend["id"] for friend in users[0]["friends"]] # [1, 2]
print [friend["id"] for friend in users[1]["friends"]] # [0, 2, 3]
print [friend["id"] for friend in users[2]["friends"]] # [0, 1, 3]
```

ある人が複数の人脈を通して友人の友人であったというのは、興味深い情報のよう
に思えます。そこで、共通の友人の数を数えましょう。もちろん、すでに知り合いで
ある人物は取り除く機能も用意します。

```
from collections import Counter    # デフォルトでは、ロードされないので、
                                   # importする
def not_the_same(user, other_user):
    """異なるidを持つユーザは他人である"""
    return user["id"] != other_user["id"]

def not_friends(user, other_user):
    """other_userは、user["friends"]の要素でなければ、友人ではない。
    つまり、user["friends"]の誰とも一致しなかったということ"""
    return all(not_the_same(friend, other_user)
               for friend in user["friends"])

def friends_of_friend_ids(user):
    return Counter(foaf["id"]
                   for friend in user["friends"] # すべての友人に対して
```

```
            for foaf in friend["friends"]  # その友人の数を数える
            if not_the_same(user, foaf)    # 自分自身を除く
            and not_friends(user, foaf))   # すでに友人であるものも除く

print friends_of_friend_ids(users[3]) # Counter({0: 2, 5: 1})
```

Chi (id 3) には、Hero (id 0) と共通の友人が2人、Clive (id 5) とは1人いること
がわかりました。

データサイエンティストとして、同じ興味を共有する人々との集まりは楽しいに違い
ありません（これはデータサイエンスの一分野である「実質的な専門知識」の良い例でも
あります）。インタビューを行い、各ユーザが持っている興味を(user_id, interest)
の組として次の通り収集できました。

```
interests = [
    (0, "Hadoop"), (0, "Big Data"), (0, "HBase"), (0, "Java"),
    (0, "Spark"), (0, "Storm"), (0, "Cassandra"),
    (1, "NoSQL"), (1, "MongoDB"), (1, "Cassandra"), (1, "HBase"),
    (1, "Postgres"), (2, "Python"), (2, "scikit-learn"), (2, "scipy"),
    (2, "numpy"), (2, "statsmodels"), (2, "pandas"), (3, "R"), (3, "Python"),
    (3, "statistics"), (3, "regression"), (3, "probability"),
    (4, "machine learning"), (4, "regression"), (4, "decision trees"),
    (4, "libsvm"), (5, "Python"), (5, "R"), (5, "Java"), (5, "C++"),
    (5, "Haskell"), (5, "programming languages"), (6, "statistics"),
    (6, "probability"), (6, "mathematics"), (6, "theory"),
    (7, "machine learning"), (7, "scikit-learn"), (7, "Mahout"),
    (7, "neural networks"), (8, "neural networks"), (8, "deep learning"),
    (8, "Big Data"), (8, "artificial intelligence"), (9, "Hadoop"),
    (9, "Java"), (9, "MapReduce"), (9, "Big Data")
]
```

例えば、Thor (id 4) は、Devin (id 7) と共通の友人は持ちませんが、共に**機械学
習** (machine learning) に興味があることがわかりました。

興味のある分野ごとに関連するユーザを抽出する関数は簡単に作成できます。

```
def data_scientists_who_like(target_interest):
    return [user_id
            for user_id, user_interest in interests
            if user_interest == target_interest]
```

これはこれでうまく働くのですが、実行する度にすべての興味を検索してしまいま

す。もっとユーザが増えて、分野が多くなってしまった（または、大量の検索を行う必要が生じた）場合には、興味ごとのユーザリストを用意するのが賢いやりかたです。

```python
from collections import defaultdict

# 興味をキーとして、関連するユーザのリストを値とする辞書を作成する
user_ids_by_interest = defaultdict(list)

for user_id, interest in interests:
    user_ids_by_interest[interest].append(user_id)
```

ユーザから興味を特定する逆のリストも作りましょう。

```python
# ユーザをキーとして、関連する興味のリストを値とする辞書を作成する
interests_by_user_id = defaultdict(list)

for user_id, interest in interests:
    interests_by_user_id[user_id].append(interest)
```

これでユーザの中で最も人気の高い興味が何であるかを簡単に調べられます。

- 各ユーザの興味を順に調べる
- 各興味ごとに、その分野に興味を持つユーザを順に調べる
- そのユーザが何回出てきたかを数える

```python
def most_common_interests_with(user):
    return Counter(interested_user_id
                   for interest in interests_by_user_id[user["id"]]
                   for interested_user_id in user_ids_by_interest[interest]
                   if interested_user_id != user["id"])
```

友人と興味の組み合わせを活用して、より能力の高い「知り合いかも」機能を作るのも可能です。この機能は第22章で紹介します。

1.3.3　給与と経験値

広報担当部長がやってきて、データサイエンティストの稼ぎについて何か興味深い事実はないか、と尋ねたのは、あなたが今まさに昼食へ向かおうとしたときでした。給与データは慎重に扱うべきものなので、ユーザの名前を伏せた上で給与額（ドル）と

データサイエンティストとしての勤続年数（年）のデータを渡されました。

```
salaries_and_tenures = [(83000, 8.7), (88000, 8.1),
                        (48000, 0.7), (76000, 6),
                        (69000, 6.5), (76000, 7.5),
                        (60000, 2.5), (83000, 10),
                        (48000, 1.9), (63000, 4.2)]
```

この類のデータは、まずグラフにする（その方法は第3章で紹介します）のが自然です。その結果、**図1-3**のグラフが得られました。

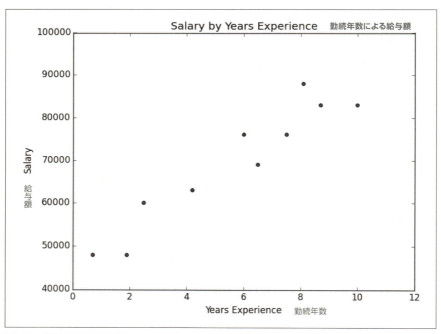

図1-3　勤続年数と給与額

経験の長さに応じた収入が得られるのは自然に思われます。これをどのような形で表現するのが良いでしょう。最初に思いつくのは、勤続年数ごとの平均給与です。

```
# 年数をキーとして、勤続年数ごとの給与額のリストを値とする辞書を作成する
salary_by_tenure = defaultdict(list)
```

```
for salary, tenure in salaries_and_tenures:
    salary_by_tenure[tenure].append(salary)

# 年数をキーとして、勤続年数ごとの給与額平均を値とする辞書を作成する
average_salary_by_tenure = {
    tenure : sum(salaries) / len(salaries)
    for tenure, salaries in salary_by_tenure.items()
}
```

これは特に役に立つものとはなりませんでした。勤続年数はそれぞれに異なっていたので、単にユーザ個々人の給与額をまとめただけでした。

```
{0.7: 48000.0,
 1.9: 48000.0,
 2.5: 60000.0,
 4.2: 63000.0,
   6: 76000.0,
 6.5: 69000.0,
 7.5: 76000.0,
 8.1: 88000.0,
 8.7: 83000.0,
  10: 83000.0}
```

勤続年数の幅を持たせたバケツに入れてグループ化すると、もう少し役立つかもしれません。

```
def tenure_bucket(tenure):
    if tenure < 2:
        return "less than two"
    elif tenure < 5:
        return "between two and five"
    else:
        return "more than five"
```

勤続年数のバケツごとに給与額をまとめます。

```
# 勤続年数バケツをキーとして、バケツ内の給与額リストを値とする辞書を作成
salary_by_tenure_bucket = defaultdict(list)

for salary, tenure in salaries_and_tenures:
    bucket = tenure_bucket(tenure)
    salary_by_tenure_bucket[bucket].append(salary)
```

各バケツごとに、給与額平均を求めます。

```
# 勤続年数バケツをキーとして、バケツ内の給与額平均を値とする
average_salary_by_bucket = {
    tenure_bucket : sum(salaries) / len(salaries)
    for tenure_bucket, salaries in salary_by_tenure_bucket.iteritems()
}
```

興味深いデータが得られました。

```
{'between two and five': 61500.0,        2〜5年
 'less than two': 48000.0,               2年以下
 'more than five': 79166.66666666667}    5年以上
```

そして、こんな心の声が聞こえてきます。「5年以上の経験を持つデータサイエンティストは、未経験または経験の浅い者より65%以上も稼いでいるのか」

本来は、より長い経験値が給与額にもたらす効果や平均額について、ある種の知見が得られれば良かったのですが、適当に決めたバケツの大きさではそこまで至りませんでした。さらに興味深い事実を見出すことに加えて、我々の知りえない給与額についての予測も可能です。この考え方については、第14章で紹介します。

1.3.4 有料アカウント

席に戻ると、売上担当部長が待っていました。彼女は、どのようなユーザが有料ユーザで、どのようなユーザが無料ユーザであるかを理解したいと考えていました（彼女は、それぞれのユーザの名前はわかるのですが、具体的にどうすれば良いのかがわからなかったのです）。

あなたは、利用年数と有料か無料かとの間には関係があるように思えると伝えました。

```
0.7 paid
1.9 unpaid
2.5 paid
4.2 unpaid
6   unpaid
6.5 unpaid
7.5 unpaid
8.1 unpaid
8.7 paid
```

```
10  paid
```

利用年数の短いユーザと長いユーザは有料アカウントを使い、中間のユーザは無料アカウントを使う傾向があります。

モデルを作るには絶対的にデータが不足しているので、利用年数の短いユーザと長いユーザは有料（paid）、中間のユーザは無料（unpaid）との予測から始めます。

```python
def predict_paid_or_unpaid(years_experience):
    if years_experience < 3.0:
        return "paid"
    elif years_experience < 8.5:
        return "unpaid"
    else:
        return "paid"
```

もちろん、境界値は適当です。

より多くのデータ（および、数学的知識）があれば、利用年数により有料アカウントを使う可能性を予想するモデルの構築が可能です。この問題については、第16章で取り上げます。

1.3.5　興味に関するあれこれ

初日の仕事を終えようとしたとき、コンテンツ戦略担当部長がやってきました。彼女は自分のブログカレンダーの計画を立てるために、ユーザが最も興味を持っている話題は何かを知りたかったのです。「知り合いかも？」を検討した際のデータがあります。

```python
interests = [
    (0, "Hadoop"), (0, "Big Data"), (0, "HBase"), (0, "Java"),
    (0, "Spark"), (0, "Storm"), (0, "Cassandra"),
    (1, "NoSQL"), (1, "MongoDB"), (1, "Cassandra"), (1, "HBase"),
    (1, "Postgres"), (2, "Python"), (2, "scikit-learn"), (2, "scipy"),
    (2, "numpy"), (2, "statsmodels"), (2, "pandas"), (3, "R"), (3, "Python"),
    (3, "statistics"), (3, "regression"), (3, "probability"),
    (4, "machine learning"), (4, "regression"), (4, "decision trees"),
    (4, "libsvm"), (5, "Python"), (5, "R"), (5, "Java"), (5, "C++"),
    (5, "Haskell"), (5, "programming languages"), (6, "statistics"),
    (6, "probability"), (6, "mathematics"), (6, "theory"),
    (7, "machine learning"), (7, "scikit-learn"), (7, "Mahout"),
```

```
    (7, "neural networks"), (8, "neural networks"), (8, "deep learning"),
    (8, "Big Data"), (8, "artificial intelligence"), (9, "Hadoop"),
    (9, "Java"), (9, "MapReduce"), (9, "Big Data")
]
```

最も人気のある興味を見つける1つの簡単な（特に面白みはありませんが）方法が、単純な単語のカウントです。

1. 各興味を小文字にする（同じ興味に大文字を使ったり使わなかったりするため）
2. 単語に分割する
3. 単語を数える

これをコードで表します。

```
words_and_counts = Counter(word
                           for user, interest in interests
                           for word in interest.lower().split())
```

次のコードでは、2回以上登場した単語のリストと登場回数を表示します。

```
for word, count in words_and_counts.most_common():
    if count > 1:
        print word, count
```

結果は次のようになりました（「scikit-learn」を2つの単語に分けることを期待していたのなら、その通りの結果とはなっていません）。

```
learning 3
java 3
python 3
big 3
data 3
hbase 2
regression 2
cassandra 2
statistics 2
probability 2
hadoop 2
networks 2
machine 2
neural 2
```

```
scikit-learn 2
r 2
```

第20章では、データから興味を抽出する洗練された方法を紹介します。

1.3.6　明日以降に向けて

初日としてはうまくできました。くたくたなので、さらに依頼が来る前に、オフィスから抜け出しました。夜はゆっくり休みましょう。明日には新入社員向けのオリエンテーションが予定されています（人事の行うオリエンテーションの前に、丸一日働いてしまいました）。

2章
Python速習コース

信じがたいことに、25年後の今でも人々はパイソンに熱狂的なんだ。
—— マイケル・ペイリン ● モンティ・パイソンメンバー

データサイエンス・スター社の新入社員はすべて新入社員向けオリエンテーション
を受けることが義務付けられていますが、その中で最も興味深いのは、Python速習
コースです。

これは総合的なPythonのチュートリアルではありませんが、Python言語の中で
我々にとって最も大切な部分（たいていのPythonチュートリアルでは扱われない箇所
も含まれます）に焦点を合わせるよう意図されています。

2.1 Python基礎

2.1.1 Pythonの入手

Pythonはpython.org（https://www.python.org/）からダウンロードできますが、
Pythonを使っていないのならば、Anacondaディストリビューション（https://store.
continuum.io/cshop/anaconda/）のインストールを勧めます。このディストリビュー
ションには、データサイエンスで使われるたいていのライブラリがあらかじめ含まれて
います。

本書の執筆時点では、Python 3.4が最新バージョンです[1]。しかしデータサイエン
ス・スター社では、古くて信頼性の高い2.7が使われています。Python 3はPython
2に対する後方互換性を持たないため、重要なライブラリの多くは2.7でのみ動作しま
す。データサイエンスコミュニティーでは未だに2.7が根強く使い続けられているた

※1　訳注：Python 3.5が2015年の9月にリリースされた。

め、我々もそうします[1]。

Anacondaを使わないのであれば、Pythonのパッケージマネージャであるpip（https://pypi.python.org/pypi/pip）をインストールしてください。サードパーティ製のパッケージ（我々が必要とするもの）のインストールを容易にします。とても優れたPythonシェルであるIPython（http://ipython.org/）もインストールしましょう（Anacondaを使うのであれば、pipもIPythonも一緒にインストールされます）。

次のコマンドを実行してください。

```
pip install ipython
```

もし、不可解なエラーメッセージが出たら、その解決策はインターネットを検索してみてください。

2.1.2　禅 of Python

Pythonには設計の原則を説明した禅の書とでも言うべき文書があります（http://legacy.python.org/dev/peps/pep-0020/）。これはPythonインタープリタにも組み込まれており、import thisと入力すると表示されます。

この中で、最も良く取り上げられるものの1つが次の文です。

> 何かを行うには、明らかな方法が1つ、できればたった1つだけ。

この「明らかな」方法（初心者にとっては、全く明らかではないかもしれませんが）で書かれたコードは、しばしば「Python的（Pythonic）」と表現されます。本書はPythonに関する書籍ではありませんが、同じことを行うためのPython的なコードとPython的ではないコードを折に触れて対比させます。たいていは、Python的な解決方法が望まれます。

---

[1]　訳注：各種ライブラリのPython3 対応も進んでいるため、現在ではPython 2.7にこだわる必要はあまりありません。Python 2.7のサポートは2020年に終了することが決まっているため、今後はPython 3の使用をお勧めします。Python 3を使って本書を読み進める場合は、筆者のGitHubリポジトリで公開されているPython 3用のソースコードを参考にしてください。

2.1.3 空白によるフォーマット

多くの言語では、波カッコを使ってコードのブロックを囲みますが、Pythonではインデントを使います。

```python
for i in [1, 2, 3, 4, 5]:
    print i                     # i ブロック最初の行
    for j in [1, 2, 3, 4, 5]:
        print j                 # j ブロック最初の行
        print i + j             # j ブロック最後の行
    print i                     # i ブロック最後の行
print "done looping"
```

これがPythonのコードを読みやすくしているのですが、同時にコードのフォーマットには注意を要します。丸カッコ、角カッコの内部では空白が無視されるので、長い行を折り返して書けます。

```python
long_winded_computation = (1 + 2 + 3 + 4 + 5 + 6 + 7 + 8 + 9 + 10 + 11 + 12 +
                           13 + 14 + 15 + 16 + 17 + 18 + 19 + 20)
```

また、コードを読みやすく書けます。

```python
list_of_lists = [[1, 2, 3], [4, 5, 6], [7, 8, 9]]

easier_to_read_list_of_lists = [ [1, 2, 3],
                                 [4, 5, 6],
                                 [7, 8, 9] ]
```

バックスラッシュを使えば、次の行への継続を示せますが、次のように書くことはあまりありません。

```python
two_plus_three = 2 + \
                 3
```

空白を使ったフォーマットにより、コードをPythonインタープリタにコピー＆ペーストするのが難しくなります。例えば次のコードをPythonインタープリタにペーストしてみましょう。

```python
for i in [1, 2, 3, 4, 5]:

    # 1行空いているのに注意
    print i
```

20 | 2章 Python 速習コース

すると、次のエラーが生じます。

```
IndentationError: expected an indented block    IndentationError:インデントブロックが必要
```

これは、Pythonインタープリタが空行をforループブロックの終わりとして認識することが原因です。

IPythonには、%paste magicコマンドが用意されており、クリップボードの内容を空白を含めて正しくペーストできます。これだけでも、IPythonを使う十分な理由となります。

2.1.4　モジュール

Pythonの一部の機能は、デフォルトではロードされません。言語の一部である機能でも、どこかからダウンロードしたサードパーティ製の機能でも同様です。importを使って、その機能の入ったモジュールをロードしなければなりません。

そのモジュールを単純にインポートするのが、最も簡単な方法です。

```
import re
my_regex = re.compile("[0-9]+", re.I)
```

ここで、reは正規表現を扱う関数と定数が定義されたモジュールです。このimportの後では、re.を前置すればモジュールの提供する機能が使えます。

すでに別のreを使っているのであれば、別名を付けてロードできます。

```
import re as regex
my_regex = regex.compile("[0-9]+", regex.I)
```

モジュールの名前が長い場合や使いにくい場合にも、別名を使います。例えば、matplotlibを使ってデータを可視化する場合、慣習として次の別名を使います。

```
import matplotlib.pyplot as plt
```

モジュール中の特定の機能だけを使いたいのであれば、明示的に指定してインポートできます。この場合、モジュール名の前置は必要ありません。

```
from collections import defaultdict, Counter
lookup = defaultdict(int)
my_counter = Counter()
```

不用意にモジュール全体を現在の名前空間にインポートすると、自分で定義した変数を意図せずに上書きしてしまう点に注意が必要です。

```
match = 10
from re import * # おっと、reにはmatch関数が定義されている
print match       # matchはre.match関数を表すので、
                  # <function re.match>が表示される
```

注意を忘らなければ、こういうことにはなりません。

2.1.5　算術演算

Python 2.7の除算は整数を返すので5 / 2の結果は2となります。これは望ましい結果ではないので、本書ではファイルの最初に次の行を置きます。

```
from __future__ import division
```

これで5 / 2の結果は2.5となります。本書の例は新しい除算を使います。あまり使いませんが整数除算が必要な例では、二重スラッシュ5 // 2を使います。

2.1.6　関数

関数は、引数を取らないか1つ以上の引数を受け取り、値を返します。Pythonでは通常defを使って関数を定義します。

```
def double(x):
    """ここには、この関数が何を行うかを説明した任意のdocstringを記述
    する。例えばこの関数は引数に2を乗ずる。"""
    return x * 2
```

Pythonの関数は**第一級**（first-class）のオブジェクトであり、関数を変数へ代入できます。普通の変数と同様に関数にも渡せます。

```
def apply_to_one(f):
    """引数に1を与えて、関数fを呼び出す"""
    return f(1)

my_double = double          # 直前で定義したdouble関数
x = apply_to_one(my_double) # 結果は2となる
```

名前を持たない短い関数（ラムダ：lambda）を定義可能です。

22 │ 2章 Python 速習コース

```
y = apply_to_one(lambda x: x + 4)    # 結果は5となる
```

ラムダを変数に代入できますが、普通はdefを使うよう勧められます。

```
another_double = lambda x: 2 * x        # こうしない
def another_double(x): return 2 * x     # 同じ結果を得るが、普通はこちらを使う
```

関数引数にはデフォルト引数が使えます。デフォルト以外の値を使いたければ、引数として指定できます。

```
def my_print(message="my default message"):
    print message

my_print("hello")    # 'hello' を表示する
my_print()           # 'my default message' を表示する
```

引数に名前を付けるキーワード引数は有用です。

```
def subtract(a=0, b=0):
    return a - b

subtract(10, 5) # 5を返す
subtract(0, 5)  # -5を返す
subtract(b=5)   # 上の行と同じ
```

これ以後、さまざまな関数を大量に作ります。

2.1.7 文字列

文字列は単一引用符か二重引用符で囲みます（前後の引用符は同じ種類でなければなりません）

```
single_quoted_string = 'data science'
double_quoted_string = "data science"
```

Pythonは特殊文字を表すのに、バックスラッシュを使います。例を示しましょう。

```
tab_string = "\t" # タブ記号を表す
len(tab_string)   # 文字列の長さは1
```

（例えば、正規表現を記述するとか、Windowsのディレクトリ名を記述するときなど）バックスラッシュをバックスラッシュとして使いたい場合には、r""を使ってRAW

文字列として表現できます。

```
not_tab_string = r"\t"   # '\' と 't' の2文字を表す
len(not_tab_string)      # 文字列の長さは2
```

3つ重ねた二重引用符で、複数行文字列を定義できます。

```
multi_line_string = """最初の行
2番目の行
3番目の行"""
```

2.1.8 例外

実行中にエラーが発生すると、Pythonは**例外**（exception）を送出します。例外を補足しないとプログラムは処理を中断しますが、tryとexceptを使って処理を続行できます。

```
try:
    print 0 / 0
except ZeroDivisionError:
    print "cannot divide by zero"
```

多くのプログラム言語では、何らかのエラーが発生した場合に例外を使いますが、Pythonではエラーが発生していなくても、コードを明快にするために例外を使うことがあります。実際、この後折に触れて使用します。

2.1.9 リスト

Pythonの最も基本的なデータ構造は、おそらくリストでしょう。リストは単純な順序ありコレクションです（他の言語では同様のものを配列と呼ぶこともありますが、機能的に全く同じではありません）。

```
integer_list = [1, 2, 3]
heterogeneous_list = ["string", 0.1, True]
list_of_lists = [ integer_list, heterogeneous_list, [] ]

list_length = len(integer_list) # リストの長さは3
list_sum = sum(integer_list)    # 合計値は6
```

n番目の要素の値を取り出したり値を設定するには、角カッコを使います。

24 | 2章 Python 速習コース

```python
x = range(10)  # リスト[0, 1, ..., 9]
zero = x[0]    # インデックス0の要素、つまり0
one = x[1]     # 1
nine = x[-1]   # Python的には最後の要素を表すので、9
eight = x[-2]  # Python的には最後の1つ前の要素を表すので、8
x[0] = -1      # インデックス0の要素が-1となるので、リストは[-1, 1, 2, 3, ..., 9]
```

角カッコでリストのスライスが作れます。

```python
first_three = x[:3]             # 最初（0番目）から3番目までの要素[-1, 1, 2]
three_to_end = x[3:]            # 3番目から最後までの要素[3, 4, ..., 9]
one_to_four = x[1:5]            # 1番目から5番目までの要素[1, 2, 3, 4]
last_three = x[-3:]             # 最後から3つ前までの要素[7, 8, 9]
without_first_and_last = x[1:-1] # 最初と最後の要素以外[1, 2, ..., 8]
copy_of_x = x[:]                # xのコピー [-1, 1, 2, ..., 9]
```

in演算子を使って、リストに要素が含まれるを調べられます。

```python
1 in [1, 2, 3] # True
0 in [1, 2, 3] # False
```

このチェックでは一度に1つの要素の有無を調べます。つまりこの演算子は、リストが比較的小さいことがわかっている場合（もしくはチェックに長時間かかっても構わない場合）に使うものです。

リストの連結は簡単です。

```python
x = [1, 2, 3]
x.extend([4, 5, 6]) # リストxは、[1,2,3,4,5,6]になる
```

元のリストxを変更したくないのであれば、リストの加算を使います。

```python
x = [1, 2, 3]
y = x + [4, 5, 6] # リストyは、[1, 2, 3, 4, 5, 6]となり、xは変更されない
```

要素の追加は、頻繁に使われます。

```python
x = [1, 2, 3]
x.append(0) # リストxは、[1, 2, 3, 0]となった
y = x[-1]   # y = 0
z = len(x)  # z = 4
```

リスト内の要素数がわかっているなら、リストの**展開**も良く使われます。

```
x, y = [1, 2] # xは1、yは2となる
```

両辺の要素数が異なっていた場合、`ValueError`が発生します。

不要な値にはアンダースコアを充てる方法も使われます。

```
_, y = [1, 2] # y = 2となるが、最初の要素は気にしない
```

2.1.10　タプル

タプルはリストに似ていますが、要素が変更できません。要素を変更すること以外にリストに対して可能な操作は、タプルに対しても可能です。リストには角カッコ（brackets）を使いますが、タプルは丸カッコ（parentheses）またはカッコを使わない方法で示します。

```
my_list = [1, 2]
my_tuple = (1, 2)
other_tuple = 3, 4
my_list[1] = 3      # my_listは[1, 3]となる

try:
    my_tuple[1] = 3
except TypeError:
    print "タプルは変更できない"
```

タプルは関数から複数の値を返す際にも使われます。

```
def sum_and_product(x, y):
    return (x + y),(x * y)

sp = sum_and_product(2, 3)    # sp = (5, 6)
s, p = sum_and_product(5, 10) # s = 15, p = 50
```

タプル（およびリスト）には、**多重割り当て**が可能です。

```
x, y = 1, 2 # x = 1, y = 2となる
x, y = y, x # Python的な値の交換。x = 2, y = 1となる
```

2.1.11 辞書

辞書も基本的なデータ構造の1つです。辞書は**キー**と**値**とを関連付けて格納するため、キーに対する値を即座に取り出せます。

```python
empty_dict = {}                    # python的
empty_dict2 = dict()               # ややpython的
grades = { "Joel" : 80, "Tim" : 95 } # 辞書のリテラル表現
```

角カッコ（brackets）を使ってキーに対する値を取り出せます。

```python
joels_grade = grades["Joel"] # joels_gradeは80になる
```

辞書内に存在しないキーを指定した場合には、KeyError例外となります。

```python
try:
    kates_grade = grades["Kate"]
except KeyError:
    print "no grade for Kate!"
```

in演算子を使えば、辞書内にキーが存在するか確認できます。

```python
joel_has_grade = "Joel" in grades # True
kate_has_grade = "Kate" in grades # False
```

getメソッドは辞書内に存在しないキーを指定した場合に、例外ではなくデフォルトの値を返します。

```python
joels_grade = grades.get("Joel", 0)  # キー "Joel"の値は80
kates_grade = grades.get("Kate", 0)  # キー "Kate"が存在しないので、
                                     # 値はデフォルト値である0
no_ones_grade = grades.get("No One") # デフォルトを省略した場合の値はNone
```

キーと値の関連付けは、参照と同様に角カッコが使えます。

```python
grades["Tim"] = 99         # 前の値95を新しい値99で置き換え
grades["Kate"] = 100       # 3つ目の要素の追加
num_students = len(grades) # 要素数は3
```

構造化データを表すシンプルな手段として、辞書は頻繁に使われます。

```python
tweet = {
    "user" : "joelgrus",
    "text" : "Data Science is Awesome",
```

```
        "retweet_count" : 100,
        "hashtags" : ["#data", "#science", "#datascience", "#awesome", "#yolo"]
    }
```

特定のキーについて検索するだけでなく、すべての要素を対象とできます。

```
tweet_keys   = tweet.keys()     # キーのリスト
tweet_values = tweet.values()   # 値のリスト
tweet_items  = tweet.items()    # タプル(キー, 値)のリスト

"user" in tweet_keys            # Trueであるが、"user"は、低返なリストに格納されている
"user" in tweet                 # よりPython的な手法であり"user"は
                                # 高速な辞書に格納されている
"joelgrus" in tweet_values      # Trueとなる
```

辞書のキーは変更不能なオブジェクトでなければなりません。具体的に言うとリストはキーとして使うことができません。キーの値として複数の値を組み合わせる必要があるなら、タプルを使うか文字列としての表現を検討しなければなりません。

2.1.11.1 defaultdictクラス

文章中の単語の出現数を数えているとしましょう。単純に考えると、各単語をキーとしてその出現数を値とする辞書を作ることになります。単語が見つかると、すでに辞書に登録されているものなら値に1を加え、辞書に登録されていなければ値として1を登録します[※1]。

```
word_counts = {}
for word in document:
    if word in word_counts:
        word_counts[word] += 1
    else:
        word_counts[word] = 1
```

「許可を得るより、謝る方が簡単[※2]」アプローチに従い、登録されていないキーにアクセスした際の例外を処理するという方法も可能です。

※1　訳注：このコードでは、単語のリストがdocumentに格納されていることを前提としている。
※2　訳注：COBOLの開発者グレース・ホッパーの名言「もしそれが良い考えなら、思い切ってそれをしなさい。許可を得るより、謝る方が簡単だから。」より。

```
word_counts = {}
for word in document:
    try:
        word_counts[word] += 1
    except KeyError:
        word_counts[word] = 1
```

3番目の方法は、キーが登録されていない場合でもエラーとならないgetメソッドを使うというものです。

```
word_counts = {}
for word in document:
    previous_count = word_counts.get(word, 0)
    word_counts[word] = previous_count + 1
```

これらの方法は、どれもいまひとつスマートではありません。defaultdictを使いましょう。defaultdictは通常の辞書とほぼ同じですが、存在しないキーを指定した場合の振る舞いが異なります。キーが存在しない場合、defaultdictの生成時に引数で指定した関数の返す値を、初期値として値に設定します。defaultdictを使うには、collectionsからdefaultdictをインポートする必要があります。

```
from collections import defaultdict

word_counts = defaultdict(int) # int()は0を返す
for word in document:
    word_counts[word] += 1
```

この方法は、初期値がリストや辞書であったり、独自の関数を使う場合などにも有益です[1]。

```
dd_list = defaultdict(list)          # list()は、空のリストを返す
dd_list[2].append(1)                 # dd_listは、{2: [1]}を含む

dd_dict = defaultdict(dict)          # dict()は空の辞書を返す
dd_dict["Joel"]["City"] = "Seattle"  # dd_dictは、{ "Joel" : { "City" : Seattle"}}
                                     # を含む
```

---

[1] 訳注：キーに対応する値は各カッコで取り出せるので、dd_list[2]は、キーが2の値を表す。defaultdictの引数で指定したlist()は空のリストを返すので、結果はキー2に対する値は、要素1を持つリスト[1]となる。

```
dd_pair = defaultdict(lambda: [0, 0])
dd_pair[2][1] = 1                    # dd_pairは、{2: [0,1]}を含む
```

これらの方法は、何らかのキーごとの値を収集する際に、そのキーがすでに辞書に登録されているかを都度確認したくない場合に使われます。

2.1.11.2 Counterクラス

Counterは、一続きの値をdefaultdict(int)と同様の、キーとその出現数に展開します。ヒストグラムの作成に使用できます。

```
from collections import Counter
c = Counter([0, 1, 2, 0])   # cは{ 0 : 2, 1 : 1, 2 : 1 }となる。[*1]
```

これを使えば、単語の出現数を数える問題は次の1行で完成します。

```
word_counts = Counter(document)
```

Counterオブジェクトには、出現数の多い順に要素を返すmost_commonメソッドが用意されています。

```
# 出現数の多い順にベスト10を表示する
for word, count in word_counts.most_common(10):
    print word, count
```

2.1.12 集合

集合 (Set) は、それぞれ異なる値の集まりを表現します。

```
s = set()
s.add(1)    # sは{ 1 }
s.add(2)    # { 1, 2 }になる
s.add(2)    # ここでもまだ{ 1, 2 } のまま
x = len(s) # x = 2
y = 2 in s # y = True
z = 3 in s # z = False
```

集合を使う主な理由は2つあります。1つ目の理由は、非常に高速に動作する点です。

[*1] 訳注：Counter生成時の引数には、0が2個、1が1個、2が1個からなるリストを指定しているので、結果はキー0の値が2、キー1の値が1、キー2の値が1の辞書となる。

30 | 2章　Python速習コース

大量のデータの中から要素が含まれるかチェックする必要があるなら、集合は最も適したデータ構造です。

```python
stopwords_list = ["a","an","at"] + hundreds_of_other_words + ["yet", "you"]

"zip" in stopwords_list    # Falseとなる。すべての要素でチェックされる

stopwords_set = set(stopwords_list)
"zip" in stopwords_set     # "zip"が含まれるか否かは高速にチェック可能
```

2つ目の理由は、重複のない集まりが得られるからです。

```python
item_list = [1, 2, 3, 1, 2, 3]
num_items = len(item_list)           # 要素数は6
item_set = set(item_list)            # 集合にすると重複が取り除かれ
                                     # {1, 2, 3}となる
num_distinct_items = len(item_set)   # 要素数は3
distinct_item_list = list(item_set)  # 重複のないリスト[1, 2, 3]となる
```

集合より辞書やリストの方が頻繁に使われます。

2.1.13　実行順制御

多くのプログラミング言語のように、ifを使った条件判定による実行制御が行えます。

```python
if 1 > 2:
    message = "もし1が2よりも大きいとしたら"
elif 1 > 3:
    message = "elifは'else if'を表す"
else:
    message = "すべての条件にあてはまらなければelseが該当する(なくても良い)"
```

if-then-elseの組を1行に書いても構いません。

```python
parity = "even" if x % 2 == 0 else "odd"
```

Pythonにはwhileループも用意されています。

```python
x = 0
while x < 10:
    print x, "は、10より小さい"
    x += 1
```

しかし、forとinの組み合わせの方が頻繁に使われます。

```
for x in range(10):
    print x, "は、10より小さい"
```

より複雑な制御が必要であるなら、continueやbreakも利用できます。

```
for x in range(10):
    if x == 3:
        continue # 実行中のループの先頭に戻り、処理を継続する
    if x == 5:
        break    # ループを脱出する
    print x
```

このコードは、0, 1, 2, 4を表示します。

2.1.14 真偽

他の言語と同様に、Pythonにも真偽値があります。ただし値は大文字から始まります。

```
one_is_less_than_two = 1 < 2        # 代入される値はTrue
true_equals_false = True == False   # 代入される値はFalse
```

値が指定されていないものは、Noneで表されます。他の言語では、nullなどが相当します。

```
x = None
print x == None   # Trueが表示されるが、Python的ではない
print x is None   # Trueが表示される、Python的なコード
```

Pythonでは真偽を表すために、どのような値でも使用できます。次の例すべては Falseとみなされます。

- False
- None
- [] (空のリスト)
- {} (空の辞書)
- ""
- set()

- 0
- 0.0

これ以外はTrueとして扱われます。つまりリスト、辞書、文字列などが空であるか否かをifを使って簡単に調べられます。逆にこの振る舞いを理解していなければ、不可解なバグに悩まされることにもなります。

```
s = some_function_that_returns_a_string()
if s:
    first_char = s[0]
else:
    first_char = ""
```

同じことは、次のように簡略化可能です。

```
first_char = s and s[0]
```

1つ目の値がTrueとして解釈できるのであればand演算子の結果は2つ目の値となり、1つ目がFalseならばand演算子はそのままFalseを返します。同様に、次の式でxが数値かNoneであっても、

```
safe_x = x or 0
```

safe_xは確実に数値となります。

リストの要素すべてがTrueとして扱える場合にTrueを返すall関数があります。同様に要素のいずれか1つがTrueならばTrueを返すany関数も用意されています。

```
all([True, 1, { 3 }]) # True
all([True, 1, {}])    # {}はFalseと解釈されるので、結果はFalse
any([True, 1, {}])    # Trueが1つあるので、結果はTrue
all([])               # リスト内にFalseと解釈される要素がないので、結果はTrue
any([])               # リスト内にTrueと解釈される要素がないので、結果はFalse
```

2.2　上級Python

少し高度ですが、データ処理を行う際に知っておくと便利な機能を見てみましょう。

2.2.1 ソート

　リストには、リスト自身をソートするsortメソッドが用意されています。リストを変更したくないのであれば、新しいリストを返すsorted関数を使います。

```
x = [4,1,2,3]
y = sorted(x) # y = [1, 2, 3, 4]となり、xは変更されない
x.sort()      # x = [1, 2, 3, 4]
```

　デフォルトでは、sort（およびsorted）はそれぞれの要素を単純に比較して昇順に並べます。

　降順に並べたいのであれば、パラメータreverse=Trueを指定します。要素ごとの比較ではなくkey引数に指定した関数の結果を使って比較することもできます。

```
# 絶対値で降順にソート
x = sorted([-4,1,-2,3], key=abs, reverse=True) # is [-4,3,-2,1]

# 単語とその出現数を降順にソート
wc = sorted(word_counts.items(),
            key=lambda (word, count): count,
            reverse=True)
```

2.2.2 リスト内包

　リストから一部の要素を取り出したり値を変更しながら別のリストに再構成する必要性は頻繁に生じます。Pythonではこれを**リスト内包**で表現できます。

```
even_numbers = [x for x in range(5) if x % 2 == 0] # [0, 2, 4]
squares      = [x * x for x in range(5)]           # [0, 1, 4, 9, 16]
even_squares = [x * x for x in even_numbers]        # [0, 4, 16]
```

同様にリストから辞書や集合も作れます。

```
square_dict = { x : x * x for x in range(5) } # { 0:0, 1:1, 2:4, 3:9, 4:16 }
square_set  = { x * x for x in [1, -1] }       # { 1 }
```

リストの値が必要ないのであれば、アンダースコアを慣習的に使います[1]。

---

[1] 訳注：xを使って[0 for x in even_numbers]としても結果は同じであるが、リストの構成要素にはxが出てこないので、わかりにくい。

```
zeroes = [0 for _ in even_numbers] # even_numbersと同じ長さの0が続くリスト
```

複数のforを使ってもリスト内包を構成できます。

```
pairs = [(x, y)
         for x in range(10)
         for y in range(10)] # 100個の組 (0,0) (0,1) ... (9,8), (9,9)
```

forを重ねた場合、後ろのforは前のforで使った結果を参照できます。

```
increasing_pairs = [(x, y)                    # x < y の組み合わせのみ
                    for x in range(10)        # range(lo, hi)は
                    for y in range(x + 1, 10)] # [lo, lo + 1, ..., hi - 1] となる
```

リスト内包は頻繁に登場します。

2.2.3　ジェネレータとイテレータ

リストの問題は、簡単に巨大になってしまうことです。range(1000000)は100万個の要素を持ちます。1回の処理に使う要素が1つなのであれば、あまりに非効率で巨大なデータソースとなります（メモリも使い果たしてしまうでしょう）。必要とする値が最初のいくつかの要素だけならば、すべてを計算しておくのは無駄です。

ジェネレータは（通常forを使って行うように）繰り返しを実行するものですが、値は必要な分だけ（遅延して）生成されます。

ジェネレータを作る1つ目の方法は、yieldオペレータを含む関数を使うことです。

```
def lazy_range(n):
    """遅延評価版のrange"""
    i = 0
    while i < n:
        yield i
        i += 1
```

次のループは、yield（作成）された値を1つずつ取り出し、なくなるまで繰り返されます。

```
for i in lazy_range(10):
    do_something_with(i)
```

（Pythonは、このlazy_rangeと同様のものをxrangeとして提供しています。

Python 3では、range自身が遅延評価版となりました)。これで無限長のシーケンスも作成できます。

```
def natural_numbers():
    """1, 2, 3, ...を返す"""
    n = 1
    while True:
        yield n
        n += 1
```

何らかの手段で処理を分割しなくても、繰り返しを記述できます。

遅延評価の欠点は、ジェネレータを使った繰り返しが一巡だけに限られるという点です。繰り返しを複数回行う必要があるのなら、その都度ジェネレータを作り直すか、リストを使わなければなりません。

内包を丸カッコで囲むことでジェネレータを作成できます。これがジェネレータを作る2つ目の方法です。

```
lazy_evens_below_20 = (i for i in lazy_range(20) if i % 2 == 0)
```

辞書にはキーと値のペアのリストを返すitems()メソッドが用意されていますが、iteritems()メソッドはキーと値のペアを1つずつ取り出して繰り返しの遅延処理ができるので、より頻繁に使うことになります[1]。

2.2.4 乱数

データサイエンスを学ぶにつれ、randomモジュールの提供する乱数生成機能を必要とする場面が多くなります。

```
import random

four_uniform_randoms = [random.random() for _ in range(4)]

# [0.8444218515250481,  # random.random()は0から1までの
#  0.7579544029403025,  # 一様乱数を生成する
```

---

[1] 訳注:Python 3ではitems()メソッドがイテレータオブジェクトを返すように変更され、iteritems()メソッドは廃止された。

```
# 0.420571580830845,    # この乱数生成関数を
# 0.25891675029296335] # 最も頻繁に使用する
```

randomモジュールが生成するのは、random.seedで指定した初期値を基にした擬似
（つまり、決定論的な）乱数です。

```
random.seed(10)         # random.seedに10を設定する
print random.random() # 0.57140259469が得られる
random.seed(10)         # random.seedに10を再設定する
print random.random() # 再度0.57140259469が得られる
```

1または2個の引数で指定された範囲内の値をランダムに生成するrandom.
randrange()も良く使われます。

```
random.randrange(10)    # range(10) = [0, 1, ..., 9] の中からランダムに値を返す
random.randrange(3, 6) # range(3, 6) = [3, 4, 5] の中からランダムに値を返す
```

さらにいくつかの便利なメソッドが存在します。random.shuffle()は、リストの要
素をランダムに並び替えます。

```
up_to_ten = range(10)
random.shuffle(up_to_ten)
print up_to_ten
# [2, 5, 1, 9, 7, 3, 8, 6, 4, 0]（結果は実行ごとに異なります）
```

リストの中からランダムに1つの要素を取り出すときにはrandom.choice()を使いま
す。

```
my_best_friend = random.choice(["Alice", "Bob", "Charlie"]) # この例では "Bob" が返された
```

一度取り出した値を元に戻さずに（つまり、重複させずに）複数の要素をサンプリン
グするにはrandom.sample()を使います。

```
lottery_numbers = range(60)
winning_numbers = random.sample(lottery_numbers, 6) # [16, 36, 10, 6, 25, 9]
```

取り出した値を元に戻して（つまり、重複を許容して）サンプリングするには、単に
random.chice()を繰り返し使うだけです。

```
four_with_replacement = [random.choice(range(10))
                          for _ in range(4)]
# [9, 4, 4, 2]
```

2.2.5　正規表現

正規表現はテキスト検索の手段を提供します。非常に便利ですが、これだけで一冊の本が書けるほど複雑です。本書では出てくるたびに詳細を説明します。ここではPythonでの使用例を示します。

```python
import re

print all([                                      # 以下すべてTrueである
    not re.match("a", "cat"),                    # * 'cat'は'a'で始まらない
    re.search("a", "cat"),                       # * 'cat'には'a'が含まれる
    not re.search("c", "dog"),                   # * 'dog'には'c'が含まれない
    3 == len(re.split("[ab]", "carbs")),         # * aまたはbで分割すると['c','r','s']になる
    "R-D-" == re.sub("[0-9]", "-", "R2D2")       # * 数字をダッシュ '-'で置き換える
    ]) # Trueが表示される
```

2.2.6　オブジェクト指向プログラミング

多くのプログラミング言語と同様に、Pythonもクラスを使ってデータと操作関数をカプセル化できます。本書でもコードを明快かつ簡潔にするためクラスを使います。この仕組みをわかりやすく説明するに、多くの注釈をつけて例示します。

Python組み込みの集合が存在しなかったとしましょう。そこで独自の集合 (Set) クラスを作成します。

このクラスの振る舞いは、どのようにしたら良いでしょうか。集合クラスのインスタンスが与えられた場合、そこに要素を追加する、要素を削除する、ある値が集合に含まれているかチェックするといった機能が必要です。これらをメンバー関数として定義し、オブジェクト名とドットの後ろに関数名をつけて使用します。

```python
# 慣習により、クラス名はパスカルケースを使用する
class Set:

    # 以下、メンバー関数
    # いずれも最初のパラメータを"self"（これも慣習による）とし、
    # 操作対象のオブジェクトを表す

    def __init__(self, values=None):
        """コンストラクター
        新しいSetを作成する際に、次のように呼び出される
```

```
        s1 = Set()           # 空の集合
        s2 = Set([1,2,2,3])  # パラメータで初期化する"""

        self.dict = {} # Setのインスタンスはそれぞれ辞書オブジェクトである
                       # dictプロパティを持ち内容の管理に使用する

        if values is not None:
            for value in values:
                self.add(value)

    def __repr__(self):
        """Setオブジェクトの文字列表現を返す
        インスタンス名をPythonプロンプトに入力するかstr()関数に渡すと
        呼び出される"""
        return "Set: " + str(self.dict.keys())

    # 集合に要素が含まれるか否かは、キーを要素、
    # 値がTrueであるself.dict要素の有無で表現する
    def add(self, value):
        self.dict[value] = True

    # 辞書のキーとして存在していれば、指定された値は集合に含まれている
    def contains(self, value):
        return value in self.dict

    def remove(self, value):
        del self.dict[value]
```

このクラスは次のように使います。

```
s = Set([1,2,3])
s.add(4)
print s.contains(4) # True
s.remove(3)
print s.contains(3) # False
```

2.2.7　関数型ツール

　関数型で処理を進める際に、関数の部分適用（**カリー化**）を行い新しい関数を作る必要が生じる場合があります。簡単な例として、2つの引数を持つ関数があるとしましょう。

```
def exp(base, power):
    return base ** power
```

これを使って引数を1つ取り、exp(2, power)を計算するtwo_to_theを作ります。
defを使えば実現可能ですが、少しばかり面倒です。

```
def two_to_the(power):
    return exp(2, power)
```

そこで、functools.partialを使います。

```
from functools import partial
two_to_the = partial(exp, 2) # これで、引数を1つ持つ関数となる
print two_to_the(3)          # 8
```

引数名を指定すれば、最初の引数以外にもpartialを適用できます[1]。

```
square_of = partial(exp, power=2)
print square_of(3)           # 9
```

カリー化引数を最初の引数以外に適用すると面倒であるため、本書では使わないことにします。

リスト内包の関数型代替手段であるmap, reduce, filterも随時使用します。

```
def double(x):
    return 2 * x

xs = [1, 2, 3, 4]
twice_xs = [double(x) for x in xs]  # [2, 4, 6, 8]
twice_xs = map(double, xs)          # 上と同じ
list_doubler = partial(map, double) # リストを2倍する関数
twice_xs = list_doubler(xs)         # この結果も[2, 4, 6, 8]
```

複数のリストを指定すれば、mapに複数引数の関数を適用できます。

```
def multiply(x, y): return x * y

products = map(multiply, [1, 2], [4, 5]) # [1 * 4, 2 * 5] = [4, 10]
```

---

[1] 訳注：partialは部分適用を最初の引数に行うので、two_to_theはexp(2, power)であり、two_to_the(3)はexp(2, 3)となる。一方、square_ofはpower=2を指定することで、exp(base, 2)となるので、exp(3, 2)と等しくなる。

同様に`filter`関数はリスト内包の`if`と同じ働きをします。

```python
def is_even(x):
    """xが偶数ならTrue、奇数ならFalse"""
    return x % 2 == 0

x_evens = [x for x in xs if is_even(x)]   # [2, 4]
x_evens = filter(is_even, xs)             # 上と同じ
list_evener = partial(filter, is_even)    # リストをフィルタする関数
x_evens = list_evener(xs)                 # この結果も[2, 4]
```

`reduce`関数は、リストの最初と2番目の要素を結合し、その結果と3番目の引数を結合、その結果と4番目の引数、のように要素を順に処理して1つの結果を求めます。

```python
x_product = reduce(multiply, xs)              # 1 * 2 * 3 * 4 = 24と計算される
list_product = partial(reduce, multiply)      # リストをreduceする関数
x_product = list_product(xs)                  # この結果も24
```

2.2.8　enumerate

リストを順に辿る処理で、要素とそのインデックスの両方が必要となる場合は少なくありません。

```python
# Python的ではない例
for i in range(len(documents)):
    document = documents[i]
    do_something(i, document)

# これもPython的ではない例
i = 0
for document in documents:
    do_something(i, document)
    i += 1
```

Python的な解はインデックスと要素のタプルを返す`enumerate`を使うことです。

```python
for i, document in enumerate(documents):
    do_something(i, document)
```

同様にインデックスだけが必要であれば、次のようにします。

```
for i in range(len(documents)): do_something(i)   # Python的ではない
for i, _ in enumerate(documents): do_something(i) # Python的
```

この手法はさまざまな場面で活用します。

2.2.9　zipと引数展開

複数のリストを同時に処理したい場合があります。zip関数は複数のリストをまとめ
て対応する要素ごとのタプルのリストに変換します。

```
list1 = ['a', 'b', 'c']
list2 = [1, 2, 3]
zip(list1, list2)            # [('a', 1), ('b', 2), ('c', 3)]となる
```

リストの長さが異なる場合、一番短いリストに合わせた長さのリストに変換されま
す。

ちょっとしたテクニックを使って、リストを「unzip」できます。

```
pairs = [('a', 1), ('b', 2), ('c', 3)]
letters, numbers = zip(*pairs)
```

引数にアスタリスクをつけると、**引数展開**が行われ、個々のペアがそれぞれ順にzip
関数への引数となります。そのため、次の呼び出しと同じ意味となり、

```
zip(('a', 1), ('b', 2), ('c', 3))
```

[('a','b','c'), ('1','2','3')]が返されます。

引数展開は、他のあらゆる関数に使用できます。

```
def add(a, b): return a + b

add(1, 2)    # 3が返る
add([1, 2]) # 引数の型エラー
add(*[1, 2]) # 3が返る
```

これが便利だと感じる場面は多くありませんが、巧みなトリックだと言えます。

2.2.10　argsとkwargs

例えば、関数fを引数として受け取り、fの戻り値を2倍する関数を返す高階関数を
定義してみましょう。

42 | 2章 Python 速習コース

```python
def doubler(f):
    def g(x):
        return 2 * f(x)
    return g
```

これは正しく動作します。

```python
def f1(x):
    return x + 1

g = doubler(f1)
print g(3)      # 8 (== ( 3 + 1) * 2)
print g(-1)     # 0 (== (-1 + 1) * 2)
```

しかし、複数の引数を必要とする関数ではうまくいきません。

```python
def f2(x, y):
    return x + y

g = doubler(f2)
print g(1, 2)    # 型エラー：g()は1つの引数を取るが、2つ指定されている
```

ここで必要としているのは、任意個の引数を取れる関数を作成する方法です。**引数展開**にちょっとしたテクニックを組み合わせると実現できます。

```python
def magic(*args, **kwargs):
    print "名前なし引数:", args
    print "キーワード引数:", kwargs

magic(1, 2, key="word", key2="word2")

# 次のように表示される
# 名前なしs: (1, 2)
# キーワード引数: {'key2': 'word2', 'key': 'word'}
```

このように定義された関数では、argsが名前のない引数のタプルに、kwargsがキーワード引数の辞書になります。同じテクニックがリスト（またはタプル）や辞書を引数に指定する場合の関数呼び出しでも使えます。

```python
def other_way_magic(x, y, z):
    return x + y + z
```

```
x_y_list = [1, 2]
z_dict = { "z" : 3 }
print other_way_magic(*x_y_list, **z_dict) # 6
```

この手法はあらゆる場面で使用可能ですが、本書では任意個の引数を必要とする高階関数を定義する場合でのみ使います。

```
def doubler_correct(f):
    """fがどのような引数構成であってもうまく働く"""
    def g(*args, **kwargs):
        """どのような引数をgに与えても、それらはfに渡される"""
        return 2 * f(*args, **kwargs)
    return g

g = doubler_correct(f2)
print g(1, 2) # 6
```

2.2.11　データサイエンス・スター社へようこそ！

これで新入社員オリエンテーションは終了しました。それから、社内での不正行為はご法度です。

2.3　さらなる探求のために

- 世界中にPythonのチュートリアルは溢れています。公式のものは、手始めとして悪くありません。
- IPythonの場合、公式のチュートリアルよりは、むしろ公式のビデオやプレゼンテーションが参考になります。また、Wes McKinneyの『Python for Data Analysis』（邦題『Pythonによるデータ分析入門』オライリー・ジャパン刊）のIPythonの章は、良い入門書と言えます。

3章
データの可視化

可視化は、個人の目標を達成する最も強力な手段である。
―― ハーベイ・マッケイ ● 経営者

可視化はデータサイエンティストの基本的ツールの1つです。可視化は手軽ですが、良いものを作るのは難しいのです。

データ可視化の目的は主に2つです。

- データの**探索**
- データとの**対話**

この章では、データの探索を行うのに必要となるスキルと本書の至るところで使い続ける可視化を作り出すスキルを確立することに集中します。本書の他のトピックと同様に、データ可視化もそれだけで一冊の本が書けるほど内容が豊富です。とはいえ、何が可視化の良し悪しを分けるのか、その感覚を伝えます。

3.1 matplotlib

データ可視化のツールは数多く存在します。我々は広く使われているmatplotlibライブラリ（http://matplotlib.org/）を使います（長年使われているものでもあります）。Web上で念入りに作られた対話的な可視化が必要であるなら、matplotlibは適切な選択とは言えません。しかし、簡単な棒グラフ、折れ線グラフ、散布図などに対しては非常にうまく働きます。

ここでは特に`matplotlib.pyplot`モジュールを取り上げます。最も簡単な使用法では、`pyplot`が内部の状態を管理するため、グラフ表示を段階的に組み上げることができきます。完成したグラフは（`savefig()`関数による）保存や（`show()`関数による）表示が可能です。

例えば、（**図3-1**のような）単純なグラフは非常に簡単に作れます。

```
from matplotlib import pyplot as plt

years = [1950, 1960, 1970, 1980, 1990, 2000, 2010]
gdp = [300.2, 543.3, 1075.9, 2862.5, 5979.6, 10289.7, 14958.3]

# 折れ線グラフを作る。X軸を年、Y軸をGDPとする
plt.plot(years, gdp, color='green', marker='o', linestyle='solid')

# タイトルを追加する
plt.title("Nominal GDP")

# Y軸にラベルを追加する
plt.ylabel("Billions of $")
plt.show()
```

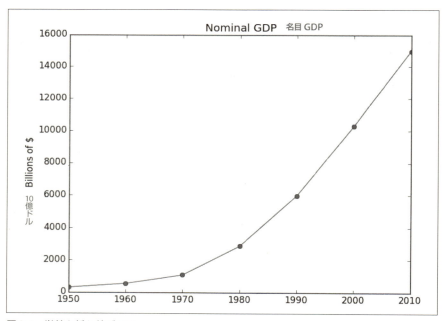

図3-1　単純な折れ線グラフ

　出版レベルのグラフ作成はもっと複雑であり本章の範囲を超えています。例えばグラフの軸や線の形式、点の形などを変更する方法はいろいろあります。これらのオプ

ションをすべて取り扱うのではなく、その中のいくつかを実例で示した上で説明を加えます。

 グラフを組み合わせた複雑なグラフ、洗練されたフォーマット、対話機能などのmatplotlibが提供する豊富な機能すべてをカバーすることはできません。本書が扱った機能を深く掘り下げる必要があるのなら、ぜひマニュアルを参照してみてください。

3.2　棒グラフ

　棒グラフは**離散的**な項目が持つ量の違いを可視化する良い手段です。例えば、図3-2はそれぞれの映画がいくつのアカデミー賞を受賞したかを示します。

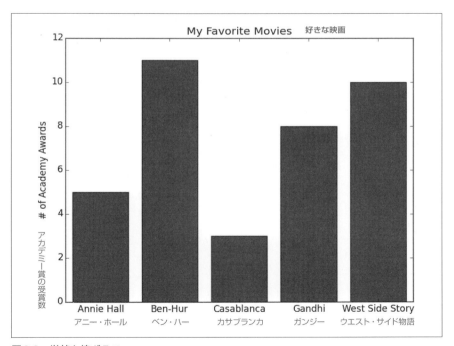

図3-2　単純な棒グラフ

48 | 3章　データの可視化

```python
movies = ["Annie Hall", "Ben-Hur", "Casablanca", "Gandhi", "West Side Story"]
num_oscars = [5, 11, 3, 8, 10]

# 棒の幅はデフォルトで0.8なので、左側に0.1加えてセンタリングさせる
xs = [i + 0.1 for i, _ in enumerate(movies)]

# X軸を[xs], 高さを[num_oscars]で棒グラフを作る
plt.bar(xs, num_oscars)

plt.ylabel("# of Academy Awards")
plt.title("My Favorite Movies")

# X軸のラベルに映画名を棒の中心に配置する
plt.xticks([i + 0.5 for i, _ in enumerate(movies)], movies)

plt.show()
```

　棒グラフは、データの集まりごとの**分布**を視覚的に把握するヒストグラムにも適しています（**図3-3**）。

```python
grades = [83,95,91,87,70,0,85,82,100,67,73,77,0]
decile = lambda grade: grade // 10 * 10
histogram = Counter(decile(grade) for grade in grades)

plt.bar([x - 4 for x in histogram.keys()],  # グラフの棒を左に4ずらす
        histogram.values(),                 # 値に合わせた高さに設定
        8)                                  # 棒の幅を8にする

plt.axis([-5, 105, 0, 5])                   # X軸の範囲を-5から105とする
                                            # Y軸の範囲を0から5とする

plt.xticks([10 * i for i in range(11)])     # X軸のラベル0, 10, ..., 100を設定
plt.xlabel("Decile")
plt.ylabel("# of Students")
plt.title("Distribution of Exam 1 Grades")
plt.show()
```

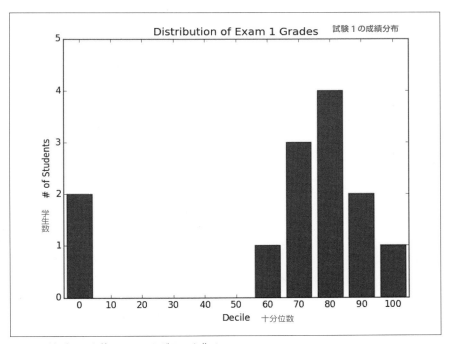

図3-3　棒グラフを使ってヒストグラムを作る

　plt.bar関数の3番目の引数で棒の幅を指定します。ここでは幅を8としています（値を10ごとに分けているので、棒の間には隙間が少し開きます）。そして、例えば"80"の棒がX軸上80を中心に76から84に位置するように、棒を左に4だけずらします。

　plot.axis関数を使って、（"0"と"100"の棒もすべて表示されるように）X軸の範囲を-5から105に設定します。同様にX軸を0から5に設定します。plt.xticks関数は、X軸上に0, 10, 20, ...,100のラベルを描きます。

　plt.axisは慎重に使う必要があります。Y軸の範囲を0から始めてない形式のグラフは、誤った印象を与えてしまう可能性が高いからです（**図3-4**）。

```
mentions = [500, 505]
years = [2013, 2014]

plt.bar([2012.6, 2013.6], mentions, 0.8)
plt.xticks(years)
```

```
plt.ylabel("# of times I heard someone say 'data science'")

# 次の行を省略すると、0, 1と共に+2.013e3がX軸上に
# 表示されてしまう（matplotlibの欠点である）
plt.ticklabel_format(useOffset=False)

# Y軸の500以上の部分だけを表示すると、誤った印象を与える
plt.axis([2012.5,2014.5,499,506])
plt.title("Look at the 'Huge' Increase!")
plt.show()
```

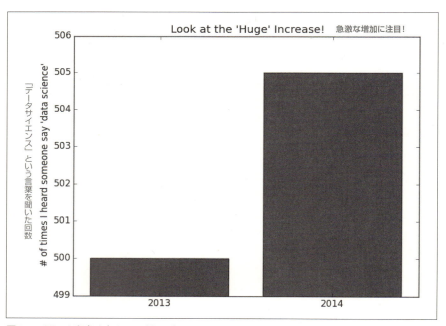

図3-4 誤った印象を与えるY軸のグラフ

図3-5は、より適切な軸を使い、違いがそれほどないことを示している。

```
plt.axis([2012.5,2014.5,0,550])
plt.title("Not So Huge Anymore")
plt.show()
```

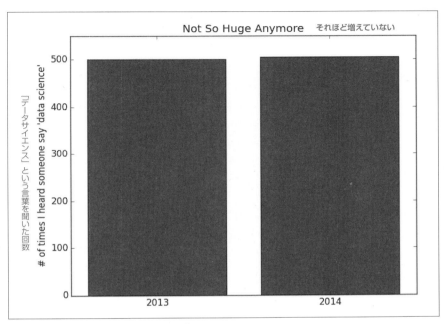

図3-5　誤った印象を与えないY軸のグラフ

3.3 折れ線グラフ

すでに見てきたように、plt.plot()を使って、折れ線グラフが描けます。折れ線グラフは例えば図3-6のように値の動きを見るのに適しています。

```
variance = [1, 2, 4, 8, 16, 32, 64, 128, 256]
bias_squared = [256, 128, 64, 32, 16, 8, 4, 2, 1]
total_error = [x + y for x, y in zip(variance, bias_squared)]
xs = [i for i, _ in enumerate(variance)]

# plt.plotを複数回呼び出して、1つのグラフに複数の線を
# 描画可能。
plt.plot(xs, variance,     'g-',  label='variance')    # 緑の実線
plt.plot(xs, bias_squared, 'r-.', label='bias^2')      # 赤の点線
plt.plot(xs, total_error,  'b:',  label='total error') # 青の点線

# 各線にラベルを指定しているので、凡例が自動で描かれる
```

```
# loc=9は「上部中央」を示す
plt.legend(loc=9)
plt.xlabel("model complexity")
plt.title("The Bias-Variance Tradeoff")
plt.show()
```

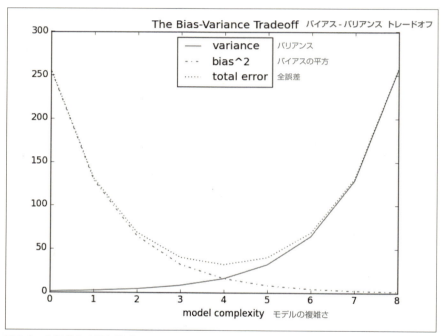

図3-6　凡例付きの折れ線グラフ

3.4　散布図

　散布図は、2つのデータの関係を可視化するのに適しています。例えば図3-7は、ユーザの知り合いの数と1日当たりサイトを使っている時間（分）との関連を表しています。

```
friends = [ 70, 65, 72, 63, 71, 64, 60, 64, 67]
minutes = [175, 170, 205, 120, 220, 130, 105, 145, 190]
labels = ['a', 'b', 'c', 'd', 'e', 'f', 'g', 'h', 'i']
```

```
plt.scatter(friends, minutes)

# 各点のラベル
for label, friend_count, minute_count in zip(labels, friends, minutes):
    plt.annotate(label,
        xy=(friend_count, minute_count), # 各点にラベルを付加する
        xytext=(5, -5),                  # ただし、位置は少し横にずらす
        textcoords='offset points')

plt.title("Daily Minutes vs. Number of Friends")
```

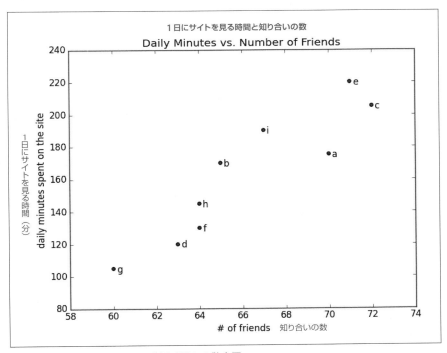

図3-7 知り合いの数とサイト使用時間との散布図

matplotlibが自動で決めた軸のスケールでは、図3-8のようにうまく比較が表現できない場合があります。

```
test_1_grades = [ 99, 90, 85, 97, 80]
test_2_grades = [100, 85, 60, 90, 70]

plt.scatter(test_1_grades, test_2_grades)
plt.title("Axes Aren't Comparable")
plt.xlabel("test 1 grade")
plt.ylabel("test 2 grade")
plt.show()
```

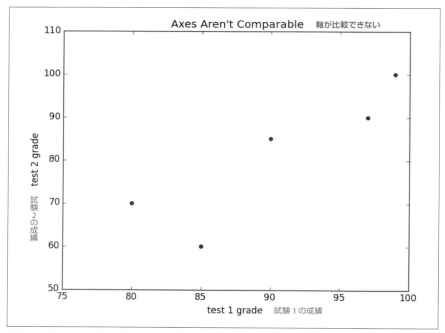

図3-8　比較に適さない軸スケールの散布図

　plt.axis("equal")の呼び出しを加えることで、散布図（図3-9）はtest 2の値の変化をより正確に表現できます。
　可視化の基礎はこれで終了です。可視化の応用は、本書を通して随時学びます。

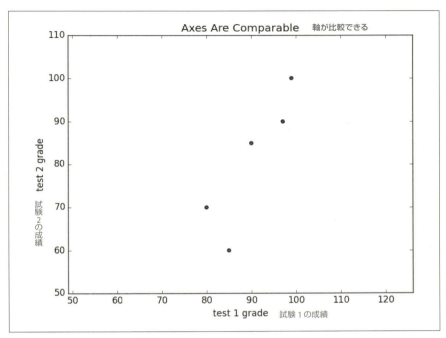

図3-9　等しい軸スケールの散布図

3.5　さらなる探求のために

- seaborn (http://seaborn.pydata.org)は、matplotlibの上に構築されたライブラリです。見栄えの良い（そして、より複雑な）可視化を簡単に実行できます。
- D3.js (http://d3js.org/) は、Web上で洗練された対話型の可視化を行うためのJavaScriptライブラリです。これはPythonの一部ではありませんが、現代的で広く使われているため、学ぶべき価値があります。
- Bokeh (http://bokeh.pydata.org/en/latest/) は、D3的な可視化をPythonで行うための新しいライブラリです。
- ggplot (https://pypi.python.org/pypi/ggplot)は、出版レベルのグラフや図を作るために広く利用されているR言語のライブラリggplot2をPythonに移植したものです。すでにggplot2の熱烈な信者であれば興味があるかもしれませんが、そうでなければ若干わかりにくいライブラリかもしれません。

4章
線形代数

代数より無益で役に立たないものなんてあるのか？
—— ビリー・コノリー ● コメディアン

線形代数は**ベクトル空間**を扱う数学の一分野です。この短い章の中で線形代数のすべてを教えるのは難しいのですが、データサイエンスにおける概念や手法の多くを支える線形代数はとても重要です。そのため、できる限りのことは伝えようと思います。この章で学んだことは、本書の至るところで何度も利用します。

4.1　ベクトル

抽象的に言えば、**ベクトル**はオブジェクトであり、ベクトル同士の加算（新しいベクトルを作る）、およびベクトルと**スカラー**（例えば、数）との乗算（これも新しいベクトルを作る）が可能です。

（我々にとって）具体的にベクトルとは有限次元空間内の点であると言えます。データはベクトルであると認識していないかもしれませんが、これは数値データを表現する非常に優れた方法なのです。

例えば、身長、体重、年齢のデータを大量に持っているとしましょう。このデータは3次元のベクトル（身長、体重、年齢）として扱えます。もし、試験を4回行うクラスを教えているとしましょう。生徒の成績は、4次元のベクトル（試験1, 試験2, 試験3, 試験4）として扱えます。

ゼロから作る方法としてベクトルを数値のリストとして表現するのが最も簡単です。3つの数値からなるリストは、3次元のベクトルを表します。4次元も同様です。

```
height_weight_age = [70,  # 身長（インチ）
                     170, # 体重（ポンド）
                     40 ] # 年齢

grades = [95,  # 試験1
```

```
        80,  # 試験2
        75,  # 試験3
        62 ] # 試験4
```

ベクトルに対する**算術演算**を行いたい場合に、この方法では問題があります。Pythonのリストはベクトルではない (ベクトル演算の機能が提供されていない) ため自分で作らなければなりません。ということで、作りましょう。

頻繁に使用するベクトルの加算から始めましょう。ベクトルは要素ごとに加算を行います。つまり、2つのベクトルvとwの長さが同じである場合、その和は最初の要素がv[0] + w[0]、2番目の要素がv[1] + w[1]のように順次要素の和をとった新しいベクトルとなります (ベクトルの長さが同じでなければ、加算は行えません)。

例えば、2つのベクトル[1, 2]と[2, 1]の和は、[1 + 2, 2 + 1]であり、その結果図4-1のように[3, 3]となります。

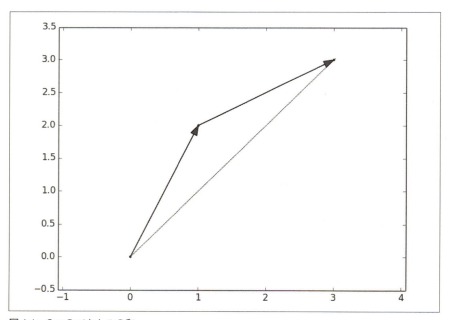

図4-1 2つのベクトルの和

この演算は、2つをベクトルをzipして、リスト内包により対応する要素の和を取る

ことで簡単に実装できます。

```python
def vector_add(v, w):
    """対応する要素の和"""
    return [v_i + w_i
            for v_i, w_i in zip(v, w)]
```

同様に、2つのベクトルの減算も対応する要素の差をとります。

```python
def vector_subtract(v, w):
    """対応する要素の差"""
    return [v_i - w_i
            for v_i, w_i in zip(v, w)]
```

ベクトルのリストに対して、要素ごとの和を求める場合もあります。これにより、新しいベクトルが作成され、最初の要素はすべてのベクトルの最初の要素の和に、2番目の要素はすべてのベクトルの2番目の要素の和に、そして以降も同様に和をとります。最も簡単な実装は、一度に1つのベクトルを処理する方法です。

```python
def vector_sum(vectors):
    """対応する要素の総和"""
    result = vectors[0]              # 最初のベクトルから開始
    for vector in vectors[1:]:       # その他のベクトルを順次
        result = vector_add(result, vector)   # ループでresultに加算する
    return result
```

この操作はvector_addを使ってベクトルのリストをreduceしているため、この処理は高階関数を使って書き直すことができます。

```python
def vector_sum(vectors):
    return reduce(vector_add, vectors)
```

または、単に次のようになります。

```python
vector_sum = partial(reduce, vector_add)
```

後者は便利な手法というよりは、賢い手法だと言えます。

ベクトルとスカラーの乗算も必要です。これは単にベクトルの各要素に数値を乗じたものになります。

```python
def scalar_multiply(c, v):
    """cは数値、vはベクトル"""
```

```
    return [c * v_i for v_i in v]
```

これを利用すれば、（同じ長さを持つ）ベクトルのリストに対する、要素ごとの平均が求められます。

```
def vector_mean(vectors):
    """i番目の要素が、入力したベクトルリストのi番目の要素すべての平均である
    ベクトルを計算する"""
    n = len(vectors)
    return scalar_multiply(1/n, vector_sum(vectors))
```

出番は多くありませんが、**ドット積**（内積）の計算も必要です。2つのベクトルのドット積は、要素ごとの積の総和です。

```
def dot(v, w):
    """v_1 * w_1 + ... + v_n * w_n"""
    return sum(v_i * w_i
               for v_i, w_i in zip(v, w))
```

ドット積はベクトルvをwの方向に展開した場合の長さを表します。例えばw = [1, 0]の場合、dot(v, w)はvの第1要素と等しくなります。別の考え方では、ベクトルvをw上に射影した長さを表します（**図4-2**）。

これを使うと、ベクトルの二乗和が容易に計算できます。

```
def sum_of_squares(v):
    """v_1 * v_1 + ... + v_n * v_n"""
    return dot(v, v)
```

次の関数はベクトルの**マグニチュード**（大きさ）を計算します。

```
import math
```

```
def magnitude(v):
    return math.sqrt(sum_of_squares(v)) # math.sqrtは、平方根を求める
```

これらの部品を使うと、次の式で定義される2つのベクトルの距離が計算できます。

$$\sqrt{(v_1 - w_1)^2 + \cdots + (v_n - w_n)^2}$$

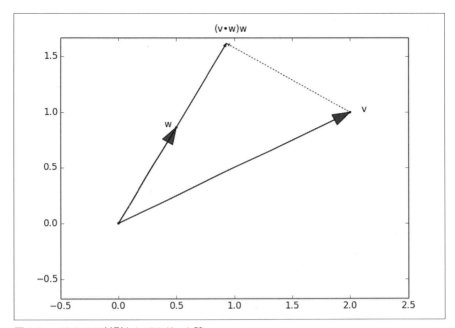

図4-2 ベクトルの射影としてのドット積

```
def squared_distance(v, w):
    """(v_1 - w_1) ** 2 + ... + (v_n - w_n) ** 2"""
    return sum_of_squares(vector_subtract(v, w))

def distance(v, w):
    return math.sqrt(squared_distance(v, w))
```

次のように(等価な式で)書いたほうが、わかりやすくなります。

```
def distance(v, w):
    return magnitude(vector_subtract(v, w))
```

始めとしては盛りだくさんと感じたのではないでしょうか。これらの関数は非常に重要で、本書を通して何度も使うことになるでしょう。

リストをベクトルとして使うのは、わかりやすくて良いのですがパフォーマンスに難があります。
実用に耐えるコードにするには、ハイパフォーマンスな配列クラスと算術演算を提供しているNumPyライブラリを使うことになるでしょう。

4.2 行列

行列は数値を2次元に配置したものです。ここでは行列をリストのリストとして表現します。つまりリストの中にある同じ長さのリストが行列の行を表します。Aが行列だとして、A[i][j]は、i行j列の要素となります。数学の慣例として、行列は大文字で表します。

例を示します。

```
A = [[1, 2, 3],      # Aは、2行3列の行列
     [4, 5, 6]]

B = [[1, 2],         # Bは、3行2列の行列
     [3, 4],
     [5, 6]]
```

数学では、行列の最初の行を1行目、最初の列を1列目と表現しますが、0から始まるPythonリストのインデックスでは、最初の行が0行目、最初の列が0列目となります。

リストのリスト形式では、行列Aには、len(A)行とlen(A[0])列の大きさを持つことになります。これを行列の型と考えます。

```
def shape(A):
    num_rows = len(A)
    num_cols = len(A[0]) if A else 0   # 最初の行の要素数
    return num_rows, num_cols
```

行列がn行k列を持つ場合、$n \times k$行列と呼びます。$n \times k$行列の各行は、長さkのベクトル、各列は長さnのベクトルとみなせます(また、しばしばそのように扱います)。

```
def get_row(A, i):
    return A[i]                # A[i]は、i番目の行

def get_column(A, j):
    return [A_i[j]             # Aの各行のj番目の要素
            for A_i in A]
```

与えられた型と要素の値を生成する関数から、行列を作る必要も出てきます。これは、入れ子にしたリスト内包で実現できます。

```
def make_matrix(num_rows, num_cols, entry_fn):
    """num_rows x num_colsの行列を返す
    (i, j)の要素は、entry_fn(i, j)が与える"""
    return [[entry_fn(i, j)          # 与えられたiからリスト
             for j in range(num_cols)]  # [entry_fn(i, 0), ...]を作る
            for i in range(num_rows)]   # 各iに対して、リストを作る
```

この関数を使い、5×5の**単位行列**（対角要素が1で、それ以外が0の行列）が作成できます。

```
def is_diagonal(i, j):
    """対角要素は1，それ以外は0"""
    return 1 if i == j else 0

identity_matrix = make_matrix(5, 5, is_diagonal)

# [[1, 0, 0, 0, 0],
#  [0, 1, 0, 0, 0],
#  [0, 0, 1, 0, 0],
#  [0, 0, 0, 1, 0],
#  [0, 0, 0, 0, 1]]
```

行列はいくつかの理由から、我々にとって非常に重要です。

まず、複数のベクトルで構成されるデータを、単純に、それぞれのベクトルが行列の行である行列として表現できます。例えば、1,000人の身長、体重、年齢は、1,000行×3列の行列として扱えます。

```
data = [[70, 170, 40],
        [65, 120, 26],
        [77, 250, 19],
        # ....
```

64 | 4章　線形代数

　　　　　]

　次に、後で見るように$n \times k$行列は、k次元のベクトルからn次元のベクトルへの写像を行う線形関数とみなすことが可能です。我々が使用する手法や概念は、これらの関数と深く関わっています。

　そして、行列は二項関係を表現するのにも使えます。第1章で、ネットワークのエッジ（辺）を値のペア(i, j)の集まりで表現しました。これを行列Aを使い、ノードiとjが接続されている場合は、A[i][j]の値を1に、接続されていない場合は0にすることで、同様のデータを表します。

　以前使ったデータを振り返って見ましょう。

```
friendships = [(0, 1), (0, 2), (1, 2), (1, 3), (2, 3), (3, 4),
               (4, 5), (5, 6), (5, 7), (6, 8), (7, 8), (8, 9)]
```

これを次のように表現できます。

```
            # user 0  1  2  3  4  5  6  7  8  9
            #
friendships = [[0, 1, 1, 0, 0, 0, 0, 0, 0, 0], # user 0
               [1, 0, 1, 1, 0, 0, 0, 0, 0, 0], # user 1
               [1, 1, 0, 1, 0, 0, 0, 0, 0, 0], # user 2
               [0, 1, 1, 0, 1, 0, 0, 0, 0, 0], # user 3
               [0, 0, 0, 1, 0, 1, 0, 0, 0, 0], # user 4
               [0, 0, 0, 0, 1, 0, 1, 1, 0, 0], # user 5
               [0, 0, 0, 0, 0, 1, 0, 0, 1, 0], # user 6
               [0, 0, 0, 0, 0, 1, 0, 0, 1, 0], # user 7
               [0, 0, 0, 0, 0, 0, 1, 1, 0, 1], # user 8
               [0, 0, 0, 0, 0, 0, 0, 0, 1, 0]] # user 9
```

　接続数が少ない場合には、ほとんどの要素が0となるため、この形式では無駄が多くなってしまいます。接続されたエッジのみをリストで表す方式では、接続の有無を調べるのに（潜在的に）すべての要素を調べなければなりませんが、行列ではより素早く検査が可能です。

```
friendships[0][2] == 1     # Trueなので、0と2は知り合い
friendships[0][8] == 1     # Falseなので、0と8は知り合いではない
```

　同様に、ノードに対応する列（または行）を見れば、そのノードが持つ接続を調べることができます。

```
friends_of_five = [i                                          # 1つの行を
                   for i, is_friend in enumerate(friendships[5]) # 調べるだけで
                   if is_friend]                              # 良い
```

以前、ノードの持つ接続を素早く調べるために、各ノードに接続先のリストを加えるという方法を用いました。しかし巨大で変化の激しいグラフに対しては、情報を維持するのが難しく時間のかかる作業となりかねません。

行列については、この後も何度か登場するでしょう。

4.3　さらなる探求のために

- 線形代数はデータサイエンスの世界で広く使われています（多くは暗黙のうちに使われていますし、線形代数を理解していない人も往々にして活用しています）。教科書を読んで学ぶのは、悪いアイディアではありません。オンラインには無料で利用できる教材があります。
  - 「線形代数 (Linear Algebra)」、カリフォルニア大学デービス校
    https://www.math.ucdavis.edu/~linear/
  - 「線形代数 (Linear Algebra)」、セント・マイケルズ大学
    http://joshua.smcvt.edu/linearalgebra/
  - もう少し高いレベルに挑戦したいなら、「邪道の線形代数 (Linear Algebra Done Wrong)」が、より高度な入門コースです
    http://www.math.brown.edu/~treil/papers/LADW/LADW.html
- この章で作った仕組みは、NumPy (http://www.numpy.org) にはすでに備わっている機能です（NumPyを使えば、さらに多くの利点が得られます）。

5章
統計

事実は頑固者だが、統計は融通が利く。
—— マーク・トウェイン ● 小説家

統計とは、データを理解する数学的手法を指します。本書の1章だけでなく、図書館の本棚（もしくは専用の図書室）が必要となるほど、統計の扱う分野は広大で深遠です。そのため、ここで扱えるのは表面的なものとならざるを得ませんが、読者の興味を喚起し、より深く学びたくなるのに十分な内容を紹介します。

5.1　データの特徴を表す

口コミの評判に幸運も重なり、データサイエンス・スターは多数のユーザを獲得してきました。そこで資金調達担当部長は、エレベータピッチ[1]で使うための資料として、データサイエンス・スターのメンバーは、どの程度の知り合いがいるのかを示すデータを要求してきました。

第1章で行ったように、データを求めるのは簡単です。しかしこのデータをどのように説明すべきか問題に突き当たりました。

データを**説明**する方法の1つは、単純にそのデータそのものを示すことです。

```
num_friends = [100, 49, 41, 40, 25,
               # ... さらに値が続く
               ]
```

値の数が少なければ、それが一番良いかもしれません。しかし値が多くなると扱いにくい上に何を示しているのかも不明瞭になりかねません（メンバー数が100万人の場合を想像してみてください）。そのため、データから関連する特徴を抽出して検討を加えるために統計を使うことにします。

---

[1]　訳注：エレベータを降りるまでの短い時間で説明できるような簡潔な資料のこと。

最初にCounterとplt.bar()を使い、知り合いの数のヒストグラムを描きます（図5-1）。

```
friend_counts = Counter(num_friends)
xs = range(101)                          # 知り合いの数の最大は100
ys = [friend_counts[x] for x in xs]      # 棒の高さは、知り合いの数
plt.bar(xs, ys)
plt.axis([0, 101, 0, 25])
plt.title("Histogram of Friend Counts")
plt.xlabel("# of friends")
plt.ylabel("# of people")
plt.show()
```

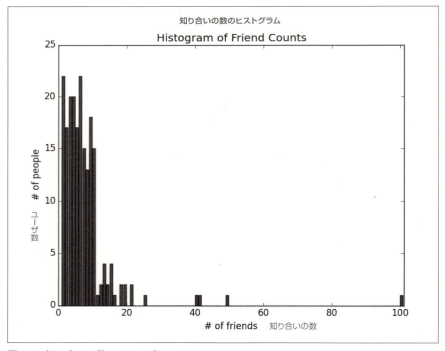

図5-1　知り合いの数のヒストグラム

残念ながら、このグラフでは資料としては複雑過ぎるため、統計量を算出して使いましょう。一番単純な統計量は、データの数です。

```
num_points = len(num_friends)      # 204
```

知り合いの数の最大値と最小値も関心があるはずです。

```
largest_value = max(num_friends)  # 100
smallest_value = min(num_friends) # 1
```

その他、特殊な場合には、特定の位置にある値にも興味を持つかもしれません。

```
sorted_values = sorted(num_friends)
smallest_value = sorted_values[0]         # 最小値1
second_smallest_value = sorted_values[1] # 2番目に小さな値1
second_largest_value = sorted_values[-2] # 2番目に大きな値49
```

これらはまだ手始めに過ぎません。

5.1.1 代表値

通常、データはどこが中心となっているのかに興味があります。多くの場合、値の総和をデータ数で割った**平均値**を使います。

```
# from __future__ import 文がなければ、正しく動作しない
def mean(x):
    return sum(x) / len(x)

mean(num_friends) # 7.333333
```

データポイントが2つある場合、平均値は両者の中間となります。データが増えるにつれ平均値は変化しますが、各データに依存した値となります。

場合により、**中央値**が必要となる場合もあります。これはデータ数が奇数個の場合、中央のデータポイントの値となり、偶数個の場合には、2つの中央データの平均となります。

例えば5つのデータポイントがソートされてベクトルxに格納されているとします。**中央値**は、x[5 // 2]^{※1}またはx[2]です。データポイントが6つであった場合には、x[2]（3番目の要素）とx[3]（4番目の要素）の平均を取ります。

平均値と異なり、中央値は個々のデータに依存しない点に注意が必要です。例えば、

※1　訳注：Pythonの演算子//は、整数の除算を行うので、5 // 2 = 2となる。2.1.5節を参照。

最大値を大きく(または最小値を小さく)しても、中央の値は変化しません。これが中央値の意味です。

median関数は、思ったよりも難しくなりますが、これはデータ数が偶数個の場合を考慮しているためです。

```
def median(v):
    """vの中央の値を探す"""
    n = len(v)
    sorted_v = sorted(v)
    midpoint = n // 2

    if n % 2 == 1:
        # 奇数個の場合は、中央の要素を返す
        return sorted_v[midpoint]
    else:
        # 偶数個の場合は、中央の要素の平均を返す
        lo = midpoint - 1
        hi = midpoint
        return (sorted_v[lo] + sorted_v[hi]) / 2

median(num_friends) # 6.0
```

平均値の計算は明らかに簡単です。またデータの変更に対して、値は滑らかに変化します。もしn個のデータポイントがあったとして、そのうちの1つの値がeだけ増加したとしましょう。このとき平均値はe/nだけ増加します(この性質があらゆる微積分の計算手法に平均値が使われている理由です)。一方、中央値を求めるには、データをソートしなければなりません。データの1つの値をe増やした場合、中央値はeとなるか、eより小さい値となるか、全く変わらないかのいずれかです(その他のデータに依存します)。

自明ではありませんが、データをソートせずに中央値を効率的に計算する方法は存在します(http://en.wikipedia.org/wiki/Quickselect)。それらは本書の範囲を超えているため、データは必ずソートすることにします。

同時に、平均値はデータ内の外れ値に対して非常に敏感です。もしも、最も知り合いの多いユーザには(100人ではなく)200人の知り合いがいた場合、中央値は変化し

ませんが、平均値は 7.82 上昇します。外れ値が誤ったデータである（もしくは、理解しようとしている現象を代表していない）場合、誤解を招くような平均値となる可能性があります。繰り返し語られる話題ですが、1980 年代中ごろ、ノースカロライナ大学の卒業生で最も高い初任給を得られた専攻は地理学でした。それは NBA のスター選手（そして外れ値でもある）マイケル・ジョーダンが原因です。

　中央値を一般化したものが**分位数**です。これは、データ中で特定の割合にある値を表しています（例えば中央値は、50% の位置にあるデータです）。

```python
def quantile(x, p):
    """x中のp百分位数を返す"""
    p_index = int(p * len(x))
    return sorted(x)[p_index]

quantile(num_friends, 0.10) # 1
quantile(num_friends, 0.25) # 3
quantile(num_friends, 0.75) # 9
quantile(num_friends, 0.90) # 13
```

　あまり一般的ではありませんが、**モード**を必要とする場合もあるでしょう。これは**最頻値**とも呼ばれます。

```python
def mode(x):
    """モードは1つとは限らないので、リストを返す"""
    counts = Counter(x)
    max_count = max(counts.values())
    return [x_i for x_i, count in counts.iteritems()
            if count == max_count]

mode(num_friends) # 1 and 6
```

　たいていの場合は、平均値を使います。

5.1.2　散らばり

　散らばり（dispersion）とは、データの値にどの程度の広がりがあるのかを測るものです。統計では、この値が 0 に近ければ値にほとんど広がりがないことを示し、この値が大きければ（それが何を意味するにせよ）広がりが大きいことを示します。例えば、最大の要素と最小の要素の差である**範囲**（range）は、最も簡単な散らばりを示す統計

量です。

```
# Pythonでは"range"は別の意味を持つので、別の名前を使う
def data_range(x):
    return max(x) - min(x)

data_range(num_friends) # 99
```

最大値と最小値が等しい場合に範囲は0となります。これはxの要素がすべて同じ値を持ち、データには全く散らばりがないことを示します。一方で、範囲が大きな値を持つ場合、最大値は最小値と比較して非常に大きな値を持ち、データは大きな広がりを持つことがわかります。

中央値のように、範囲もすべてのデータに依存しているわけではありません。すべてのデータが0か100であるものと、0, 100, およびほとんどが50であるものと、どちらも同じ範囲ですが、前者の方が、大きく広がっていると言えます。

より複雑な散らばりを示す統計量が、次のように計算される**分散**（variance）です。

```
def de_mean(x):
    """xを変換して、xとxの平均との差とする（結果の平均が0となるように）"""
    x_bar = mean(x)
    return [x_i - x_bar for x_i in x]

def variance(x):
    """xには、値が少なくとも2つあることを前提とする"""
    n = len(x)
    deviations = de_mean(x)
    return sum_of_squares(deviations) / (n - 1)

variance(num_friends) # 81.54
```

nではなく、n-1での除算であることを除けば、平均との差の二乗平均と同じです。実際に、大きな母集団からサンプリングした場合、x_barは実際の平均に対する推定量となります。(x_i - x_bar) ** 2の平均は、x_iと平均の差分を二乗した平均と比べると若干小さくなるため、nではなくn-1での除算を行います。詳しくはWikipediaを参照してください。

我々のデータは何らかの単位（例えば、「知り合いの数」）を持ち、代表値も同じ単位

で測ります。範囲も同様です。一方で分散はもとの単位を二乗している（例えば、「知り合いの数の二乗」）ため、この値の意味するところを把握しづらいことがあります。そこで、**標準偏差**を用います。

```
def standard_deviation(x):
    return math.sqrt(variance(x))

standard_deviation(num_friends) # 9.03
```

範囲と標準偏差には、前述した平均と同じ外れ値に対する問題があります。同じ例を使ってみましょう。最も知り合いの多いユーザには200人の知り合いがいたとすると、標準偏差は14.89となり、60%以上も増加してしまいます。

より頑強な値として75パーセント点と25パーセント点の差が考えられます[※1]。

```
def interquartile_range(x):
    return quantile(x, 0.75) - quantile(x, 0.25)

interquartile_range(num_friends) # 6
```

この値は、外れ値が少数ならば、影響をあまり受けません。

5.2　相関

データサイエンス・スター社の成長担当部長には、サイト上でユーザが費やす時間とサイト内の知り合いの数には関連があるとの持論がありました（彼女は利益に責任を持つ立場にあります）。そこで彼女は、この持論が正しいかを確認するよう求めてきました。

トラフィックログを探ってみると、各ユーザが1日当たりデータサイエンス・スターのサイト上に何分止まっているかを示す、daily_minutes データが見つかりました。この要素を、num_friends の要素に一致させて、2つのデータの関係を調査することにしました。

最初に**共分散**を調べます。これは、分散を2つの変数に対して拡張したものです。分散は、ある変数が平均からどの程度乖離しているかを測るのに対し、共分散は2つの変数がその平均からどの程度異なっているかを測ります。

※1　訳注：この差を四分位範囲と言う。

```
def covariance(x, y):
    n = len(x)
    return dot(de_mean(x), de_mean(y)) / (n - 1)

covariance(num_friends, daily_minutes) # 22.43
```

　ドット積は対応する要素の積の和であることを思い出しましょう。データxとyの対応する要素が、どちらも平均以上または平均以下であった場合、その和は正の数となります。一方が平均以上、他方が平均以下であれば、その和は負数となります。このため、大きな正数である共分散は、yが大きいときはxも大きく、yが小さいときはxも小さい傾向があることを意味します。大きな負数である共分散はその逆を示します。つまりyが大きい場合にはxが小さな値である傾向があり、逆も同様です。共分散が0に近い値を持つ場合、こういった傾向が見られないことを示します。

　とはいえ、この数値を解釈するのは以下の理由により困難です。

- 値の単位は、入力の単位を乗じたもの（例えば、知り合いと1日当たりの利用時間［分］）であるため直感的に理解しがたい（知り合いの人数×利用時間［分］とは、そもそも何だろう）
- もし各ユーザの知り合いの数が倍であった場合（ただし、利用時間は同じとする）、共分散の値も倍になります。しかし、共分散の値は、単に両者の関係を表しているため、値の大きさの原因が何であるかを説明しづらい。

　そのため、共分散をそれぞれの変数の標準偏差で割った**相関係数**を用いるのが一般的です。

```
def correlation(x, y):
    stdev_x = standard_deviation(x)
    stdev_y = standard_deviation(y)
    if stdev_x > 0 and stdev_y > 0:
        return covariance(x, y) / stdev_x / stdev_y
    else:
        return 0    # 変動がなければ、相関は0

correlation(num_friends, daily_minutes) # 0.25
```

　相関係数には単位がありません。−1（完全な負の相関）から1（完全な正の相関）の間の値を取ります。0.25は、比較的弱い正の相関を表します。

我々のデータについての調査を忘れていました。図5-2を見てみましょう。

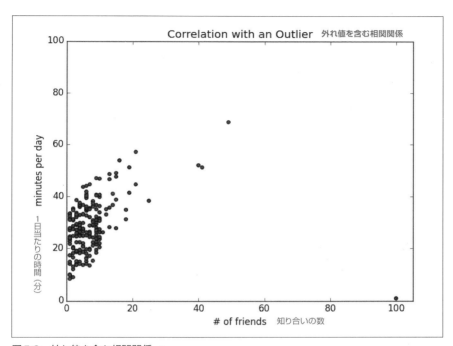

図5-2　外れ値を含む相関関係

100人の知り合いがいるユーザ（彼は、1日当たり1分しかサイトを利用していない）は、大きな外れ値となっています。相関係数は、外れ値に敏感であるため、彼を無視したらどうなるか見てみましょう。

```
outlier = num_friends.index(100) # 外れ値のインデックス

num_friends_good = [x
                    for i, x in enumerate(num_friends)
                    if i != outlier]
daily_minutes_good = [x
                      for i, x in enumerate(daily_minutes)
                      if i != outlier]

correlation(num_friends_good, daily_minutes_good) # 0.57
```

外れ値を取り除くと、より強い相関を示しました（図5-3）。

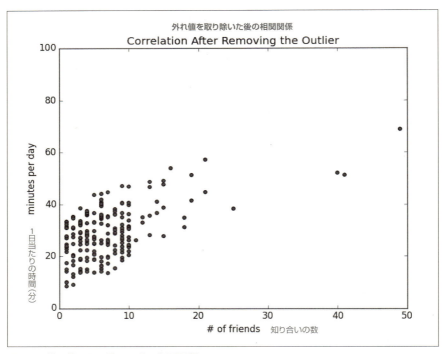

図5-3 外れ値を取り除いた後の相関関係

さらに調査を続けた結果、この外れ値は社内のテストユーザであり、取り除いても問題ないことがわかりました。そこで、この外れ値を取り除いたものを正式な結果とします。

5.3 シンプソンのパラドクス

データの分析上見られる現象の1つにシンプソンのパラドクスがあります。これは、ある状況の違いを無視して得た相関係数は、誤った結果を導く可能性を持つというものです。

例えば、すべてのユーザは東海岸か西海岸のデータサイエンティストのどちらかに属するものとしましょう。どちらのグループのデータサイエンティストがより多くの知

り合いを持つ傾向があるかを調べたとします。

グループ	ユーザ数	知り合い数平均
西海岸	101	8.2
東海岸	103	6.5

　これを見る限り、西海岸のデータサイエンティストの方が、友好的であることがわかります。同僚はこの理由についてあらゆる理論を出しました。太陽のせいだ、コーヒーをたくさん飲むから、無農薬野菜の普及によるもの、太平洋の波が穏やかな雰囲気を作る、等々。

　データを調査するうちに、奇妙なことに気付きます。PhD取得者だけに着目すると、東海岸のデータサイエンティストの方が平均よりも多くの知り合いがいました。そして、PhDを持っていないユーザだけを見ても、東海岸のデータサイエンティストは平均よりも多くの知り合いがいるのです。

グループ	学位	ユーザ数	知り合い数平均
西海岸	PhDあり	35	3.1
東海岸	PhDあり	70	3.2
西海岸	PhDなし	66	10.9
東海岸	PhDなし	33	13.4

　ユーザの学位を考慮すると、相関は逆の傾向を示します。東海岸と西海岸をまとめて扱うと、東海岸のデータサイエンティストはPhDの有無で知り合いの数が大きく変わるという事実が、隠されてしまいます。

　この現象は、実世界でも定期的に持ち上がります。相関係数は同じ種類の値の関係を測るものである、という点に主な問題があります。しっかりと計画された実験であるなら、どのデータで比較を行ったとしても同じ種類のデータを比べるという前提を持つことは難しいものではありません。しかし、より多くのデータパターンが存在するなら、その前提を維持するのは難しいかもしれません。

　データについての理解を深め、混乱をもたらす要素を事前に排除しておくことのみが、この現象を回避する方法です。明らかに、これは常に可能なわけではありません。これら200人のデータサイエンティストの学業成績を得られていないのならば、本質的に西海岸の方が社交的であると単純に結論づけても良いかもしれません。

5.4 その他相関係数についての注意点

相関係数が0の場合、2つの変数には線形関係が存在しないことを示します。ところが、別の種類の関係を持つかもしれません。例えば、この場合、xとyの相関係数は0です。

```
x = [-2, -1, 0, 1, 2]
y = [ 2, 1, 0, 1, 2]
```

しかし、yの各要素は対応するxの絶対値であるという関係があります。ここで欠けているのは、x_iと$mean(x)$とを比較することで、y_iと$mean(y)$に関する情報が得られるという関係であり、相関係数が期待する関係です。

加えて、相関係数は関係がどれだけ大きいのかについては何も言及しません。次の2つの変数には、完全な相関があります。

```
x = [-2, 1, 0, 1, 2]
y = [99.98, 99.99, 100, 100.01, 100.02]
```

しかし、（何について比較しているのかにも依存しますが）この関係にはそれほど興味深いものではありません。

5.5 相関関係と因果関係

「相関関係は因果関係ではない」という台詞を、おそらくどこかで耳にしたことがあると思います。たいていは、自分の世界観の一部に疑問を投げかけるようなデータに直面した者がとっさに口にすることも多いのでしょう。とはいえ、ここには重要な点があります。もし、xとyとの間に強い相関関係がある場合、xはyの原因であるか、yがxの原因であるか、相互に他方の原因であるか、両者に影響する第3の原因があるか、両者に関係はないか、そのいずれかです。

num_friendsとdaily_minutesの関係について考えてみましょう。多くの知り合いがいるほど、データサイエンス・スターのサイト上で費やす時間が増える可能性はあります。知り合いがそれぞれ毎日一定量の投稿を行うため、知り合いが多ければ投稿を見るための時間が多く必要となるのでしょう。

一方で、データサイエンス・スターのフォーラム上での議論に多くの時間を費やすほど、仲良くなる人に出会う確率も増えるという考え方もできます。つまり、サイト上

で多くの時間を費やすほど、知り合いが多くなるというわけです。

データサイエンスに熱意を持つユーザほど（興味のあるものが多く見つかるため）サイト上で費やす時間が増えると共に、データサイエンス関連の人と積極的に交友を広げる（それ以外の人とは関わりたくないため）という第三の可能性も考えられます。

因果関係について、より強い確信を得る方法の1つが無作為化試験です。ユーザを2つの同様のグループに無作為に分割し1つのグループに対して異なる経験を与えられるのであれば、異なる経験が異なる結果をもたらすことが実感できるでしょう。

例えば、ユーザに対して実験を行っても構わないという前提があれば（http://nyti.ms/1L2DzEg）、無作為に抽出したユーザに対して、彼らの知り合いの一部のみが書いた記事だけを見せるようにします。もしユーザがサイト上で費やす時間が減ったのであれば、知り合いの多寡が時間に影響することが確信できるでしょう。

5.6　さらなる探求のために

- SciPy (https://docs.scipy.org/doc/scipy/reference/stats.html)、pandas (http://pandas.pydata.org)、StatsModels (http://statsmodels.sourceforge.net/) などのライブラリは、多様な統計機能を提供しています。

- 統計学は重要です（おそらく統計は重要なのでしょう）。優れたデータサイエンティストとなるためには統計学の教科書を読むのは良いアイディアです。多くのフリーな教科書がオンラインで公開されています。筆者は次の2つが気に入っています。

  — OpenIntro Statistics (https://www.openintro.org/stat/textbook.php)
  — OpenStax Introductory Statistics (https://openstax.org/details/introductory-statistics)

6章
確率

確率の法則は、一般的には全くその通りであるが、具体的には全く当てにならない。
—— エドワード・ギボン ● 歴史家

確率とその数学的基礎に対するある種の理解を欠いたままで、データサイエンスを行うのは困難です。第5章で統計に対して行ったのと同じように、専門的な詳細はできるだけ隠しながら話を進めましょう。

我々の目的のためには、現実世界の**事象**の不確実さを定量化する方法の1つとして確率を考えることが重要です。用語の意味する技術的な内容を理解するよりも、まずはサイコロを転がしてみましょう。この世界はあらゆる可能性で構成されています。そして、その結果の一部分が事象となります。例えば「サイコロの1の目が出る」「偶数の目が出る」などです。

$P(E)$ は「事象 E の発生する確率」を表します。

確率論を使ってモデルを構築し、確率論を使ってモデルを評価します。そして確率論をあらゆる場面で使います。

確率に傾倒している者は、確率論の意味するところの哲学に深く没頭したくなるでしょう。(ビールを飲みながら行うには最適かもしれませんが) ここでは、そうした方法は取りません。

6.1 従属と独立

大まかに言うと、E の発生に関する何らかの情報が F の発生についての情報を与える場合 (逆も同様ですが)、2つの事象 E と F は**従属関係**にあると言います。

例えば、歪みのないコインを2回投げるとします。1回目で表が出たか否かを知っていたとしても、2回目の結果には影響がありません。そのため、これらの事象は独立です。一方、1回目が表であったことは、2回とも裏が出る事象について明らかな情報を与えます (もし1回目が表であれば、両方とも裏になる可能性は全くありません)。こ

82 | 6章 確率

れらの事象は従属です。

　数学的に、事象 E と F が独立である場合、その両方が発生する確率は、それぞれの事象が発生する確率の積となります。

$$P(E, F) = P(E)P(F)$$

　この例では、「1回目に表が出る」確率は1/2であり、「2回とも裏が出る」確率は1/4です。しかし、「1回目に表が出て、2回とも裏が出る」確率は0となります。

6.2　条件付き確率

　事象 E と F が独立であるなら、次の式で定義されます。

$$P(E, F) = P(E)P(F)$$

　両者が独立である必要がない（そして、F の発生する確率が0でない）のであれば、「F における E の条件付き確率は」次の式で定義されます。

$$P(E|F) = P(E, F)/P(F)$$

　これは、事象 F が発生したことを知っている状況で E が発生する確率と考えることができます。

　これはしばしば次のように書き換えられます。

$$P(E, F) = P(E|F)P(F)$$

　E と F が独立であるなら、次の式が成り立ちます。

$$P(E|F) = P(E)$$

　これは F が発生したことを知っていても、E の発生に何ら影響を与えないことを数学的に表現したものです。

　良く知られた例として2人の子供（性別はわからない）がいる家族を考えます。

　次のことを仮定した場合、

1. 子供がそれぞれ男の子か女の子である可能性は等しい

2. 2人目の子供の性別は、1人目の子供の性別とは独立している

女の子がいない確率は1/4、1人が女の子で1人が男の子である確率は1/2、2人とも女の子である確率は1/4となります。

それでは、「1人目が女の子である」(G）場合に、「2人とも女の子である」(B）確率はどうなるでしょうか。事象BかつG（「2人とも女の子である」かつ「1人目が女の子である」）は、事象Bに等しいので、条件付き確率の定義によると次の式が成り立ちます。

$$P(B|G) = P(B, G)/P(G) = P(B)/P(G) = 1/2$$

おそらくこの結果は、直感的な理解と一致しています。

同様に、「少なくとも1人が女の子である」(L）場合に、「2人とも女の子である」確率も求められます。驚くべきことに、値は前と異なります。

先ほどと同様に、事象BかつL（「2人とも女の子である」かつ「少なくとも1人が女の子である」）は、事象Bに等しいので、次の式が成り立ちます。

$$P(B|L) = P(B, L)/P(L) = P(B)/P(L) = 1/3$$

これはどういうことでしょうか。つまり、少なくとも1人が女の子であった場合、

2人とも女の子である場合よりも男の子と女の子が1人ずつである可能性は2倍[1]あるということになります。

家族構成を大量に生成して、この状況を確認します。

```python
def random_kid():
    return random.choice(["boy", "girl"])

both_girls = 0
older_girl = 0
either_girl = 0

random.seed(0)
for _ in range(10000):
    younger = random_kid()
```

---

[1] 訳注：「少なくとも1人が女の子である」という条件のもとで、「2人とも女の子である」確率が1/3であるなら、「男の子と女の子が1人ずつ」である確率は、2/3であり、2倍の値ということ。

```
    older = random_kid()
    if older == "girl":
        older_girl += 1
    if older == "girl" and younger == "girl":
        both_girls += 1
    if older == "girl" or younger == "girl":
        either_girl += 1

print "P(2人とも女の子 | 1人目が女の子):", both_girls / older_girl      # 0.514 ~ 1/2
print "P(2人とも女の子 | どちらか1人が女の子): ", both_girls / either_girl # 0.342 ~ 1/3
```

6.3　ベイズの定理

　データサイエンティストにとって最良のパートナーの1つが、ベイズの定理です。これは条件付き確率を裏返しにする手法です。事象 F が発生した状況で、それとは独立した事象 E が起きる確率を求めるとしましょう。しかし事象 E が発生した状況で、事象 F の発生する確率だけが既知であるとします。条件付き確率の定義を使い、次の式を得ます。

$$P(E\,|\,F) = P(E, F)/P(F) = P(F\,|\,E)P(E)/P(F)$$

　事象 F は、相互に排他的な2つの事象「F かつ E」と「F かつ not E」に分割できます。「not E」(すなわち「E が発生しない」)を $\neg E$ と表記して次の式となります。

$$P(F) = P(F, E) + P(F, \neg E)$$

以上より、次の式が導かれます。

$$P(E\,|\,F) = P(F\,|\,E)P(E)/[P(F\,|\,E)P(E) + P(F\,|\,\neg E)P(\neg E)]$$

こうしてベイズの定理が説明されます。

　医者よりもデータサイエンティストの方が賢いことを示すために、この定理が用いられます。10,000人当たり1人が発症する疾患があるとしましょう。そしてこの疾患を99%の正確さで検出できる(疾患を持っていれば「陽性」、そうでなければ「陰性」となる)検査があるとします。

　検査の陽性が意味することは何でしょう。ここで、「検査結果が陽性である」事象を

T と、「疾患を持っている」事象を D とします。ベイズの定理では検査が陽性であった場合に、疾患を持っている確率は、次の式となります。

$$P(D|T) = P(T|D)P(D) \;/\; [P(T|D)P(D) + P(T|\neg D)P(\neg D)]$$

ここで、$P(T|D)$ つまり疾患を持つ人が検査で陽性となる確率は 0.99 であることがわかっています。ある人が疾患を持つ確率 $P(D)$ は、$1/10{,}000 = 0.0001$。疾患を持っていないが、テストで陽性となる確率 $P(T|\neg D)$ は、0.01。そしてある人が疾患を持たない確率 $P(\neg D)$ は、0.9999 です。これらの値を先ほどの式に代入すると次の値が得られます。

$$P(D|T) = 0.98\%$$

これはつまり、検査で陽性が出た人が実際に疾患を持っている確率は 1% 以下であるということになります。

ここでは、検査対象は無作為に抽出されると仮定しています。もし、ある種の症状が出た人だけが検査の対象となるのであれば、「症状があり、検査で陽性が出る」という条件付きに変更しなければなりません。この場合、得られる値はかなり高くなるでしょう。

これはデータサイエンティストにとって簡単な計算ですが、多くの医者は $P(D|T)$ をおおよそ 2% 程度と推測するかもしれません。

より直感的に理解したいのであれば、対象者が 100 万人であると考えてみましょう。その中の約 100 人が疾患を持っており、その中の 99 人が検査で陽性となります。一方、999,900 人は疾患を持っていないが 9,999 人が検査で陽性となります。これはつまり陽性となった $(99 + 9999)$ 人のうち、実際に疾患を持つのは 99 人であるということです。

6.4　確率変数

確率変数とは、確率分布に関連づいた値を持つ変数です。コインの表が出たら 1、裏が出たら 0 となるような確率変数が非常に単純な例です。より複雑なものとしては、コインを 10 回投げた際に表が出た回数を取るものや、range(10) から等しい確からしさ

で値を取り出すものなどが考えられます。

関連する分布は、確率変数が取りうる値それぞれの起こりやすさを与えます。コイン投げでは、値が0となる確率が0.5、値が1となる確率が0.5です。range(10)は0から9までそれぞれの確からしさが0.1となる分布を持ちます。

確率変数の値を確率の重み付平均で計算される期待値を話題にすることがあります。例えばコイン投げの期待値は、1/2（= 0 * 1/2 + 1 * 1/2）であり、range(10)の期待値は4.5になります。

他の事象と同様に**条件付き**の事象についても定義できます。「6.2 **条件付き確率**」で使った2人の子供の例を思い出してください。Xを女の子の数を表す確率変数とすると、Xが0の場合は1/4、1の場合は1/2、2の場合は1/4となります。

2人のうち少なくとも1人が女の子であった場合の、女の子の数を新しい確率変数Yとして定義できます。Yが1の場合の確率は、2/3、Yが2の場合は1/3です。1人目の子供が女の子であった場合の、女の子の数を確率変数Zとすると、Zが1の場合の確率は1/2、Zが2の場合は1/2となります。

この後、多くの場面で特別な配慮を払わず確率変数を使うことになります。しかし注意深く掘り下げてみれば、そこに確率変数が使われていることがわかるでしょう。

6.5 連続確率分布

コイン投げは**離散型分布**に相当し、離散的な結果に対する正の確率に関連付けられます。しばしば連続した結果の分布をモデル化する必要性が生じます（これらの結果が常に実数で得られますが、それらがすべて実生活上の事象を表しているわけではありません）。例えば一様分布は、0から1のすべての数に対して等しい重みを与えます。

0から1の間には無限の数が存在することを考えると、個々の数に対する重みは0とする必要があります。このため、連続分布は**確率密度関数**（probability density function：pdf）で表現し、確率変数がある範囲の値を取る確率は、その範囲で確率密度関数を積分することで得られます。

もし、微積分学を忘れてしまっているなら、次のように考えて見ましょう。密度関数fの分布がありhを小さな値とした場合、確率変数がxから$x+h$の間の値を取る確率はおおよそ$h * f(x)$で得られます。

一様分布の密度関数は次の関数で表します。

```
def uniform_pdf(x):
    return 1 if x >= 0 and x < 1 else 0
```

この分布に従う確率変数が0.2から0.3の値を取る確率は1/10となります。Pythonの`random.random()`は一様分布に従う（擬似）乱数です。

確率変数の値がある値以下となる確率を表す**累積分布関数**（cumulative distribution function：cdf）の方を取り上げる場合がしばしばあります。一様分布の累積分布関数を求めるのは、それほど難しくありません（図6-1）。

```
def uniform_cdf(x):
    "returns the probability that a uniform random variable is <= x"
    if x < 0: return 0      # 一様分布は0を下回らない
    elif x < 1: return x    # 例えば、P(X <= 0.4) = 0.4 となる
    else: return 1          # 一様分布は、最大で1
```

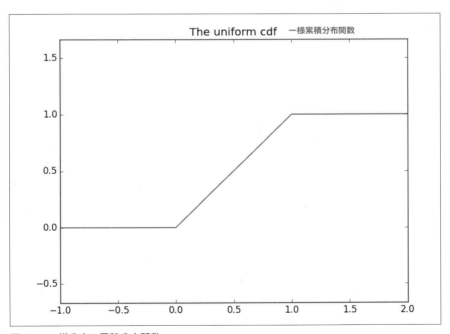

図6-1　一様分布の累積分布関数

6.6 正規分布

　正規分布は、あらゆる分布の中で最も重要な存在です。この釣り鐘形の分布は2つのパラメータ、平均 μ（ミュー）と標準偏差 σ（シグマ）で定義されます。平均は釣り鐘の中心を表し、標準偏差は釣り鐘の横幅を表します。

　確率密度関数は次の式で与えられます。

$$f(x\,|\,\mu,\,\sigma) = \frac{1}{\sigma\sqrt{2\pi}}\,\exp\left(-\frac{(x-\mu)^2}{2\sigma^2}\right)$$

この式は、次のように実装できます。

```
def normal_pdf(x, mu=0, sigma=1):
    sqrt_two_pi = math.sqrt(2 * math.pi)
    return (math.exp(-(x-mu) ** 2 / 2 / sigma ** 2) / (sqrt_two_pi * sigma))
```

これがどのような形になるか、プロットしたのが図6-2です。

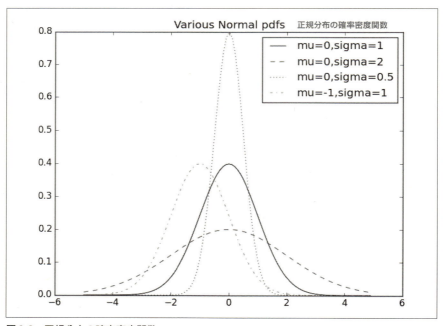

図6-2　正規分布の確率密度関数

```
xs = [x / 10.0 for x in range(-50, 50)]
plt.plot(xs,[normal_pdf(x,sigma=1) for x in xs],'-',label='mu=0,sigma=1')
plt.plot(xs,[normal_pdf(x,sigma=2) for x in xs],'--',label='mu=0,sigma=2')
plt.plot(xs,[normal_pdf(x,sigma=0.5) for x in xs],':',label='mu=0,sigma=0.5')
plt.plot(xs,[normal_pdf(x,mu=-1) for x in xs],'-.',label='mu=-1,sigma=1')
plt.legend()
plt.title("Various Normal pdfs")
plt.show()
```

$\mu = 0$, $\sigma = 1$ の場合を、標準正規分布と呼びます。Z が標準正規分布に従う確率変数であった場合、

$$X = \sigma Z + \mu$$

確率変数 X は平均 μ、標準偏差 σ の正規分布となります。逆に X が平均 μ 標準偏差 σ の正規分布に従う確率変数であるなら、

$$Z = (X - \mu) / \sigma$$

確率変数 Z は標準正規分布に従います。

正規分布の累積分布関数は初歩的な方法では実装できませんが、Python の `math.erf` を使えば次のように書けます。

```
def normal_cdf(x, mu=0,sigma=1):
    return (1 + math.erf((x - mu) / math.sqrt(2) / sigma)) / 2
```

図6-3 にいくつかプロットしました。

```
xs = [x / 10.0 for x in range(-50, 50)]
plt.plot(xs,[normal_cdf(x,sigma=1) for x in xs],'-',label='mu=0,sigma=1')
plt.plot(xs,[normal_cdf(x,sigma=2) for x in xs],'--',label='mu=0,sigma=2')
plt.plot(xs,[normal_cdf(x,sigma=0.5) for x in xs],':',label='mu=0,sigma=0.5')
plt.plot(xs,[normal_cdf(x,mu=-1) for x in xs],'-.',label='mu=-1,sigma=1')
plt.legend(loc=4) # 凡例は右下
plt.title("Various Normal cdfs")
plt.show()
```

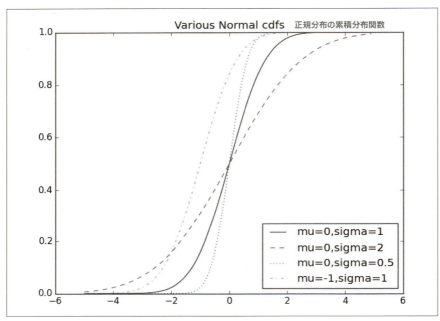

図6-3 正規分布の累積分布関数

　特定の確率となる値を見つけるために、normal_cdfの逆関数が必要となる場面があります。逆関数を単純に計算する方法はありませんが、normal_cdfは連続で単調増加であるため、二分探索 (http://en.wikipedia.org/wiki/Binary_search_algorithm) が使えます。

```
def inverse_normal_cdf(p, mu=0, sigma=1, tolerance=0.00001):
    """二分探索を用いて、逆関数の近似値を計算する"""

    # 標準正規分布でない場合、標準正規分布からの差分を求める
    if mu != 0 or sigma != 1:
        return mu + sigma * inverse_normal_cdf(p, tolerance=tolerance)

    low_z, low_p = -10.0, 0          # normal_cdf(-10)は、0 (に近い値) である
    hi_z,  hi_p  =  10.0, 1          # normal_cdf(10)は、1 (に近い値) である
    while hi_z - low_z > tolerance:
        mid_z = (low_z + hi_z) / 2   # 中央の値および
        mid_p = normal_cdf(mid_z)    # その地点でのcdfの値
```

```
    if mid_p < p:
        # 中央値はまだ小さいので、さらに上を使う
        low_z, low_p = mid_z, mid_p
    elif mid_p > p:
        # 中央値はまだ大きいので、さらに下を使う
        hi_z, hi_p = mid_z, mid_p
    else:
        break

    return mid_z
```

この関数は、目的の確率に十分近くまでZの区間の二等分を繰り返します。

6.7　中心極限定理

正規分布が有用である1つの理由が**中心極限定理**です。これは（簡単に説明すると）、非常に多数の独立で同一の分布に従う確率変数の平均として定義される確率変数は、おおよそ正規分布となるというものです。

例えば、平均がμ、標準偏差がσの確率変数$x_1, ..., x_n$があるとします。nは十分に大きいものとします。このとき、

$$\frac{1}{n}(x_1 + \cdots + x_n)$$

は、おおよそ平均μ、標準偏差$\sigma/\sqrt{n}$の正規分布となります。次の式は同様に（しかし、より有用な）平均0、標準偏差1の正規分布です。

$$\frac{(x_1 + \cdots + x_n) - \mu n}{\sigma\sqrt{n}}$$

これを簡単に説明するには、nとpで表される**二項確率変数**を確認します。確率pで1、確率$(1-p)$で0となるn個の独立した確率変数Bernoulli(p)を合計したものがBinomial(n,p)確率変数です。

```
def bernoulli_trial(p):
    return 1 if random.random() < p else 0
```

92 | 6章　確率

```python
def binomial(n, p):
    return sum(bernoulli_trial(p) for _ in range(n))
```

Bernoulli(p) の平均は p、標準偏差は $\sqrt{p\,(1-p)}$ です。中心極限定理によると、n が大きければBinomial(n,p) はおおよそ平均 $\mu=np$、標準偏差 $\sigma=\sqrt{np\,(1-p)}$ の正規分布となります。並べてプロットすれば、その類似性が把握できるでしょう。

```python
def make_hist(p, n, num_points):

    data = [binomial(n, p) for _ in range(num_points)]

    # 二項分布を棒グラフでプロットする
    histogram = Counter(data)
    plt.bar([x - 0.4 for x in histogram.keys()],
            [v / num_points for v in histogram.values()],
            0.8,
            color='0.75')

    mu = p * n
    sigma = math.sqrt(n * p * (1 - p))

    # 正規分布の近似を折れ線グラフでプロットする
    xs = range(min(data), max(data) + 1)
    ys = [normal_cdf(i + 0.5, mu, sigma) - normal_cdf(i - 0.5, mu, sigma)
          for i in xs]
    plt.plot(xs,ys)
    plt.title("Binomial Distribution vs. Normal Approximation")
    plt.show()
```

例えば、make_hist(0.75, 100, 10000) を実行すれば、**図6-4**のグラフが得られます。

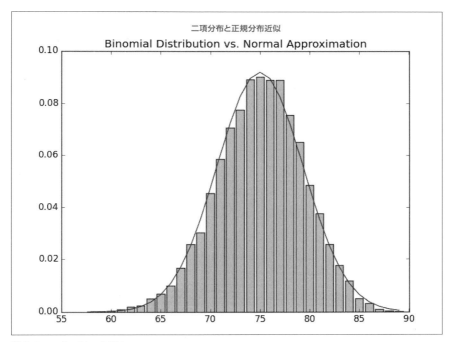

図6-4 make_histの出力

　この近似から得られる教訓は、歪みがないとされているコインを100回投げた際に表が60回以上出る確率を求めるには、Normal(50,5)が60以上となる確率を求めれば良いことになります。これはBinomial(100,0.5)の累積分布関数を計算するよりも簡単です（読者がすでに使っているであろう統計計算用のソフトウェアを駆使すれば、どんな確率であれ容易に計算できることでしょう）。

6.8　さらなる探求のために

- `scipy.stats` (https://docs.scipy.org/doc/scipy/reference/stats.html) は、たいていの確率分布に対するPDF, CDFを求める関数を提供しています。
- 第5章の最後で、統計学の教科書を読むのは良いアイディアであると伝えました。確率も同様に教科書から学ぶのは良いアイディアと言えます。筆者が知る限りオンラインで利用できる最良の1つが「Introduction to Probability」(http://

www.dartmouth.edu/~chance/teaching_aids/books_articles/probability_book/amsbook.mac.pdf) です。

7章
仮説と推定

統計に従った振る舞いが、本当に知的な人間の証である。
——ジョージ・バーナード・ショー ● 劇作家

統計と確率の理論を何に用いるのでしょうか。データサイエンスのサイエンスの部分には、データとそれを生成するプロセスに関する**仮説**を立て、検定を行う作業が含まれます。

7.1　統計的仮説検定

データサイエンスでは、ある仮説が真である可能性が高いか否かを示さなければならない場面がしばしば登場します。ここで言う仮説とは「このコインには歪みがない」、「データサイエンティストはRよりもPythonを好む」、「うっとうしい広告がポップアップされる上に、広告のクローズボタンが小さくて見えにくいようなWebページは、内容が全く読まれることもなくページが閉じられてしまう可能性が高い」など、データに関する統計量に言い換えられる、ある種の主張のことです。統計量とは、さまざまな仮定のもとで既知の分散に従う確率変数の観測結果であると考えられ、それらの仮定がどの程度確からしいかを提示できます。

古典的な設定では、**帰無仮説** H_0 が基本的な立ち位置を表し、対立仮説 H_1 と比較されます。統計量を用いて、この帰無仮説 H_0 を棄却できるか否かを決定します。例を見れば、この考え方が理解できるでしょう。

7.2　事例：コイン投げ

ここにコインがあるとしましょう。このコインに歪みがあるか否かを確認します。コインを投げて表が出る確率を p とした場合、コインに歪みがないことを示す帰無仮説は、$p = 0.5$ となります。この仮説と対立仮説である $p \neq 0.5$ と比較して検定を行います。

96 | 7章　仮説と推定

　この検定ではコインをn回投げて表が出た回数Xを数えます。各コイン投げはベルヌーイ試行に当たり、XはBinomial(n,p)の確率変数となります。これは（第6章で見たように）正規分布で近似可能です。

```python
def normal_approximation_to_binomial(n, p):
    """Binomial(n, p)に相当するμとσを計算する"""
    mu = p * n
    sigma = math.sqrt(p * (1 - p) * n)
    return mu, sigma
```

　確率変数が正規分布に従う限り、実際の値が特定の範囲内に入る（もしくは入らない）確率は`normal_cdf`を使って把握できます。

```python
# 変数が閾値を下回る確率はnormal cdfで表せる
normal_probability_below = normal_cdf

# 閾値を下回っていなければ、閾値より上にある
def normal_probability_above(lo, mu=0, sigma=1):
    return 1 - normal_cdf(lo, mu, sigma)

# hiより小さく、loより大きければ、値はその間にある
def normal_probability_between(lo, hi, mu=0, sigma=1):
    return normal_cdf(hi, mu, sigma) - normal_cdf(lo, mu, sigma)

# 間になければ、範囲外にある
def normal_probability_outside(lo, hi, mu=0, sigma=1):
    return 1 - normal_probability_between(lo, hi, mu, sigma)
```

　同じことは逆の手順でも可能です。あるレベルまでの可能性に相当する区間または平均を中心とした左右対称な領域を求めます。例えば、平均を中心として60%の確率で発生する領域を求めたければ、上下それぞれの確率が20%の分を取り除けば良いのです（残りは60%となります）。

```python
def normal_upper_bound(probability, mu=0, sigma=1):
    """確率P(Z <= z)となるzを返す"""
    return inverse_normal_cdf(probability, mu, sigma)

def normal_lower_bound(probability, mu=0, sigma=1):
    """確率P(Z >= z)となるzを返す"""
    return inverse_normal_cdf(1 - probability, mu, sigma)
```

```
def normal_two_sided_bounds(probability, mu=0, sigma=1):
    """指定された確率を包含する（平均を中心に）対称な境界を返す"""
    that contain the specified probability"""
    tail_probability = (1 - probability) / 2

    # 上側の境界はテイル確率（tail_probability）分上に
    upper_bound = normal_lower_bound(tail_probability, mu, sigma)

    # 下側の境界はテイル確率（tail_probability）分下に
    lower_bound = normal_upper_bound(tail_probability, mu, sigma)

    return lower_bound, upper_bound
```

コイン投げの回数を $n = 1000$ としましょう。コインに歪みはないという仮説が真であるなら、X は平均が 500 で分散 15.8 の正規分布で近似できます。

```
mu_0, sigma_0 = normal_approximation_to_binomial(1000, 0.5)
```

実際には真であるにもかかわらず H_0 を棄却してしまうという**第一種の過誤**（偽陽性）をどの程度受け入れるか、いわゆる**有意性**について決めておかなければなりません。失われた年代記によると、多くの場合で有意水準を 5% か 1% に設定しています。ここでは 5% を使用しましょう。

X が以下で与えられる区間外になってしまったため、H_0 が棄却されるという状況について考えてみましょう。

```
normal_two_sided_bounds(0.95, mu_0, sigma_0) # (469, 531)
```

p が実際に 0.5 に等しい（つまり、H_0 が真である）場合を考えると、X がこの区間外となる可能性は 5% であり、これは当初考えた有意性と正確に等しい値です。別の表現をしてみましょう。もし H_0 が真である場合、おおよそ 20 回のうち 19 回はこの検定が正しい結論を導くことになります。

検定力、つまり実際には H_0 が偽であるにもかかわらず H_0 を棄却しないという**第二種の過誤**が起きない確率についても考えてみましょう。検定力を測るために、H_0 が偽であるとはどういうことなのかを正確に定義しなくてはなりません（p が 0.5 ではないと知っていることは、X の分布に関する情報をほとんどもたらしません）。コインの表が出やすいように少しだけ歪んでいて、p が実際には 0.55 であった場合に何が起きる

のかを確認しましょう。

この場合、検定力は次のように計算できます。

```
# pが0.5であると想定の元で、95%の境界を確認する
lo, hi = normal_two_sided_bounds(0.95, mu_0, sigma_0)

# p = 0.55であった場合の、μとσを計算する
mu_1, sigma_1 = normal_approximation_to_binomial(1000, 0.55)

# 第二種過誤とは、帰無仮説を棄却しないという誤りがあり、Xが
# 当初想定の領域に入っている場合に生じる
type_2_probability = normal_probability_between(lo, hi, mu_1, sigma_1)
power = 1 - type_2_probability # 0.887
```

代わりに帰無仮説が、コインに歪みがない、もしくは $p \leq 0.5$ であると仮定してみましょう。この場合片側検定を使います。X が 500 よりずっと大きければ帰無仮説を棄却し、500 よりも小さければ棄却しません。つまり、5%の有意性で検定を行うには、`normal_probability_below`を使って確率が95%となるカットオフ値を求めることになります。

```
hi = normal_upper_bound(0.95, mu_0, sigma_0)
# 526（< 531, 上側のテイル部分が少し大きくなる）

type_2_probability = normal_probability_below(hi, mu_1, sigma_1)
power = 1 - type_2_probability # 0.936
```

X が 469 より小さい（H_1 が真であるなら、ほとんど起こりえない値）場合には H_0 を棄却せず、一方で X が 526 と 531 の間（H_1 が真であるなら、多少起こりえる可能性がある値）の場合には H_0 を棄却することになるため、より強い検定であると言えます。

この検定を測る別の尺度が p 値です。特定の確率でのカットオフを選ぶ代わりに、H_0 が真であると仮定して、実際に観測された値と少なくとも同等に極端な値が生じる確率を計算します。

コインの歪みに関する両側検定は次のように計算します。

```
def two_sided_p_value(x, mu=0, sigma=1):
    if x >= mu:
        # xが平均より大きい場合、テイル確率はxより大きい分
        return 2 * normal_probability_above(x, mu, sigma)
```

```
    else:
        # xが平均より小さい場合、テイル確率はxより小さい分
        return 2 * normal_probability_below(x, mu, sigma)
```

表が530回出た場合は次のように計算できます。

```
two_sided_p_value(529.5, mu_0, sigma_0) # 0.062
```

 連続性補正（https://ja.wikipedia.org/wiki/連続性補正）により、ここでは530ではなく、529.5を使いました。530回の表が出る確率は`normal_probability_between(530, 531, mu_0, sigma_0)`よりも`normal_probability_between(529.5, 530.5, mu_0, sigma_0)`の方が良い推定となるという事実を反映しています。それに対応して、少なくとも530回の表が出る確率の推定は、`normal_probability_above(529.5, mu_0, sigma_0)`を使う方が良い値となります。これは**図6-4**を作るコードですでに使われています。

これが理にかなった推定であることを納得するために、シミュレーションを行いましょう。

```
extreme_value_count = 0
for _ in range(100000):
    num_heads = sum(1 if random.random() < 0.5 else 0   # 1,000回のコイン投げを行い、
                    for _ in range(1000))                # 表が出る回数を数える。
    if num_heads >= 530 or num_heads <= 470:             # そのうち極端な回数はどれだけ
        extreme_value_count += 1                         # 出たかを数える。

print extreme_value_count / 100000 # 0.062
```

p値は有意性の5%よりも大きいため、帰無仮説は棄却されません。それでは、表が532回出た場合はどうでしょうか。

```
two_sided_p_value(531.5, mu_0, sigma_0) # 0.0463
```

5%よりも小さい値となったので、帰無仮説を棄却します。これは先に行った検定と全く同じものですが、統計的に異なるアプローチを取っています。

次も同様です。

```
upper_p_value = normal_probability_above
lower_p_value = normal_probability_below
```

片側検定の場合、525回の表が出れば、帰無仮説を棄却しませんが、

```
upper_p_value(524.5, mu_0, sigma_0) # 0.061
```

527回ならば、棄却することになります。

```
upper_p_value(526.5, mu_0, sigma_0) # 0.047
```

normal_probability_aboveを使ってp値を計算する前に、データがおおよそ正規分布に従っていることを確かめる必要があります。データサイエンスの黒歴史には、観測されたデータが無作為に発生する可能性は100万分の1だ、と主張するような事例が山ほどあります。正しくは、「データが正規分布に従うなら、その可能性がある」のでありデータがその前提とは異なる場合には、意味がありません。
正規分布であるかどうかを調べる統計手法は数多く存在しますが、データをグラフ化するのが、簡単で優れています。

7.3　信頼区間

分布を未知のパラメータとして、コインの表が出る確率に関する仮説検定を行ってきました。もしこれが本当であるなら、観測値の周辺の**信頼区間**を求めるのが3番目の手法となります。

例えば、表を1、裏を0とするベルヌーイ変数の平均を見ることで歪みのあるコインに対する確率を推定できます。1,000回の試行で525回の表が出たとすると、pの推定値は0.525です。

この推定値はどの程度信頼できるでしょうか。pの正確な値を知っているなら、中心極限定理により（「6.7　中心極限定理」を思い出してください）、このベルヌーイ変数の平均値は、近似的に平均pおよび次の標準偏差の正規分布に従います。

```
math.sqrt(p * (1 - p) / 1000)
```

ここではpが未知となっているので、先の推定値を使います。

```
p_hat = 525 / 1000
mu = p_hat
sigma = math.sqrt(p_hat * (1 - p_hat) / 1000) # 0.0158
```

この値は完全に理にかなったものだとは言えませんが、ともかくこの方法が使われます。正規分布の近似を使うと、pの正しい値が次の区間に入るのは「95％の確率で信頼できる」という結論になります。

```
normal_two_sided_bounds(0.95, mu, sigma) # [0.4940, 0.5560]
```

ここではp値ではなく、区間について述べています。もし何度も実験を繰り返したなら、そのうちの95％で正しいp値（これはいつも同じ）が観測された信頼区間（これは、毎回変化する）の中に入ると言えます。

この結果、0.5はこの信頼区間内にあるため、コインに歪みがあるとは結論付けられません。

では、表が540回出た場合にはどうでしょうか。

```
p_hat = 540 / 1000
mu = p_hat
sigma = math.sqrt(p_hat * (1 - p_hat) / 1000) # 0.0158
normal_two_sided_bounds(0.95, mu, sigma) # [0.5091, 0.5709]
```

コインに歪みがないとした場合の値は、この信頼区間内に入っていません（つまり仮説が正しいとすれば95％の確率でその範囲に入るという検定に対して、この「コインに歪みがない」という仮説は成立しません）。

7.4　pハッキング

5％の確率で誤って帰無仮説を棄却する手順は、定義により5％の確率で誤って帰無仮説を棄却します。

```
def run_experiment():
    """歪みのないコインを1000回投げて、表が出たらTrue、裏はFalseとする"""
    return [random.random() < 0.5 for _ in range(1000)]

def reject_fairness(experiment):
    """5％の有意水準を用いる"""
    num_heads = len([flip for flip in experiment if flip])
    return num_heads < 469 or num_heads > 531

random.seed(0)
```

```
experiments = [run_experiment() for _ in range(1000)]
num_rejections = len([experiment
                      for experiment in experiments
                      if reject_fairness(experiment)])

print num_rejections # 46
```

　これが意味するのは、「有意な」結果を得ようとすれば、それは可能だということです。データセットに対する十分な仮説検定を行えば、そのうちの1つは明らかな有意性を示します。外れ値を適切に取り除くことで、p値はおそらく0.05未満にできます（「**5.2　相関**」では、これと同様のことを行っています）。

　「p値を使った推定の枠組み」から得られる結論に対して何らかの手を入れてしまうこの手法をpハッキング（http://www.nature.com/news/scientific-method-statistical-errors-1.14700）と呼びます。この手法を批判した優れた記事が「The Earth is Round」（http://ist-socrates.berkeley.edu/~maccoun/PP279_Cohen1.pdf）です。

　サイエンティストとして適切に振る舞いたいのであれば、データを調査する前に仮説を決定し、データの整理は仮説を前提とせずに行い、p値は常識の代用品とはならないことを肝に銘じておくことです（これとは異なる手法が「**7.6　ベイズ推定**」です）。

7.5　事例：A/Bテストの実施

　ユーザ体験の最適化、直接的に言うとユーザに広告をクリックさせるのがデータサイエンス・スター社におけるあなたの重要な任務の1つです。ある広告スポンサーが、データサイエンティスト向けの新しい栄養ドリンクを開発しました。そこで、広告A（「最高においしい！」と広告B（「こんなにバイアスが減った！」）のどちらが良いか、広告担当部長から助言を求められました。

　サイエンティストとして、ユーザにどちらかの広告を無作為に見せ、どれだけクリックされたかを追跡する**実験**を行うことにしました。

　A広告を見た1,000人のユーザのうち990人が広告をクリックしたのに対し、B広告は1,000人のうち10人しかクリックしなかったとすれば、Aの方が良い広告であると確信できます。しかし違いがそれほど明確でなければどうでしょうか。そこで統計的推定が役立ちます。

N_A 人が広告 A を見て、そのうちの n_A 人がクリックしたとします。これは広告が表示される確率が p_A のベルヌーイ試行とみなせます。（ここでは N_A が十分に大きいとして）n_A/N_A は、平均 p_A、標準偏差 $\sigma_A = \sqrt{p_A(1-p_A)/N_A}$ の正規分布で近似できる確率変数とみなせます。

同様に、n_B/N_B は、平均 p_B で標準偏差 $\sigma_B = \sqrt{p_B(1-p_B)/N_B}$ の正規分布で近似できる確率変数となります。

```
def estimated_parameters(N, n):
    p = n / N
    sigma = math.sqrt(p * (1 - p) / N)
    return p, sigma
```

これらの正規分布が独立であるなら（それぞれの別のベルヌーイ試行であるはずなので、この前提は妥当だと思われます）、その差も正規分布となり、平均 $p_B - p_A$ および標準偏差 $\sqrt{\sigma_A^2 + \sigma_B^2}$ となるはずです。

これはちょっとしたイカサマです。この数式は標準偏差が既知である場合にのみ成立します。ここではデータから得られた標準偏差を使っているので、本来ならば t 分布を使わなければなりません。しかしデータ数が十分に大きいならば、この違いはそれほど大きくなりません。

これにより、標準正規分布を持つ統計量を用いて、p_A と p_B が等しい（つまり $p_A - p_B$ が 0 になる）という**帰無仮説**を検定できます。

```
def a_b_test_statistic(N_A, n_A, N_B, n_B):
    p_A, sigma_A = estimated_parameters(N_A, n_A)
    p_B, sigma_B = estimated_parameters(N_B, n_B)
    return (p_B - p_A) / math.sqrt(sigma_A ** 2 + sigma_B ** 2)
```

例えば「最高においしい」をクリックしたのが、1,000 人中 200 人。「こんなにバイアスが減った！」をクリックしたのが 1,000 人中 180 人だった場合、値は次のように計算できます。

```
z = a_b_test_statistic(1000, 200, 1000, 180) # -1.14
```

平均が等しい時に、この大きさの違いが生じる確率は次の値となります。

```
two_sided_p_value(z) # 0.254
```

104 | 7章　仮説と推定

　これは値として十分に大きいため、帰無仮説を棄却できず、違いがあるという結論は導けません。一方、「こんなにバイアスが減った！」をクリックしたのが1,000人中150人だった場合、

```
z = a_b_test_statistic(1000, 200, 1000, 150) # -2.94
two_sided_p_value(z) # 0.003
```

　両方の広告の効果が等しい場合に、このクリック数の違いが出る確率は0.003しかないということになります。

7.6　ベイズ推定

　先の手法は、検定の結果「帰無仮説が正しい場合に、これだけの極端な違いが出る確率は0.3%しかない」という内容を導いています。

　これとは別に、未知のパラメータを確率変数として扱う推定の手法があります。アナリスト（つまり自分）はパラメータの**事前分布**に対して観測データとベイズの定理を用いて、パラメータの**事後分布**を求めます。検定結果の確率を使う代わりに、パラメータ自身を用いて確率的な判断を行います。

　例えば、（コイン投げなどの）確率が未知のパラメータであったとすると、0から1の間のさまざまな値を取りうる**ベータ分布**が事前分布として頻繁に使われます。

```
def B(alpha, beta):
    """確率の総和が1となるように定数で正規化する"""
    return math.gamma(alpha) * math.gamma(beta) / math.gamma(alpha + beta)

def beta_pdf(x, alpha, beta):
    if x < 0 or x > 1:          # [0, 1]の区間外では、重みは0となる
        return 0
    return x ** (alpha - 1) * (1 - x) ** (beta - 1) / B(alpha, beta)
```

一般的には、この分布は次の重みを中心とします。

```
alpha / (alpha + beta)
```

　そして、alphaとbetaが大きければ、分散は狭くなります。

　例えば、alphaとbetaが共に1であった場合、単なる一様分布となります（中心の0.5から一様に分散します）。betaよりもずっとalphaが大きければ、1の付近に重みが偏ります。逆にbetaよりもずっとalphaが小さければ、重みは0の近くに位置します。**図**

7-1にさまざまなベータ分布を示します。

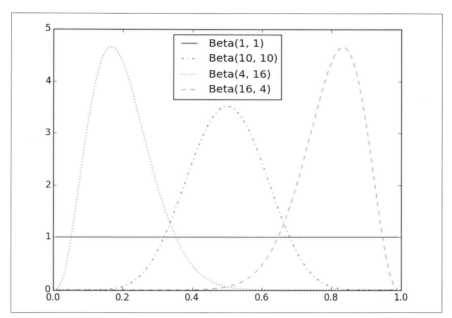

図 7-1　ベータ分布の例

　p の事前分布について考えましょう。コインに歪みがあるか否かを明言したくないなら、alpha と beta を共に 1 にします。または、55％の確率で表が出るという強い確信があるなら、alpha を 55、beta を 45 にします。

　続いてコイン投げを何度も行い、表が出た回数 h と裏が出た回数 t を観察します。ベイズの定理（加えて、この話題を読み進むための多少退屈な数学）によると、p の事後分布もベータ分布となりますが、そのパラメータは、alpha + h と beta + t となります。

事後分布もベータ分布となるのは、偶然の一致ではありません。表の出る回数は、二項分布により与えられ、ベータ分布は二項分布の**共役事前分布**（http://www.johndcook.com/blog/conjugate_prior_diagram/）であるためです。つまり、二項分布の観測データによりベータ分布の事前分布を更新すると、ベータ分布の事後分布が得られます。

ここで、10回コインを投げて、3回しか表が出なかったとしましょう。

一様の事前分布（ある意味、コインに歪みがあるかないか、明確にしていない）から始めたとして、事後分布は0.33を中心としたBeta(4, 8)になるでしょう。始めはどの確率も等しく起こりうると考えていたので、推測値は観測された確率に近くなります。

Beta(20, 20)で（コインにはおおよそ歪みがないと表明して）始めた場合、事後分布は0.46を中心としたBeta(23, 27)になるでしょう。これは裏が多く出るようなバイアスを持っていると更新されたことを示しています。

事前分布をBeta(30, 10)とした場合（75%の割合で表が出ると考えている）、事後分布は0.66を中心にBeta(33, 17)となるでしょう。この場合、引き続き表が多く出るバイアスを持っていると考えられますが、当初の予想よりはその偏りは小さい値に更新されたと言えます。**図7-2**に、これら3つの事後分布をプロットします。

コイン投げの試行回数をもっと増やせば、事前分布の影響は低下し、最終的には事前分布がどうであっても（ほとんど）同じ事後分布に近づくでしょう。

例えば、事前にコインのバイアスをどのように考えていたとしても、コインを2000回投げたうち表が1,000回出るのを見れば、（事前分布にBeta(1000000,1)を使うような変人でもない限り）その考えを維持するのは困難です。

ここで興味深いのは、仮説の確率に関して「事前分布と観測されたデータから、コインの表が出る確率が49%と51%の間に存在する可能性は、5%しかない」と言える点にあります。これは「コインに歪みがないとして、極端な値が出る可能性は5%しかない」と言及するのとは、大きな違いがあります。

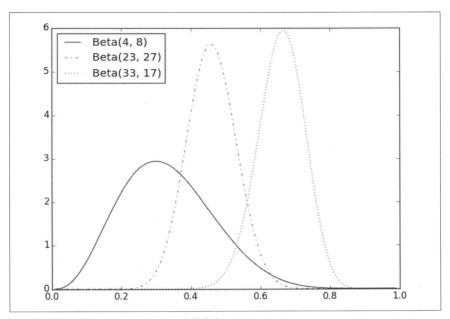

図7-2 異なる事前分布から得られた事後分布

ベイズ推定を用いて行う仮説検定は、しばしば議論の対象となります。使用する数学が多少複雑であることが一因ですし、事前分布の選択が主観的である点も一因です。本書ではこれ以上扱いませんが、ベイズ推定について学ぶことは非常に有益です。

7.7 さらなる探求のために

- ここでは統計的推定について知っておくべきことの表面に触れた程度しか扱っていません。第5章の最後で勧めた書籍には、より詳細に説明されています。
- これらの話題は、Courseraのデータ分析と統計的推定のコース (https://www.coursera.org/specializations/statistics) で取り上げられています。

8章
勾配下降法

己の凋落を誇る者は、他人への負債を自慢しているのである。

—— セネカ ● ローマ帝国の政治家

データサイエンスとは、ある状況に対して最も適したモデルを探し出すことです。そして、「最も適した」とは、誤りが最小である、もしくは可能性が最大であることを表します。言い換えると、データサイエンスとは最適化問題を解くことであると言えます。

つまり我々は数多くの最適化問題を解く必要が生じます。それも何もないところから。ここではゼロからプログラムを作り上げるのに適した、**勾配下降法**と呼ばれる手法を用います。これは刺激的な手法ではありませんが、本書を通してすばらしい成果をもたらします。しばらく我慢してお付き合いください。

8.1　勾配下降法の考え方

入力として1つの実数ベクトルを受け取り、1つの実数を返す関数を考えます。簡単な例が次の関数です。

```python
def sum_of_squares(v):
    """vの各要素の二乗を合計する"""
    return sum(v_i ** 2 for v_i in v)
```

こういった関数を最大（または最小）化する必要がしばしば生じます。つまり最大（または最小）の値をもたらす入力vを見つけ出すのです。

このような関数において、**勾配**（微積分学を覚えていますか？これは偏導関数のベクトルです）とは関数が最も急速に増加する方向です（微積分学を忘れてしまったなら、気になる単語をインターネットで検索してみてください）。

関数を最大化する方法の1つが、開始点を無作為に選び、傾きを計算し、傾きの方向（つまり、関数が最も大きく増加する方向）に小さく移動して新しい開始点する、こ

れの繰り返しです。同様に、逆の方向に移動すれば**図8-1**のように最小化する手順となります。

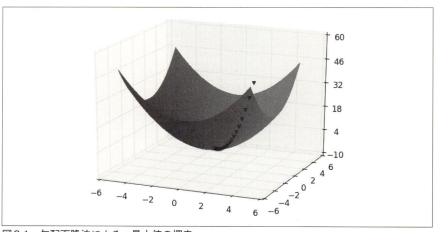

図8-1　勾配下降法による、最小値の探索

 関数が最小値を1つ持つのであれば、この手順でおそらく見つけられます。複数の極小値を持つなら、この手順はその中の1つを見つけ出します。この場合、開始点を色々変えて、この手順を繰り返す必要があります。関数に最小値がなければ、この手順は永久に止まらない可能性もあります。

8.2　勾配の評価

fが、1変数の関数であった場合、xにおける微分係数は、xを小さく変化させた際のf(x)の変化で求められます。これは差分商の、hを0に近づけた極限として定義されます。

```
def difference_quotient(f, x, h):
    return (f(x + h) - f(x)) / h
```

(微積分学を学ぶ学生にとって、極限の数学的定義について頭を悩ませたことがあるかもしれません。ここでは、少し手を抜いて、その言葉通りの意味として捉えることとします)

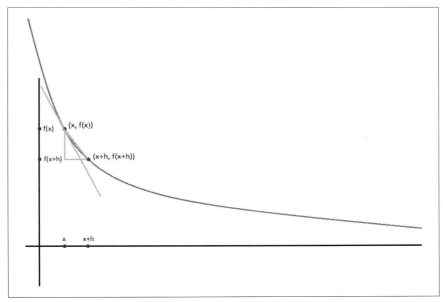

図8-2　差分商による微分係数の近似

　微分係数とは、$(x, f(x))$における接線の傾きですが、差分商は接線ではなく$(x, f(x))$と$(x+h, f(x+h))$を通る直線の傾きです。hを限りなく小さくすると、この直線も限りなく接線に近づきます（図8-2）。

　たいていの関数では、導関数を正確に求めるのは簡単です。例えば二乗する関数**square**の場合を考えてみましょう。

```
def square(x):
    return x * x
```

導関数は次の関数となります。

```
def derivative(x):
    return 2 * x
```

　もし実際に試してみたいのであれば、明示的に差分商の極限を計算して確認できます。

　Pythonで極限を求めることはできないため、差分商を非常に小さな値で評価するこ

とで、微分係数を求めます。図8-3は、ある値を使ってこの手法を適用した結果を示しています。

```
derivative_estimate = partial(difference_quotient, square, h=0.00001)

# 図示する。基本的に両者は同じ値。
import matplotlib.pyplot as plt
x = range(-10,10)
plt.title("Actual Derivatives vs. Estimates")
plt.plot(x, map(derivative, x), 'rx', label='Actual')          # 赤のx
plt.plot(x, map(derivative_estimate, x), 'b+', label='Estimate') # 青の+
plt.legend(loc=9)
plt.show()
```

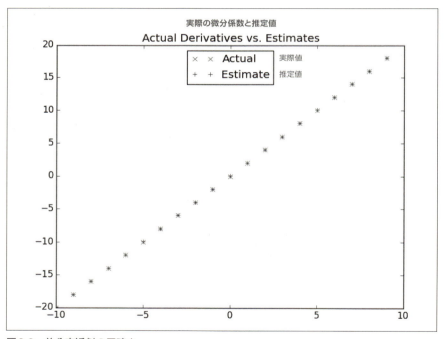

図8-3 差分商近似の正確さ

fが多変数関数であった場合、差分商は複数存在します。それぞれの差分商は、対応するそれぞれの変数を微小に変化させた際に、fがどの程度変化するかを表します。

i番目の変数以外を固定し1変数の関数として扱うことで、i番目の差分商を計算します。

```python
def partial_difference_quotient(f, v, i, h):
    """関数fと変数ベクトルvに対するi番目の差分商を計算する"""
    w = [v_j + (h if j == i else 0) # vのi番目の要素にhを加える
         for j, v_j in enumerate(v)]

    return (f(w) - f(v)) / h
```

同様に勾配を求めます。

```python
def estimate_gradient(f, v, h=0.00001):
    return [partial_difference_quotient(f, v, i, h)
            for i, _ in enumerate(v)]
```

「差分商を用いた推定」の欠点は、計算力を必要とするところです。vの長さをnとした場合、estimate_gradientは、異なる入力に対して$2n$回評価する必要があります。勾配を何度も求めるのであれば、多くの無駄な作業を行っています。

8.3 勾配を利用する

sum_of_squares関数が最も小さくなるのは、入力vが0のベクトルである場合というのは簡単にわかります。しかし、ここでは、それを知らないこととして、3次元ベクトルについて勾配を使って最小値を求めてみましょう。開始点を無作為に選択し、勾配が増える方向とは逆に少しずつ移動し、勾配が非常に小さくなるまで続けます。

```python
def step(v, direction, step_size):
    """vからdirection方向にstep_size移動する"""
    return [v_i + step_size * direction_i
            for v_i, direction_i in zip(v, direction)]

def sum_of_squares_gradient(v):
    return [2 * v_i for v_i in v]

# 開始点を無作為に選択する
v = [random.randint(-10,10) for i in range(3)]

tolerance = 0.0000001
```

```
while True:
    gradient = sum_of_squares_gradient(v)  # vにおける勾配を計算する
    next_v = step(v, gradient, -0.01)      # 勾配の負数分移動する
    if distance(next_v, v) < tolerance:    # 収束すれば、そこで終わり
        break
    v = next_v                             # そうでなければ、継続する
```

このコードを実行すると、常に v が [0, 0, 0] に非常に近い値で終了することがわかります。tolerance（許容差）を小さくすればするほど、[0, 0, 0] に近づきます。

8.4　最善の移動量を選択する

勾配方向に移動することに対する論理的根拠は明快ですが、どれだけ移動すれば良いかについては明確ではありません。とはいえ、最善の移動量選択は職人技ではなく科学の領域です。一般的な選択肢には次のようなものがあります。

- 固定の移動量とする
- 時間と共に縮小させる
- 各移動時に、目的関数が最小となるよう移動量を決める

最後のが最善であるように思えますが、実際には計算量が非常に大きくなります。ここではいくつかの候補を試し、その中から目的関数が最小となるものを選ぶことで近似します。

```
step_sizes = [100, 10, 1, 0.1, 0.01, 0.001, 0.0001, 0.00001]
```

目的関数の入力として特定の値が無効となる可能性もあります。そこで無効な入力に対しては、無限大（あらゆる場合において最小値とはなりえない値）を返すような「安全な（safe）」関数を作る必要があります。

```
def safe(f):
    """fと等価であるが、無効な入力に対する振る舞いとして
    無限大を返すような、新しい関数を返す"""
    def safe_f(*args, **kwargs):
        try:
            return f(*args, **kwargs)
        except:
            return float('inf')       # Pythonにおける「無限大」
```

```
        return safe_f
```

8.5　1つにまとめる

　一般的なケースでは、最小化すべき関数target_fnと、その勾配であるgradient_fn
を持ちます。例えば、target_fnがパラメータの関数としてモデルの誤差を表すものと
して、誤差をできるだけ小さくするパラメータを見つけるのが目的です。

　さらに、開始点theta_0を（何らかの方法で）選択しているとします。以上をまとめ
ると勾配下降法は次のように実装できます。

```
def minimize_batch(target_fn, gradient_fn, theta_0, tolerance=0.000001):
    """目的関数target_fnを最小化するthetaを勾配下降法を使って求める"""

    step_sizes = [100, 10, 1, 0.1, 0.01, 0.001, 0.0001, 0.00001]

    theta = theta_0              # thetaに初期値を設定
    target_fn = safe(target_fn)  # target_fnの安全版
    value = target_fn(theta)     # valueの値を最小化する

    while True:
        gradient = gradient_fn(theta)
        next_thetas = [step(theta, gradient, -step_size)
                       for step_size in step_sizes]

        # 誤差関数を最小化する値を選ぶ
        next_theta = min(next_thetas, key=target_fn)
        next_value = target_fn(next_theta)

        # 収束したなら、終了する
        if abs(value - next_value) < tolerance:
            return theta
        else:
            theta, value = next_theta, next_value
```

　勾配を選ぶ各ステップで、（target_fnはデータセット全体で誤差を返すので）選択
の対象となるデータセットすべてを確認します。これをminimize_batch（バッチ型最
小化）と呼びます。次のセクションでは、一度に1つのデータポイントだけを確認する
アプローチを取り上げます。

最小値ではなく、**最大値**を求める場合もあるでしょう。その際には、（負の勾配に相当する）負数の最小値を求めます。

```python
def negate(f):
    """あらゆる入力xに対する-f(x)に相当する関数を返す"""
    return lambda *args, **kwargs: -f(*args, **kwargs)

def negate_all(f):
    """fが数値リストを返す場合のnagate関数"""
    return lambda *args, **kwargs: [-y for y in f(*args, **kwargs)]

def maximize_batch(target_fn, gradient_fn, theta_0, tolerance=0.000001):
    return minimize_batch(negate(target_fn),
                          negate_all(gradient_fn),
                          theta_0, tolerance)
```

8.6　確率的勾配下降法

先に述べたように、勾配下降法はモデルの誤差を最小化するパラメータを見つけるためにしばしば使われます。バッチ方式では各ステップで全データに対する勾配を計算して次の値を決めるため、各ステップの計算時間が長くなります。

このような誤差関数は**加法的**、つまりデータ全体に対する誤差は、各データポイントに対する誤差の合計と等しくなります。

これが事実であれば、（各ステップで）1つのデータポイントだけの勾配を求める**確率的勾配下降法**と呼ばれる手法が使えます。この手法はデータを繰り返し処理し、停止条件に到達するまで続けます。

各サイクルでは、データを無作為な順序で使います。

```python
def in_random_order(data):
    """データの要素を無作為な順番で返すジェネレータ"""
    indexes = [i for i, _ in enumerate(data)]  # インデックスのリストを作る
    random.shuffle(indexes)                     # 無作為に並び替える
    for i in indexes:                           # データをその順番に返す
        yield data[i]
```

そして各データに対して勾配ステップを適用します。この手法は最小点の周りを永遠に周回するだけとなる可能性もあるため、改善が見られなければステップ量を縮小

8.6　確率的勾配下降法　**117**

し、最終的には停止します。

```python
def minimize_stochastic(target_fn, gradient_fn, x, y, theta_0, alpha_0=0.01):

    data = zip(x, y)
    theta = theta_0                        # 初期推定値
    alpha = alpha_0                        # 初期ステップ量
    min_theta, min_value = None, float("inf") # 現時点での最小値
    iterations_with_no_improvement = 0

    # 100回繰り返しても改善しなければストップする
    while iterations_with_no_improvement < 100:
        value = sum( target_fn(x_i, y_i, theta) for x_i, y_i in data )

        if value < min_value:
            # 新しい最小値が見つかれば、それを記憶して
            # 最初のステップ量に戻す
            min_theta, min_value = theta, value
            iterations_with_no_improvement = 0
            alpha = alpha_0
        else:
            # そうでなければ改善が見られないため、
            # ステップ量を小さくする
            iterations_with_no_improvement += 1
            alpha *= 0.9

        # 各データポイントに対して勾配ステップを適用する
        for x_i, y_i in in_random_order(data):
            gradient_i = gradient_fn(x_i, y_i, theta)
            theta = vector_subtract(theta, scalar_multiply(alpha, gradient_i))

    return min_theta
```

　確率版はバッチ版と比較して、たいていの場合で非常に高速に動作します。もちろん最大値を求めることもできます。

```python
def maximize_stochastic(target_fn, gradient_fn, x, y, theta_0, alpha_0=0.01):
    return minimize_stochastic(negate(target_fn),
                               negate_all(gradient_fn),
                               x, y, theta_0, alpha_0)
```

8.7 さらなる探求のために

- 勾配下降法は、問題の解決のためにこの後も本書を通して使われます。引き続き本書を読み進めてください。

- ここまで来ると、筆者が教科書を読むことを勧めるのに、間違いなくうんざりしていることでしょう。慰めになるかわかりませんが、筆者がこれまでに学んだ微積分の教科書と比べて、Active Calculas (http://scholarworks.gvsu.edu/books/10/) は優れた教科書と言えます。

- scikit-learnには、確率的勾配下降法 (Stochastic Gradient Descent) モジュールが提供されています (http://scikit-learn.org/stable/modules/sgd.html)。これはいくつかの点で我々の手法より一般的ではありませんが、その他の点でより汎用的です。あらかじめ最適化が施されており、使う側で最適化を気にする必要がない点を考えても、実世界のあらゆる問題に対してライブラリを使うのは妥当な選択です (そんなことは起きないと思われますが、正しく動作しないことが発生しない限り、必然と言えます)。

9章
データの取得

執筆に3か月、着想は3分だったが、データを集めるのはこれまでの人生すべてだった
——F・スコット・フィッツジェラルド ● 小説家

データサイエンティストであるためには、データが不可欠です。実際のところデータサイエンティストが行う作業時間の大部分は、データの取得、整理、変換に費やされます。危機的な状況では、自分で入力することもできます（もし助手がいるのであれば、助手にやらせるかもしれません）が、たいていの場合で有益な時間の使い方とは言えません。この章では、Pythonにデータを読み込み、望ましい形式に変換する方法を扱います。

9.1　stdinとstdout

Pythonスクリプトをコマンドラインから実行したのであれば、sys.stdinとsys.stdoutを通じてデータをプログラムに渡せます。例えば次のスクリプトは、テキストファイルを読み込み正規表現と一致した行を出力します。

```python
# egrep.py
import sys, re

# sys.argvは、コマンドライン引数のリスト
# sys.argv[0]は、プログラム名
# sys.argv[1]は、コマンドライン上に指定した正規表現
regex = sys.argv[1]

# スクリプトが処理する各行に対して
for line in sys.stdin:
    # 正規表現に合致したなら、stdoutに出力する
    if re.search(regex, line):
        sys.stdout.write(line)
```

また、次のスクリプトは読み込んだテキストの行数を数え、出力します。

```python
# line_count.py
import sys

count = 0
for line in sys.stdin:
    count += 1

# sys.stdoutに出力される
print count
```

このスクリプトを使い、数字を含む行が何行あるかを数えられます。Windowsの場合、次のコマンドを実行します。

```
type SomeFile.txt | python egrep.py "[0-9]" | python line_count.py
```

Unixならば、次のコマンドを実行します。

```
cat SomeFile.txt | python egrep.py "[0-9]" | python line_count.py
```

|は、左側にあるコマンドの出力を右側にあるコマンドの入力とするよう指示するパイプ記号です。こうして多少複雑なデータ処理を組み上げることができます。

> Windowsの場合、上記コマンドのpython部分を省略できます。
>
> ```
> type SomeFile.txt | egrep.py "[0-9]" | line_count.py
> ```
>
> Unixシステムの場合、同じことをするには多少の作業が必要となります (http://stackoverflow.com/questions/15587877/run-a-python-script-in-terminal-without-the-python-command)。

同様に、次のスクリプトは入力から単語の出現回数を数え、頻出するものを表示します。

```python
# most_common_words.py
import sys
from collections import Counter

# 第1引数として、出力する単語数を指定する
try:
    num_words = int(sys.argv[1])
```

```
except:
    print "usage: most_common_words.py num_words"
    sys.exit(1)  # 0以外のexitコードは、エラーが発生したことを示す

counter = Counter(word.lower()                    # 単語を小文字にする
                  for line in sys.stdin           #
                  for word in line.strip().split() # 単語は空白で区切る
                  if word)                        # 空文字列はスキップする

for word, count in counter.most_common(num_words):
    sys.stdout.write(str(count))
    sys.stdout.write("\t")
    sys.stdout.write(word)
    sys.stdout.write("\n")
```

このスクリプトは次のように使います。

```
C:\DataScience>type the_bible.txt | python most_common_words.py 10
64193 the
51380 and
34753 of
13643 to
12799 that
12560 in
10263 he
9840 shall
8987 unto
8836 for
```

経験を積んだUnixプログラマであるなら、(例えばegrepなどの) さまざまなコマンドラインツールに精通していることでしょう。同じものを独自にゼロから作るよりも、オペレーティングシステムに組み込まれたこれらツールを使うのが望ましいとされています。それでも中身について知っておくのは良いことです。

9.2 ファイルの読み込み

プログラムから特定のファイルを直接読み書きできます。Pythonではファイルの取り扱いは非常に簡単です。

9.2.1 テキストファイルの基礎

テキストファイルを使うには、openを使ってfileオブジェクトを作成するのが最初のステップです。

```
# 'r'はread-only（読み取り専用）を意味する
file_for_reading = open('reading_file.txt', 'r')

# 'w'はwrite（書き込み）を表す -- 既存のファイルを壊す可能性がある
file_for_writing = open('writing_file.txt', 'w')

# 'a'はappend（追記）を表す -- ファイルの末尾に追記する
file_for_appending = open('appending_file.txt', 'a')

# ファイルを使い終わったら、クローズを忘れないように
file_for_writing.close()
```

ファイルのクローズは忘れがちであるため、withブロックを使い、ブロックの最後で自動的にクローズされるようにすべきです。

```
with open(filename,'r') as f:
    data = function_that_gets_data_from(f)

# この時点でfはすでにクローズされているので、使うことはできない
process(data)
```

ファイル全体を読み込みたいのであれば、forを使って行ごとの読み込みを繰り返します。

```
starts_with_hash = 0

with open('input.txt','r') as f:
    for line in file:              # ファイル内の各行ごとに繰り返す
        if re.match("^#",line):    # 正規表現を使って行頭の '#' の有無を調べる
            starts_with_hash += 1 # 行頭が '#' の行数を数える
```

この方法で読み込んだ行は改行文字で終端されているため、何か処理を加える前にstrip()で改行を取り除く必要があるかもしれません。

例えば1行に1つメールアドレスが記録されているファイルを処理して、ドメインのヒストグラムを作ることを考えてみましょう。ドメイン名を正確に抜き出すルールには

微妙な点があります（例えば、Public Suffix List、https://publicsuffix.org）。最初の近似としてはメールアドレスの@から後ろを抜き出すのが良いでしょう（ただし、この方法ではjoel@mail.datasciencester.com から正しいドメインを取り出せません）。

```python
def get_domain(email_address):
    """'@' で分割して、後ろの部分を返す"""
    return email_address.lower().split("@")[-1]

with open('email_addresses.txt', 'r') as f:
    domain_counts = Counter(get_domain(line.strip())
                            for line in f
                            if "@" in line)
```

9.2.2　区切り文字を使ったファイル

メールアドレスの入ったファイルは、1行に1つのアドレスだけが入っていることになっていました。普通のデータファイルには、同じ行にさまざまなデータも書かれています。こういったファイルはたいてい、**カンマ区切り**や**タブ区切り**が使われます。各行にはいくつかのフィールドが含まれ、カンマ（またはタブ）がフィールドとフィールドの区切りを表します。

カンマやタブや改行を含むフィールドが（不可避的に）出てくると、混乱します。独自の構文解析は、誤りの元です。代わりにPythonのcsvモジュール（またはpandasライブラリ）を使いましょう。技術的な理由からMicrosoftを非難しても構わないのですが、csvファイルを扱う際には、rかwの後ろにaを置いて、常にバイナリモードでopenすべきです（Stack Overflow、http://stackoverflow.com/questions/4249185/using-python-to-append-csv-filesを参照）。

ファイルにヘッダがない（つまり行はすべてデータであり、どの列のデータがどういう意味を持つのかを覚えておかなければならない）場合、すべての行をcsv.readerを使って繰り返し処理できます。各行は、適切に分割されます。

例えば株価の情報が次のようなタブ区切りのファイルに入っていたとしましょう。

```
6/20/2014   AAPL    90.91
6/20/2014   MSFT    41.68
6/20/2014   FB  64.5
6/19/2014   AAPL    91.86
```

```
6/19/2014   MSFT    41.51
6/19/2014   FB  64.34
```

これを次のように処理できます。

```python
import csv

with open('tab_delimited_stock_prices.txt', 'rb') as f:
    reader = csv.reader(f, delimiter='\t')
    for row in reader:
        date = row[0]
        symbol = row[1]
        closing_price = float(row[2])
        process(date, symbol, closing_price)
```

ファイルにヘッダ[1]があれば

```
date:symbol:closing_price
6/20/2014:AAPL:90.91
6/20/2014:MSFT:41.68
6/20/2014:FB:64.5
```

（最初に reader.next() を実行しておくことで）ヘッダ行をスキップするか、csv.DictReader を使ってヘッダ行の各フィールドをキーとする辞書として読み込むこともできます。

```python
with open('colon_delimited_stock_prices.txt', 'rb') as f:
    reader = csv.DictReader(f, delimiter=':')
    for row in reader:
        date = row["date"]
        symbol = row["symbol"]
        closing_price = float(row["closing_price"])
        process(date, symbol, closing_price)
```

ヘッダがなくても、fieldnames パラメータにヘッダ情報を与えれば、DictRead を使えます。

同様に csv.writer を使って区切りデータをファイルに出力できます。

---

[1] 訳注：このファイルは先ほどの例と異なり、1行目がヘッダであると共に、各行はコロン区切りのデータに変わっている点に注意。

```
today_prices = { 'AAPL' : 90.91, 'MSFT' : 41.68, 'FB' : 64.5 }

with open('comma_delimited_stock_prices.txt','wb') as f:
    writer = csv.writer(f, delimiter=',')
    for stock, price in today_prices.items():
        writer.writerow([stock, price])
```

csv.writerはフィールドの中にカンマを含むデータも正しく扱えます。自作の
writerでは、意図した通りには動作しないかもしれません。例えば、次のデータを文
字区切りのファイルに書き出したいとしましょう。

```
results = [["test1", "success", "Monday"],
           ["test2", "success, kind of", "Tuesday"],
           ["test3", "failure, kind of", "Wednesday"],
           ["test4", "failure, utter", "Thursday"]]

# 誤った処理方法
with open('bad_csv.txt', 'wb') as f:
    for row in results:
        f.write(",".join(map(str, row)))  # おそらく必要以上のカンマ
                                          # 区切り文字が書き込まれる
        f.write("\n")                     # 行末には改行も必要
```

この結果、作成されるcsvファイルは次のようになります。

```
test1,success,Monday
test2,success, kind of,Tuesday
test3,failure, kind of,Wednesday
test4,failure, utter,Thursday
```

こうなると、誰も意味を解釈できません[1]。

9.3　Webスクレイピング

データを取得する方法の1つが、Webページのスクレイピングです。Webページを
読み出すのは非常に簡単ですが、そこから意味のある構造化された情報を抜き出すの

---

[1]　訳注：これは3つのフィールドを持つデータを意図しているが、例えば2行目は2番目のフィー
ルドが「success, kind of」であり、中にカンマを含んでいるため、結果として4つのフィールド
があるように見える。

はそれほど簡単ではありません。

9.3.1 HTMLとその解析

Web上のページはHTMLで書かれており、（理想的には）要素と属性がマークアップされています。

```
<html>
  <head>
    <title>A web page</title>
  </head>
  <body>
    <p id="author">Joel Grus</p>
    <p id="subject">Data Science</p>
  </body>
</html>
```

すべてのWebページが意味的にマークアップされており、「idが"subject"である
<p>要素を探して、その中身を返す」といったルールを使えば目的のデータが取り出せる、というのは理想的な世界の話です。実世界のHTMLは的確に表現されておらず、アノテーションなども付加されていないため、意味を解するには人間の手助けが必要です。

HTMLからデータを取り出すために、Beautiful Soupライブラリ（https://www.crummy.com/software/BeautifulSoup/）を使いましょう。このライブラリは、Webページのさまざまな要素からツリー構造を作り、その中のデータへアクセスする簡単なインターフェースを提供します。本書の執筆時点ではBeautiful Soup 4.3.2が最新版であり、本書でもその版を使って説明します（`pip install beautifulsoup4`コマンドでインストールできます）。同時にPython組み込みの手段よりも優れたHTTPリクエスト生成機能であるrequestsライブラリ（http://docs.python-requests.org/en/latest/）も使います（`pip install requests`コマンドでインストールできます）。

Python組み込みのHTMLパーサは寛大ではないため、形式が完全に整っていないHTMLをうまく扱えません。そのため、別のパーサを使いますが、インストールが必要です。

```
pip install html5lib
```

Beautiful Soupを使うには、BeautifulSoup()にHTML文書を渡さなければなりません。この例ではrequests.getの結果を渡します。

```
from bs4 import BeautifulSoup
import requests
html = requests.get("http://www.example.com").text
soup = BeautifulSoup(html, 'html5lib')
```

ここまでくれば、簡単なメソッドの呼び出しでさまざまなことができます。
たいていの場合、HTMLページのタグに相当したTagオブジェクトを操作します。
例えば、次のコードは、最初の<p>タグ（とその中身）を探し出します。

```
first_paragraph = soup.find('p')     # または単にsoup.p
```

textプロパティを通して、タグの文字列部分を取り出せます。

```
first_paragraph_text = soup.p.text
first_paragraph_words = soup.p.text.split()
```

Tagオブジェクトを辞書として扱えば、属性にアクセスできます。

```
first_paragraph_id = soup.p['id']        # 'id'がなければ、KeyErrorとなる
first_paragraph_id2 = soup.p.get('id')   # 'id'がなければ、Noneが返る
```

複数のタグを一度に取り出せます。

```
all_paragraphs = soup.find_all('p')      # または、単にsoup('p')
paragraphs_with_ids = [p for p in soup('p') if p.get('id')]
```

特定のクラスに属するタグが目的となる場面も頻繁に生じます。

```
important_paragraphs = soup('p', {'class' : 'important'})
important_paragraphs2 = soup('p', 'important')
important_paragraphs3 = [p for p in soup('p')
                         if 'important' in p.get('class', [])]
```

これらを組み合わせて、より込み入ったロジックを作れます。例えば、<div>要素の中にある<span>要素を探すには、次のようにします。

```
# 注意：複数の<div>の中に同じ<span>があれば、それらを
# その都度返す
# そのような場合は、さらに工夫が必要
spans_inside_divs = [span
```

```
for div in soup('div')    # ページ上の<div>要素ごとに繰り返し
for span in div('span')]  # その中の<span>要素で繰り返し
```

これら少数の機能を使って、非常にさまざまなことが可能となります。もっと複雑な操作が必要になった（または単に興味がある）場合には、マニュアルを参照してみてください。

class="important"とラベル付けされていないデータであっても、重要なデータかもしれません。HTMLソースを注意深く調査し、抽出ロジックを十分に吟味し、極端な場合でも正しくデータが取り出せるようにしなければなりません。事例をみてみましょう。

9.3.2　事例：データに関するオライリーの書籍

データサイエンス・スター社に出資を考えている投資家に、データに関する流行は一時的なものと考えている人がいます。それが誤りであることを示すため、データについての書籍がオライリーから出版され続けていることを示そうと思い立ちます。オライリーのWebサイトを調べるうちに、データに関する書籍（およびビデオ）は非常に多く出版されており、次のURLで表示される1ページ当たり30アイテムが表示されるリストが何ページも続いていることがわかりました。

```
http://shop.oreilly.com/category/browse-subjects/data.do?
sortby=publicationDate&page=1
```

他人に迷惑をかけたくない（そして出入り禁止となりたくない）のであれば、Webサイトからデータを収集する前にはいつでも、何らかのアクセスポリシーが設定されていないか調べるべきです。例えば次のページには今回のような試みを禁止するような記載はありませんでした。

```
http://oreilly.com/terms/
```

良き振る舞いを心がけているのなら、Webクローラの動作について書かれているrobots.txtファイルも確認しておくべきでしょう。http://shop.oreilly.com/robots.txtの中で重要な箇所は次の2行です。

```
Crawl-delay: 30
Request-rate: 1/30
```

1行目は、リクエストごとに間隔を30秒空けるよう要求しています。2行目は30秒当たり1ページをリクエストするよう求めています。つまりこれらは同じことを別の表現で示しています（その他の行には、収集対象とすべきではないディレクトリが書かれていますが、ここでは使わない場所なので問題ありません）。

オライリーのサイトがいつくかの修正を行い、このセクションで解説した手法が全く使えなくなる可能性は常に存在します。そうならないよう可能な限り手を尽くしましたが、筆者の影響力が限られていることもまた事実です。しかし、読者の一人一人が知り合いのすべてに本書を購入するよう勧めてくれたなら、あるいは...

データを取り出す方法を示すために、1ページをダウンロードしてBeautiful Soupに読み込ませてみましょう。

```
# 書籍のページに合わせる必要がないのであれば、URLを分割しなくても良い
url = "http://shop.oreilly.com/category/browse-subjects/" + \
      "data.do?sortby=publicationDate&page=1"
soup = BeautifulSoup(requests.get(url).text, 'html5lib')
```

このページのHTMLソース（ブラウザ上で右クリック、「ソースを表示」「ページのソースを表示」などのメニューを選択する）を見れば、各書籍（またはビデオ）はそれぞれ独立したthumbtextクラスの<td>テーブルセルで作られていることがわかります。次の例は、1冊分の情報を表示する（短縮版の）HTMLソースです。

```
<td class="thumbtext">
  <div class="thumbcontainer">
    <div class="thumbdiv">
      <a href="/product/9781118903407.do">
        <img src="..."/>
      </a>
    </div>
  </div>
  <div class="widthchange">
    <div class="thumbheader">
      <a href="/product/9781118903407.do">Getting a Big Data Job For Dummies</a>
    </div>
    <div class="AuthorName">By Jason Williamson</div>
    <span class="directorydate">         December 2014 </span>
```

```
      <div style="clear:both;">
        <div id="146350">
          <span class="pricelabel">
                            Ebook:

                            <span class="price"> $29.99</span>
          </span>
        </div>
      </div>
    </div>
  </td>
```

はじめの一歩として、thumbtextタグ要素をすべて探してみましょう。

```
tds = soup('td', 'thumbtext')
print len(tds)
# 30
```

次に、ビデオを取り除いてみましょう（投資家は、書籍にのみ興味があるようです）。HTMLソースをさらに調べてみると、td要素には1つかそれ以上のpricelabelクラスのspan要素があり、そのテキストはEbook:、Video:またはPrint:であることがわかりました。ビデオの場合は、（前置された空白を取り除いた）テキストがVideoであるpricelabelを1つだけ持つようです。これは次のコードを使ってビデオを探せることを意味しています。

```
def is_video(td):
    """pricelabelを1つだけ持ち、空白を取り除いた文字列が'Video'であれば
    ビデオである"""
    pricelabels = td('span', 'pricelabel')
    return (len(pricelabels) == 1 and
            pricelabels[0].text.strip().startswith("Video"))

print len([td for td in tds if not is_video(td)])
# 筆者が実行したときには21であった。別のタイミングでは別の値となる。
```

これでtd要素からデータを取り出す準備が整いました。書籍のタイトルは<div class="thumbheader">ブロック内の<a>タグに書かれているようです。

```
title = td.find("div", "thumbheader").a.text
```

著者は、AuthorName <div>ブロックのテキストに書かれています。著者名の前には

Byが前置されており（ここでは取り除くことにします）、著者が複数の場合にはカンマで区切られています（分割して、不要な空白を取り除くことにします）。

```python
author_name = td.find('div', 'AuthorName').text
authors = [x.strip() for x in re.sub("^By ", "", author_name).split(",")]
```

ISBNは thumbheader `<div>` ブロック内のリンクに含まれています。

```python
isbn_link = td.find("div", "thumbheader").a.get("href")

# re.matchを使って正規表現のカッコ内にある部分を取り出す
isbn = re.match("/product/(.*)\.do", isbn_link).group(1)
```

日付は、`<span class="directorydate">` ブロックのテキストです。

```python
date = td.find("span", "directorydate").text.strip()
```

これらを1つの関数にまとめましょう。

```python
def book_info(td):
    """ 与えられた<td>タグが、1冊の書籍情報を表現している。
    ここから書籍の詳細を抜き出して、辞書として返す"""

    title = td.find("div", "thumbheader").a.text
    by_author = td.find('div', 'AuthorName').text
    authors = [x.strip() for x in re.sub("^By ", "", by_author).split(",")]
    isbn_link = td.find("div", "thumbheader").a.get("href")
    isbn = re.match("/product/(.*)\.do", isbn_link).groups()[0]
    date = td.find("span", "directorydate").text.strip()

    return {
        "title" : title,
        "authors" : authors,
        "isbn" : isbn,
        "date" : date
    }
```

これで情報収集の準備が整いました。

```python
from bs4 import BeautifulSoup
import requests
from time import sleep
base_url = "http://shop.oreilly.com/category/browse-subjects/" + \
```

```
                "data.do?sortby=publicationDate&page="

books = []

NUM_PAGES = 31 # 本書執筆時点で得られた検索結果のページ数。
               # 現在では、もっと増えていると思われる

for page_num in range(1, NUM_PAGES + 1):
    print "souping page", page_num, ",", len(books), " found so far"
    url = base_url + str(page_num)
    soup = BeautifulSoup(requests.get(url).text, 'html5lib')

    for td in soup('td', 'thumbtext'):
        if not is_video(td):
            books.append(book_info(td))

# 最後に良き市民として振る舞い、robots.txtの内容を尊重する
sleep(30)
```

このようなHTMLからのデータ抽出は、データサイエンスというよりも職人技に類するものです。書籍やタイトルを探し出すロジックは星の数ほど存在し、それらはここで紹介したものよりもうまく動作するでしょう。

データを収集したので、それぞれの年に出版された書籍数をグラフにできます（図9-1）。

```
def get_year(book):
    """book["date"]の値は、例えば'November 2014'の形式であるため
    空白で分割し、2つ目の要素を取り出す"""
    return int(book["date"].split()[1])

# 本書の執筆時には、1年分のデータがそろっているのは2014年まで
year_counts = Counter(get_year(book) for book in books
                      if get_year(book) <= 2014)

import matplotlib.pyplot as plt
years = sorted(year_counts)
book_counts = [year_counts[year] for year in years]
plt.plot(years, book_counts)
plt.ylabel("# of data books")
```

```
plt.title("Data is Big!")
plt.show()
```

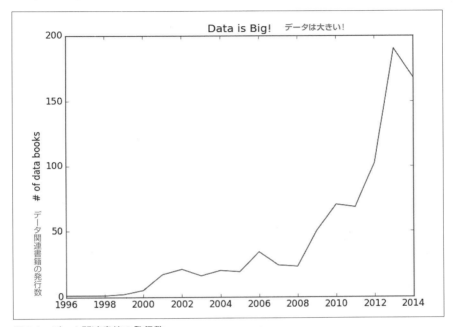

図9-1　データ関連書籍の発行数

残念ながら、その投資家はグラフを見て2013年がピークであると考えたようです。

9.4　APIを使う

多くのWebサイトやWebサービスでは、構造化されたデータを取り出すためのプログラムインターフェース（API）を提供しています。APIを活用すれば、HTMLからのデータ抽出で遭遇する面倒の多くを回避できます。

9.4.1　JSON（そしてXML）

HTTPはテキストをやりとりするためのプロトコルであるため、Web APIを通してデータを要求するには、データを文字列形式に**シリアライズ**しなければなりません。この目的のために、JavaScript Object Notation（JSON）が頻繁に使用されます。

JavaScriptオブジェクトは、Pythonの辞書に似た形式を持っており、そのテキスト表現は解釈が容易です。

```
{ "title" : "Data Science Book",
  "author" : "Joel Grus",
  "publicationYear" : 2014,
  "topics" : [ "data", "science", "data science"] }
```

Pythonのjsonモジュールを使ってJSONの構文解析ができます。特に、loads関数はJSONの文字列表現をデシリアライズしてPythonのオブジェクトを作ります。

```
import json
serialized = """{ "title" : "Data Science Book",
                  "author" : "Joel Grus",
                  "publicationYear" : 2014,
                  "topics" : [ "data", "science", "data science"] }"""

# JSONからPython辞書を作る
deserialized = json.loads(serialized)
if "data science" in deserialized["topics"]:
    print deserialized
```

API提供者が意地悪しているのかもしれませんが、XMLレスポンスしか提供していないAPIもあります。

```
<Book>
  <Title>Data Science Book</Title>
  <Author>Joel Grus</Author>
  <PublicationYear>2014</PublicationYear>
  <Topics>
    <Topic>data</Topic>
    <Topic>science</Topic>
    <Topic>data science</Topic>
  </Topics>
</Book>
```

HTMLからデータを取り出すように、Beautiful Soupを使えばXMLからもデータを取り出せます。詳細は、マニュアルを確認してください。

9.4.2　認証の必要がないAPIを使う

　最近のAPIの多くは、最初に使用者の認証を要求します。この方針に異論があるわけではないのですが、認証のためのコードを追加する必要があるため、ここで説明すべきことに純粋に集中できなくなってしまいます。そこで、認証なしで簡単な作業ができるGitHubのAPI（https://developer.github.com/v3/）を最初に取り上げることにします。

```
import requests, json
endpoint = "https://api.github.com/users/joelgrus/repos"

repos = json.loads(requests.get(endpoint).text)
```

　この時点で、reposはPython辞書のリストになります。この辞書はそれぞれ筆者のGitHubアカウントにあるパブリックリポジトリを表します（読者のユーザIDを使って、読者のGitHubリポジトリに関するデータを読み出してみてください。GitHubアカウントは持っていますよね？）。

　このデータを使って、筆者がリポジトリを作るのは何月が多いのか、何曜日が多いのかがわかります。問題は、レスポンスとして返される日付データが次の形式の（Unicode）文字列である点です。

```
u'created_at': u'2013-07-05T02:02:28Z'
```

Pythonには優れた日付パーサがないので、何かインストールする必要があります。

```
pip install python-dateutil
```

使うのはおそらくdateutil.parser.parse関数だけです。

```
from dateutil.parser import parse

dates = [parse(repo["created_at"]) for repo in repos]
month_counts = Counter(date.month for date in dates)
weekday_counts = Counter(date.weekday() for date in dates)
```

　同様にして、最後の5つのリポジトリについて、プログラミング言語の種類を取り出します。

```
last_5_repositories = sorted(repos,
                             key=lambda r: r["created_at"],
                             reverse=True)[:5]

last_5_languages = [repo["language"]
                    for repo in last_5_repositories]
```

　普通は、この「リクエストを出して、結果を自分でパースする」といった低レベルの
APIは使いたくないところです。Pythonを使う利点の1つが、これから使おうとして
いるAPIをアクセスするためのライブラリが、たいていの場合はすでに開発されてい
る点です。ライブラリが良くできているなら、APIのアクセス時に生じる扱いにくい
問題の多くを回避してくれるでしょう（そうでない場合や、今や使われていないAPI
バージョンにしか対応していなかった場合などは、多くの頭痛の種を増やすだけです）。
　それにもかかわらず、自分用にAPIアクセスライブラリを作らなければならない（ま
たは、誰かが作ったライブラリをデバッグしなければならない）場合に備えて、中身に
ついて知っておくことは必要です。

9.4.3　必要なAPIの探索

　とあるサイトのデータが必要である場合、サイトの開発者向けページやAPIのペー
ジを見てみましょう。そして、API用のライブラリとして「Python 何々API」が存在
していないか探しましょう。Rotten Tomatoes[1]のPython向けAPIはすでにありま
す。Klout[2]、Yelp[3]、IMDB[4]向けのラッパー APIは複数存在しています。
　Pythonラッパーを持っているAPIのリストを探しているのなら、Python
API（http://www.pythonapi.com）と、Python for Beginners（http://www.

※1　訳注：Rotten Tomatoes（ロッテン・トマト）は英語圏では良く知られた映画の評論サイト
　　　（http://www.rottentomatoes.com）。公開されている評論を集計し、好意的な意見の多寡で、
　　　tomatometerと呼ばれるスコアを算出している。
※2　訳注：Klout（クラウト）はソーシャルメディア上の影響力を測るKloutスコアを公開している
　　　（https://klout.com/home）。KloutにFacebookかTwitterのIDでログインすると、自分の
　　　Kloutスコアが得られる。有名人のスコアも検索可能。
※3　訳注：Yelp（イェルプ）は、世界最大のローカルビジネスのレビューサイト。さまざまな店舗や
　　　サービスのレビューが共有されている（http://www.yelp.com/、http://www.yelp.co.jp/）。
※4　訳注：IMDB（Internet Movie Database：インターネット・ムービー・データベース）は、
　　　Amazonの提供する映画、テレビ番組などに関する情報のオンラインデータベース（http://
　　　www.imdb.com）。

pythonforbeginners.com/development/list-of-python-apis/) を紹介します。

（Pythonラッパーの有無にかかわらない）Web APIの広範囲なディレクトリが必要なら、カテゴリごとに分類された巨大なディレクトリであるProgrammable Web（http://www.programmableweb.com）を参照してください。

結局必要なものが見つからなかった場合には、データサイエンティスト最後の手段であるWebからの収集で対処しましょう。

9.5　事例：Twitter API

Twitterは優れたデータの宝庫です。最新のニュース速報がわかるだけでなく最新の出来事に対する反応を調べたり、特定の話題に対しての情報が得られます。Twitterのデータにアクセスすれば、自分が想像している以上のことが可能となります。そしてTwitterのデータはAPIを使ってアクセスできるのです。

Twitter APIを使うために、Twythonライブラリ（https://github.com/ryanmcgrath/twython、`pip install twython`）を使います。世の中にはPython向けTwitterライブラリが星の数ほど存在しますが、Twythonは筆者が唯一うまく使えたライブラリです。これにこだわらず、その他のライブラリも試してみることをおすすめします。

9.5.1　認証の取得

Twitter APIを使うには、Twitterの認証を取得する必要があります（Twitterのアカウントも必要となりますが、活発で信頼できる#datascienceコミュニティーに参加するためにもアカウントは取得しておくべきです）。筆者が管理できないWebサイトの情報取得に関する説明のように、ここでの解説も時代遅れになってしまうかもしれませんが、当分は動作することを期待しましょう（しかしながら本書の執筆中に、少なくとも一度はAPIに変更が入りました）。

1. https://apps.twitter.com/ を開く
2. サインインしていないのなら、「Sign in」をクリックしてTwitterのユーザ名とパスワードを入力する
3. Create New Appボタンをクリックする
4. Name欄にAPIを使うアプリケーションの名称（例えば「Data Science」）を、

description欄に説明を入力する。website欄にはURLを入力する（どんなものでも構わない）
5. Developer Agreementの「Yes, I agree」にチェックを入れてDeveloper Agreementに同意した上で、「Create your Twitter Application」ボタンをクリックする
6. Keys and Access Tokensタブを開き、Consumer Key (API Key)とConsumer Secret (API Secret)をメモする
7. 「Create my access token」ボタンをクリックする
8. Access TokenとAccess Token Secretをメモする（Access Tokenを表示するためにWebページを再表示する必要があるかもしれない）

consumer keyとconsumer secretはAPIを使うアプリケーションをTwitterに伝えるためのものですが、access tokenとaccess token secretは誰がAPIを使うかを伝えます。どこかのサイトにTwitterアカウントを使ってログインしたことがあるなら、「アカウントの利用を許可しますか」ページが表示されたことを覚えているでしょうか。そのサイトがTwitterに対して自分（もしくは、少なくとも自分の代わりとして振る舞う誰か）が使用していることを証明するためのaccess tokenを得ているのです。ここでは、「誰でもログインさせる」機能は必要ないので、静的に生成したaccess tokenとaccess token secretを使います。

consumer key/secretとaccess token key/secretは、一種のパスワードとして扱うべきです。誰かと共有してはいけませんし、書籍に書いて出版してもいけません。GitHubリポジトリにチェックインすべきでもありません。credentials.jsonファイルに記入し、このファイルはGitHubにチェックインしないことにします。コードからはjson.loads関数を使って読み込むようにするのが適切です。

9.5.1.1 Twythonを使う

最初にSearch API (https://dev.twitter.com/rest/reference/get/search/tweets)を使ってみましょう。これはconsumer keyとsecretを使用しますが、access tokenとsecretは使いません。

```
from twython import Twython

twitter = Twython(CONSUMER_KEY, CONSUMER_SECRET)

# "data science"を含むツイートを検索する
for status in twitter.search(q='"data science"')["statuses"]:
    user = status["user"]["screen_name"].encode('utf-8')
    text = status["text"].encode('utf-8')
    print user, ":", text
    print
```

ツイートにはUnicode文字が含まれていることが多いため、.encode("utf-8")が必要です（これがないと、UnicodeEncodeErrorが発生する場合があります）。データサイエンティストとしてのキャリアを重ねる中で、Unicodeの問題はどこかでぶつかる壁となります。その際には、Pythonのマニュアル（https://docs.python.org/2/howto/unicode.html）を精読するか、Python 3への移行を検討することになるでしょう。Python 3はUnicodeの扱いが簡単だからです。

このコードを実行すると、次のようなツイートが得られます。

```
haithemnyc: Data scientists with the technical savvy &amp; analytical chops to
derive meaning from big data are in demand. http://t.co/HsF9QOdShP

RPubsRecent: Data Science http://t.co/6hcHUz2PHM

spleonard1: Using #dplyr in #R to work through a procrastinated assignment for
@rdpeng in @coursera data science specialization. So easy and Awesome.
```

大して興味を引かないものばかりです。TwitterのSearch APIは最近のツイートから一握りの結果を返します。データサイエンスを行うにはもっと多くのツイートが必要となるので、Streaming API（https://dev.twitter.com/streaming/reference/get/statuses/sample）が適しています。このAPIを使うと、Twitterのfirehose[※1]から（ラ

※1 訳注：TwitterのStream APIには、firehose（消火ホース）という名称（statuses/firehose）のAPIが存在する。これは公開されているツイートをすべて取得できるが、一般には解放されていない。普通はそこからランダムにサンプリングされた（statuses/sample）ツイートか、指定したフィルタをかけた（statuses/filter）ツイートをストリームできる。

ンダムに一部の）ツィートを取得できます。APIの使用には、access tokenによる認証
が必要です。

Twythonを通してStreaming APIを使うには、TwythonStreamを継承するクラスを
作り、on_success メソッド（およびon_error メソッド）をオーバーライドします。

```python
from twython import TwythonStreamer

# データを大域変数に格納するのは稚拙な手法ではあるが、
# サンプルコードを単純にできる
tweets = []

class MyStreamer(TwythonStreamer):
    """streamとやりとりを行う方法を定義するTwythonStreamerのサブクラス"""

    def on_success(self, data):
        """Twitterがデータを送ってきたら、どうするか？
        ここでdataは、ツィートを表すPython辞書として渡される"""

        # 英語のツィートのみを対象とする
        if data['lang'] == 'en':
            tweets.append(data)
            print "received tweet #", len(tweets)

        # 十分なツィートが得られたら終了
            if len(tweets) >= 1000:
            self.disconnect()

    def on_error(self, status_code, data):
        print status_code, data
        self.disconnect()
```

MyStreamerはTwitterストリームに接続して、データが送られるのを待ちます。デー
タ（ここではPythonオブジェクトとして表現される）を受け取ると、on_success メソッ
ドが呼ばれ、英語のツィートであればtweets リストに追加されます。1,000ツィート
収集できたら、streamを切断して実行を終了します。

これを試すには、初期化コードが必要です。

```python
stream = MyStreamer(CONSUMER_KEY, CONSUMER_SECRET,
                    ACCESS_TOKEN, ACCESS_TOKEN_SECRET)
```

```
# 公開されているツィート(statuses)からキーワード 'data' を持つものを収集する
stream.statuses.filter(track='data')

# すべてのツィート(statuses)の中からランダムに収集を行うには、次のコードを使う
# stream.statuses.sample()
```

このコードは1,000ツィート収集するまで(または、エラーが発生するまで)動き続けます。そこから後にツィートの分析作業が始まります。例えば、最も良く使われているハッシュタグは何かを調べて見ましょう。

```
top_hashtags = Counter(hashtag['text'].lower()
                        for tweet in tweets
                        for hashtag in tweet["entities"]["hashtags"])

print top_hashtags.most_common(5)
```

それぞれのツィートには多くのデータが含まれています。自分自身でいろいろ試したり、Twitter APIドキュメント(https://dev.twitter.com/overview/api/tweets)を通して、データの中身を覗いてみましょう。

お試しのプロジェクトであれば、ツィートデータをメモリ上に保持しておくのも良いですが、そうでなければファイルやデータベースに格納しておくのが望ましいでしょう。そうすれば取得したデータが永続化できます。

9.6　さらなる探求のために

- pandas (http://pandas.pydata.org) はデータサイエンス的なデータの操作(加えて読み込みなど)を行う際の、第一選択肢となるライブラリです。
- Scrapy (http://scrapy.org) は、リンクされている先のページを辿るなど、さらに複雑なWebスクレイパーを作るためのより高機能なライブラリです。

From Strategies To Essential Technologies

O'REILLY®

10章
データの操作

専門家は、判断材料よりも多くのデータを持っている。
—— コリン・パウエル ● 元軍人、元米国務長官

データの操作は科学でもあり職人芸でもあります。本書では多くの場合、科学について論じていますが、この章では技の部分に着目します。

10.1 データの調査

解決すべき問題が特定され、そのためのデータが得られたなら、早速モデルを構築し解を得るための作業に取り掛かりたいという誘惑に駆られることでしょう。しかし、それには抵抗しなければなりません。最初に行うのは、そのデータを調べることです。

10.1.1 1次元データの調査

1次元のデータセットを持っているとして、数値の集合である場合が最も単純です。そのデータは、各ユーザがサイト上に留まっている時間であったり、データサイエンスのチュートリアルビデオがそれぞれ視聴された回数であったり、データサイエンスのライブラリにある書籍のページ数であったりします。

最初に行うべきは、その統計量を計算することです。データ数、最小値、最大値、平均値、標準偏差などを算出します。

それらの値がデータに対するより良い理解に寄与しないこともあります。そんな場合に取るべき次の手は、ヒストグラムの作成です。つまり値をいくつかの範囲（**バケツ**）に分割し、それぞれのバケツにいくつのデータが入るかを数えます。

```python
def bucketize(point, bucket_size):
    """pointの値を切り捨ててバケツの下限の値に揃える"""
    return bucket_size * math.floor(point / bucket_size)

def make_histogram(points, bucket_size):
```

```python
    """pointをバケツに入れ、何個入ったか数える"""
    return Counter(bucketize(point, bucket_size) for point in points)

def plot_histogram(points, bucket_size, title=""):
    histogram = make_histogram(points, bucket_size)
    plt.bar(histogram.keys(), histogram.values(), width=bucket_size)
    plt.title(title)
    plt.show()
```

例えば次の2つのデータセットについて考えます。

```python
random.seed(0)

# -100から100までの一様分布
uniform = [200 * random.random() - 100 for _ in range(10000)]

# 平均0, 標準偏差57の正規分布
normal = [57 * inverse_normal_cdf(random.random())
          for _ in range(10000)]
```

どちらも平均は0、標準偏差はおおよそ58ですが、分布は全く異なっています。**図 10-1**は、一様分布を表示しています。

```python
plot_histogram(uniform, 10, "Uniform Histogram")
```

一方、**図10-2**は正規分布を表示します。

```python
plot_histogram(normal, 10, "Normal Histogram")
```

2つの分布データは、最大値と最小値が異なっています。しかし、それだけで両者がどのように異なっているかを示すには不十分です。

10.1 データの調査 | 145

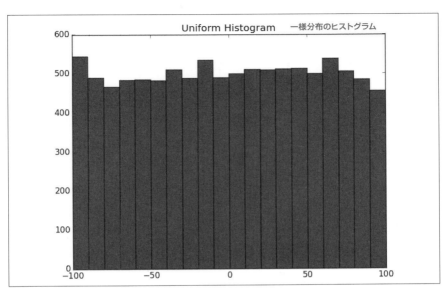

図10-1　一様分布のヒストグラム

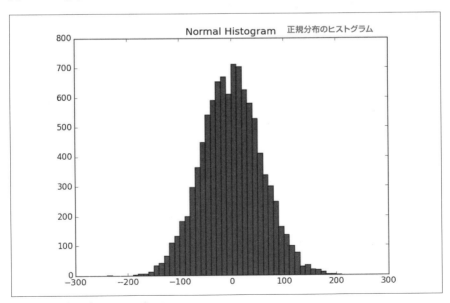

図10-2　正規分布のヒストグラム

10.1.2　2次元データ

　2次元のデータセットを持っているとしましょう。1日当たりサイト上で費やす時間とデータサイエンティストとしての勤続年数の組み合わせなどが考えられます。それぞれの次元について理解を深めるのは当然として、データの散らばりにも興味があるはずです。

　例えば、次の適当に作ったデータで考えてみましょう。

```python
def random_normal():
    """標準正規分布に従う無作為の数を返す"""
    return inverse_normal_cdf(random.random())

xs = [random_normal() for _ in range(1000)]
ys1 = [ x + random_normal() / 2 for x in xs]
ys2 = [-x + random_normal() / 2 for x in xs]
```

　ys1とys2をplot_histogramで可視化した場合、どちらも同じようなグラフになります（実際、両者は平均と標準偏差が同じ値の正規分布だからです）。

　しかしxsとの結合分布は、**図10-3**からわかるように大きく異なっています。

```python
plt.scatter(xs, ys1, marker='.', color='black', label='ys1')
plt.scatter(xs, ys2, marker='.', color='gray', label='ys2')
plt.xlabel('xs')
plt.ylabel('ys')
plt.legend(loc=9)
plt.title("Very Different Joint Distributions")
plt.show()
```

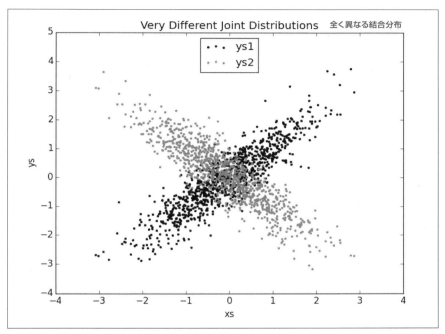

図10-3 2つのysの散布図

この違いは、相関係数を見ても明らかです。

```
print correlation(xs, ys1) # 0.9
print correlation(xs, ys2) # -0.9
```

10.1.3 多次元データ

多次元のデータに対しては、それぞれの次元が他の次元とどのように関連しているかを知ることが重要です。簡単な手法として、**相関行列**を調べる方法があります。これはi次元とj次元の相関を行列のi行j列の値としたものです。

```
def correlation_matrix(data):
    """i列とj列のデータ間の相関を(i, j)の値とする、列数x列数の行列を返す"""

    _, num_columns = shape(data)
```

148 | 10章 データの操作

```python
def matrix_entry(i, j):
    return correlation(get_column(data, i), get_column(data, j))

return make_matrix(num_columns, num_columns, matrix_entry)
```

（次元数がそんなに多くないのであれば）より可視的な手法として、各次元データの組み合わせで作る（**図10-4**のような）**散布図行列**を使う方法があります。この分割されたグラフはplt.subplots()を使って描きます。作成するグラフの行数と列数を与えて（ここでは使いませんが）figureオブジェクトと、（それぞれにグラフを作成する）軸オブジェクトの配列を取得します。

```python
import matplotlib.pyplot as plt

_, num_columns = shape(data)
fig, ax = plt.subplots(num_columns, num_columns)

for i in range(num_columns):
    for j in range(num_columns):

        # X軸のcolumn_j、Y軸のcolumn_iの位置に散布図を描画する
        if i != j: ax[i][j].scatter(get_column(data, j), get_column(data, i))

        # i == jであれば、列名を表示する
        else: ax[i][j].annotate("series " + str(i), (0.5, 0.5),
                                xycoords='axes fraction',
                                ha="center", va="center")

        # 左端と一番下のサブプロット以外は、軸ラベルを表示しない
        if i < num_columns - 1: ax[i][j].xaxis.set_visible(False)
        if j > 0: ax[i][j].yaxis.set_visible(False)

# 右下と左上のサブプロットは、テキストのみ表示しているため、
# 軸ラベルが誤っている。ここで正しく修正する。
ax[-1][-1].set_xlim(ax[0][-1].get_xlim())
ax[0][0].set_ylim(ax[0][1].get_ylim())

plt.show()
```

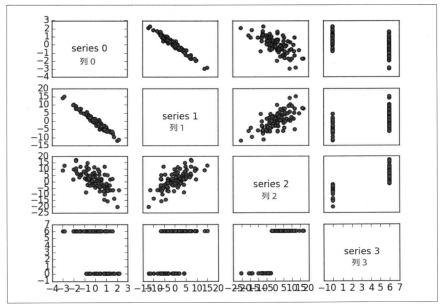

図10-4　散布図行列

　散布図から、series 1とseries 0は負の相関を持つこと、series 2はseries 1と正の相関を持つことがわかります。またseries 3は値が0と6だけであり、0の時はseries 2の値が小さく、6の場合はseries 2の値が大きいことがわかります。

　こうした簡易な方法で、データがどのような相関を持っているのかを大まかに把握できます（matplotlibの機能をあれこれと試して、所望のグラフを作るのに何時間もかけるのは優れた方法とは言えません）。

10.2　データの整理と変換

　実世界のデータは整然と整っているわけではありません。たいていの場合、使う前には何らかの処理を施す必要が生じます。第9章の例では、文字列を浮動小数点数または整数に変換しなければなりませんでした。そこではデータを使う直前に変換を行っていました。

```
closing_price = float(row[2])
```

csv.readerをラップする関数を通して、データの入力中に解釈する方法を使えば、よりエラーの発生を低減できるはずです。この手法では列ごとに解釈を行うパーサをリストとして与えます。Noneは「列に対して何も行わない」ものとしましょう。

```python
def parse_row(input_row, parsers):
    """与えられたパーサのリスト（そのうちのいくつかはNone）
    の中から入力の列ごとに適切なものを適用する"""

    return [parser(value) if parser is not None else value
            for value, parser in zip(input_row, parsers)]

def parse_rows_with(reader, parsers):
    """readerをラップして入力の各列にパーサを適用する"""
    for row in reader:
        yield parse_row(row, parsers)
```

誤ったデータがある場合にはどうなるでしょうか。「浮動小数点数」のあるべき場所に、実際には数値以外の値があったとしたら。たいていはプログラムが異常終了するよりは、Noneが返る方が望ましい動作です。これはヘルパー関数を使えば可能となります。

```python
def try_or_none(f):
    """関数fが例外を起こした場合には、Noneを返す
    fは1つの入力を想定する"""
    def f_or_none(x):
        try: return f(x)
        except: return None
    return f_or_none
```

このヘルパー関数を使うように、parse_rowを変更します。

```python
def parse_row(input_row, parsers):
    return [try_or_none(parser)(value) if parser is not None else value
            for value, parser in zip(input_row, parsers)]
```

例として、誤りを含むカンマ区切りの株価データを使いましょう。

```
6/20/2014,AAPL,90.91
6/20/2014,MSFT,41.68
6/20/3014,FB,64.5
6/19/2014,AAPL,91.86
```

```
6/19/2014,MSFT,n/a
6/19/2014,FB,64.34
```

このデータは解釈しながら一度に読み込めます。

```
import dateutil.parser
data = []

with open("comma_delimited_stock_prices.csv", "rb") as f:
    reader = csv.reader(f)
    for line in parse_rows_with(reader, [dateutil.parser.parse, None, float]):
        data.append(line)
```

読み込み後に、Noneを含む行がないか確認します。

```
for row in data:
    if any(x is None for x in row):
        print row
```

Noneがあった場合には、どう扱うかも決めておきましょう（一般的には、3つの選択肢があります。Noneを取り除く、元のデータに戻り欠けているデータの補足や誤ったデータの修正を試みる、何もせずに手を合わせて神に祈る、そのいずれかです）。

csv.DictReader向けのヘルパー関数を作っても良いでしょう。その場合は、フィールド名に対してパーサを指定します。例を示しましょう。

```
def try_parse_field(field_name, value, parser_dict):
    """parser_dictの適切な関数を使って値を解釈する"""
    parser = parser_dict.get(field_name)       # 対応する値がなければNoneが返る
    if parser is not None:
        return try_or_none(parser)(value)
    else:
        return value

def parse_dict(input_dict, parser_dict):
    return { field_name : try_parse_field(field_name, value, parser_dict)
             for field_name, value in input_dict.iteritems() }
```

次に行うべきは、簡易な手段を使うか、または「**10.1　データの調査**」で使ったような手法を用いて外れ値がないかを調べることです。例えば、株価ファイル内のデータ日付が1つ3014年であることに気付いたでしょうか。これでエラーになることはあり

ませんが、値は明らかに誤っており、これを見過ごせば不可解な結果を得る可能性も
あります。実際のデータでは、小数点が欠けていたり、余計な0が付加されていたり、
誤字があったり、その他あらゆる誤りが含まれています。そして、それを正しく扱う
のは、データを分析する側つまり自分の責任で行わなければなりません（職務上必須で
はありませんが、自分以外に誰が行うというのでしょうか）。

10.3　データの操作

　データサイエンティストにとって最も重要なスキルの1つが、**データの操作**です。こ
れは特定のテクニックというよりは、一般的な手順と言えます。そこで、ちょっとした
例を通してその感覚を伝えようと思います。

　株価のデータを次のような辞書として扱うとしましょう。

```
data = [
    {'closing_price': 102.06,
     'date': datetime.datetime(2014, 8, 29, 0, 0),
     'symbol': 'AAPL'},
    # ...
]
```

　概念的に言うと、このデータは（例えば表計算の）行の集まりとして見ることができ
ます。

　このデータに対する問題をいくつか解いてみましょう。その過程で手順をパターン
化し、抽象化したツールを作成して操作を容易にします。

　例えば、AAPLの終値はいくらが最高であったかを調べます。まず具体的な手順に
分解します。

1. AAPLの行だけに着目する
2. 各行から closing_price（終値）の値を取り出す
3. それらの値に max を適用する

リスト内包を使って、3つの手順を一度に実行できます。

```
max_aapl_price = max(row["closing_price"]
                     for row in data
                     if row["symbol"] == "AAPL")
```

データ中の各銘柄ごとに、最高の終値を見つけることができれば、より一般的な手順として使えます。

1つの方法として、次の手順で考えましょう。

1. 同じ銘柄 (symbol) ごとにグループ化する
2. 各グループに対して、上の手順を行う

```python
# 銘柄 (symbol) ごとにグループ化する
by_symbol = defaultdict(list)
for row in data:
    by_symbol[row["symbol"]].append(row)

# 各銘柄 (symbol) ごとに、辞書内包を使って最大値を求める
max_price_by_symbol = { symbol : max(row["closing_price"]
                                     for row in grouped_rows)
                        for symbol, grouped_rows in by_symbol.iteritems() }
```

いくつかの処理パターンが出てきました。どちらの例でも、辞書からclosing_priceの値を取り出しています。そこで関数を新たに2つ追加します。1つは辞書から列の値を取り出す関数を返すもの、もう1つは辞書のリストから同じ列の値を選び出すものです。

```python
def picker(field_name):
    """辞書から列を取り出す関数を返す"""
    return lambda row: row[field_name]

def pluck(field_name, rows):
    """辞書のリストから、指定した列のリストに変換する"""
    return map(picker(field_name), rows)
```

グループ化関数の返した行をグループ化すると共に、各グループに対して任意の変換を適用する関数を作ります。

```python
def group_by(grouper, rows, value_transform=None):
    # キーはグループ化関数の出力、値は行のリスト
    grouped = defaultdict(list)
    for row in rows:
        grouped[grouper(row)].append(row)

        if value_transform is None:
            return grouped
```

```
        else:
            return { key : value_transform(rows)
                     for key, rows in grouped.iteritems() }
```

これを使えば、以前のコードをさらに簡単に書けます。例を示しましょう。

```
max_price_by_symbol = group_by(picker("symbol"),
                               data,
                               lambda rows: max(pluck("closing_price", rows)))
```

続いて、もっと複雑な問題に取り組みましょう。例えば、1日で最も大きく値が動いたのはどれくらいであったか。また、小さい変化はどうであったかについて考えます。前日比は、今日の終値 / 昨日の終値 − 1で計算できます。これはつまり、今日の値と昨日の値を関係付ける方法が必要になることを意味しています。1つの方法として、銘柄 (symbol) ごとに値をグループ化して、次の手順を適用します。

1. 値を日付順に並べる
2. zipを使って、(昨日の終値、今日の終値) の組を作る
3. その組を使って新しい列「change (前日比)」を追加する

各グループごとに適用できる形の関数を作ります。

```
def percent_price_change(yesterday, today):
    return today["closing_price"] / yesterday["closing_price"] - 1


def day_over_day_changes(grouped_rows):
    # 行を日付でソートする
    ordered = sorted(grouped_rows, key=picker("date"))

    # 連続した2日分のデータを組にするため、1つずらしたリストをzipする
    return [{ "symbol" : today["symbol"],
             "date" : today["date"],
             "change" : percent_price_change(yesterday, today) }
            for yesterday, today in zip(ordered, ordered[1:])]
```

この関数をgroup_byのvalue_transform引数に指定します。

```
# キーが銘柄 (symbol)、値は前日比の辞書
changes_by_symbol = group_by(picker("symbol"), data, day_over_day_changes)
```

```
# すべての前日比の辞書を大きなリストに格納する
all_changes = [change
               for changes in changes_by_symbol.values()
               for change in changes]
```

ここまでできれば、最大値と最小値を求めるのは簡単です。

```
max(all_changes, key=picker("change"))
# {'change': 0.3283582089552237,
# 'date': datetime.datetime(1997, 8, 6, 0, 0),
# 'symbol': 'AAPL'}
# http://news.cnet.com/2100-1001-202143.htmlを参照

min(all_changes, key=picker("change"))
# {'change': -0.5193370165745856,
# 'date': datetime.datetime(2000, 9, 29, 0, 0),
# 'symbol': 'AAPL'}
# http://money.cnn.com/2000/09/29/markets/techwrap/を参照
```

この all_changes データを使えば、ハイテク関連株への投資は何月が最も有利なのかがわかります。まず月ごとにグループ化し、各グループの総合的な変化を計算します。

繰り返しになりますが、適切な value_transform 関数を作り、group_by に適用します。

```
# 前日比を比較するには、それぞれ1を加えたものを乗じてから1を減ずる
# 例えば、+10%と-20%の場合、総合的な変化は、
# (1 + 10%) * (1 - 20%) - 1 = 1.1 * .8 - 1 = -12%となる
def combine_pct_changes(pct_change1, pct_change2):
    return (1 + pct_change1) * (1 + pct_change2) - 1

def overall_change(changes):
    return reduce(combine_pct_changes, pluck("change", changes))

overall_change_by_month = group_by(lambda row: row['date'].month,
                                   all_changes,
                                   overall_change)
```

本書を通して、特に注意を促すことなしに、このような操作をさまざまな場所で行います。

10.4 スケールの変更

多くの手法がデータの**スケール**に影響を受けます。例えば、データサイエンティスト数百人分の身長と体重のデータから、体格を**クラスタ分類**するとしましょう。

直感的には、近くの値を持つもの同士を同じクラスタに分類することになります。つまりデータの近さを定義する必要があります。すでにユークリッド距離を計算する関数を作っているので、（身長,体重）2つの値を2次元空間上で扱うのが自然です。**表10-1**について考えてみましょう。

表10-1　身長と体重

名前	身長（インチ）	身長（cm）	体重（ポンド）
A	63インチ	160 cm	150ポンド[1]
B	67インチ	170.2 cm	160ポンド
C	70インチ	177.8 cm	171ポンド

身長をインチで表した場合、Bに最も近いのはAとなります。

```
a_to_b = distance([63, 150], [67, 160]) # 10.77
a_to_c = distance([63, 150], [70, 171]) # 22.14
b_to_c = distance([67, 160], [70, 171]) # 11.40
```

しかし、身長をcmで表した場合には、CがBの最近傍となります。

```
a_to_b = distance([160, 150], [170.2, 160])   # 14.28
a_to_c = distance([160, 150], [177.8, 171])   # 27.53
b_to_c = distance([170.2, 160], [177.8, 171]) # 13.37
```

この例のように、単位の変更で結果が変わってしまうのは、明らかに紛らわしい問題です。このため、各次元の値が直接比較できない場合には、それぞれの次元の値が平均0かつ標準偏差1となるようにデータのスケールを変更します。各次元を「平均値からの標準偏差分の割合」で表すことに変更して単位を効果的に取り除きます。

このために、まず各列の平均と標準偏差を計算し、

```
def scale(data_matrix):
    """各列の平均と標準偏差を返す"""
    num_rows, num_cols = shape(data_matrix)
```

※1　訳注：1ポンドは約0.45kg

```
    means = [mean(get_column(data_matrix,j))
             for j in range(num_cols)]
    stdevs = [standard_deviation(get_column(data_matrix,j))
              for j in range(num_cols)]
    return means, stdevs
```

この値を使って、新しいデータを作ります。

```
def rescale(data_matrix):
    """各列が平均0，標準偏差1となるように入力データのスケールを修正する
    標準偏差が0の列は変更しない"""
    means, stdevs = scale(data_matrix)

    def rescaled(i, j):
        if stdevs[j] > 0:
            return (data_matrix[i][j] - means[j]) / stdevs[j]
        else:
            return data_matrix[i][j]

    num_rows, num_cols = shape(data_matrix)
    return make_matrix(num_rows, num_cols, rescaled)
```

　いつものように、データをどのように扱うかは自分で判断しなければなりません。膨大な量の身長と体重のデータを持っていたとして、その中で身長が69.5から70.5インチの間のデータのみを抽出して使うとしましょう。（どのような問題に取り組んでいるかに依存しますが）値の違いは誤差であり、1つの列の標準偏差を他の列の標準偏差と同等に扱いたくないという状況は、少なくありません。

10.5　次元削減

　多次元データの中ですべての次元が実効的（または有益）な次元とは限りません。例えば、**図10-5**で示すデータで考えてみましょう。

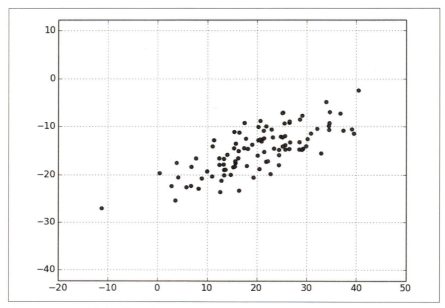

図10-5　誤った座標軸を持つデータ

X軸でもY軸でもない次元に沿ってデータが変化しているように見えます。

もしそうであるなら、**主成分分析**と呼ばれる手法によりデータの変化を表すために必要最小限の次元を抽出することができます。

実際には、この例のような低次元数のデータにこの手法は適用しません。主成分分析が最も有用となるのは、データ次元が非常に多数であり、データの変化を表すに足る小さなサブセットを必要としている場合です。そのような例を2次元の書籍で説明するのは、残念ながら困難なのです。

まず最初に、各次元の平均が0となるように変換が必要です。

```
def de_mean_matrix(A):
    """Aのすべての値と各列の平均との差を返す。
    結果の行列は、各列の平均が0となる"""
    nr, nc = shape(A)
    column_means, _ = scale(A)
    return make_matrix(nr, nc, lambda i, j: A[i][j] - column_means[j])
```

（これを行わないと、データの変化ではなく平均自体を特定することになってしまいます）

図10-6に平均を変換した後のデータを示します。

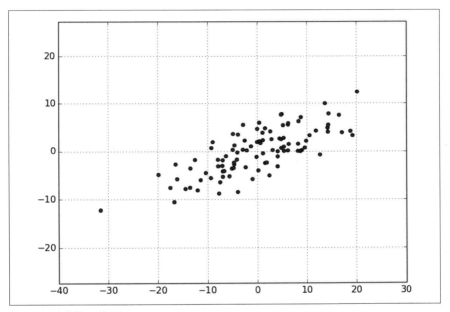

図10-6　変換後のデータ

変換後の行列 X があれば、データの分散が最も大きくなる方向を求められます。

具体的には、（大きさ1のベクトルとして）方向 d が与えられた時、行列の各列 x は d の方向に dot(x, d) の大きさを持ちます。そして、あらゆるゼロではないベクトル w は、大きさを1にすることで方向として扱えます。

```
def direction(w):
    mag = magnitude(w)
    return [w_i / mag for w_i in w]
```

そのため、ゼロでないベクトル w が与えられた時、w で示された方向に対するデータセットの分散が計算できます。

```python
def directional_variance_i(x_i, w):
    """wで示される方向に対する、x_iの分散を求める"""
    return dot(x_i, direction(w)) ** 2

def directional_variance(X, w):
    """wで示される方向に対する、データの分散を求める"""
    return sum(directional_variance_i(x_i, w)
               for x_i in X)
```

そして、勾配関数がわかれば、勾配下降法を用いて分散を最大にする方向が求められます。

```python
def directional_variance_gradient_i(x_i, w):
    """x_i列の値がw方向に持つ分散に対する勾配"""
    the direction-w variance"""
    projection_length = dot(x_i, direction(w))
    return [2 * projection_length * x_ij for x_ij in x_i]

def directional_variance_gradient(X, w):
    return vector_sum(directional_variance_gradient_i(x_i,w)
                      for x_i in X)
```

directional_variance関数を最大化する方向が第1主成分となります。

```python
def first_principal_component(X):
    guess = [1 for _ in X[0]]
    unscaled_maximizer = maximize_batch(
        partial(directional_variance, X),           # これでwの関数となる
        partial(directional_variance_gradient, X), # これでwの関数となる
        guess)
    return direction(unscaled_maximizer)
```

確率的勾配下降法を使うのであれば、次のようになります。

```python
# ここでは"y"を使わないので、Noneのベクトルを渡す
# 受け取る側の関数は、その入力を無視する
def first_principal_component_sgd(X):
    guess = [1 for _ in X[0]]
    unscaled_maximizer = maximize_stochastic(
        lambda x, _, w: directional_variance_i(x, w),
        lambda x, _, w: directional_variance_gradient_i(x, w),
        X,
```

```
            [None for _ in X], # the fake "y"
        guess)
    return direction(unscaled_maximizer)
```

平均が0となるよう変換を行ったデータセットを使うと、データが最も大きく変化する方向である第1主成分[0.924, 0.383]が得られます（**図10-7**）。

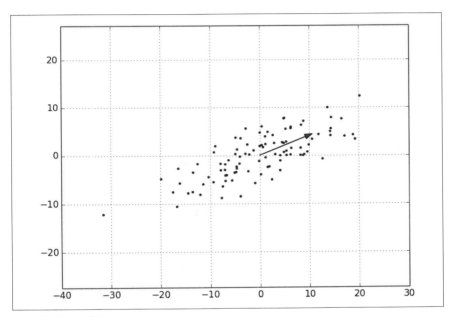

図10-7　第1主成分

第1主成分が見つかれば、それぞれのデータをその方向に射影した値を求めることができます。

```
def project(v, w):
    """vをw方向に射影したベクトルを返す"""
    projection_length = dot(v, w)
    return scalar_multiply(projection_length, w)
```

その他の主成分を求める場合、まず最初にデータから第1主成分への射影を取り除きます。

```
def remove_projection_from_vector(v, w):
    """vをw方向へ射影した結果をvから取り除く"""
    return vector_subtract(v, project(v, w))

def remove_projection(X, w):
    """Xの各列に対して、w方向への射影結果を各列から取り除く"""
    return [remove_projection_from_vector(x_i, w) for x_i in X]
```

ここで使用したのは2次元のデータなので、第1主成分を取り除くと、結果的に残るのは1次元のデータとなります (図10-8)。

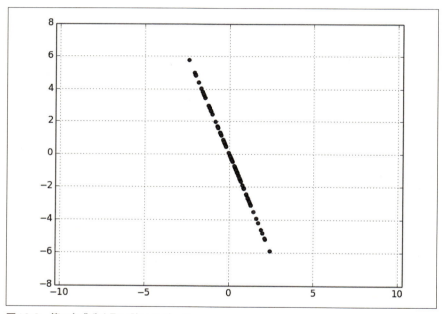

図10-8　第1主成分を取り除いたデータ

ここまでできれば、主成分の射影を取り除く処理を繰り返すことで、その後の主成分を見つけられます (図10-9)。

より高次元のデータセットに対しても、必要な主成分を繰り返し見つけることができます。

```
def principal_component_analysis(X, num_components):
    components = []
    for _ in range(num_components):
        component = first_principal_component(X)
        components.append(component)
        X = remove_projection(X, component)

    return components
```

その後、各成分で構成される低次元数の空間に、データを**変換**できます。

```
def transform_vector(v, components):
    return [dot(v, w) for w in components]

def transform(X, components):
    return [transform_vector(x_i, components) for x_i in X]
```

いくつかの理由により、この手法は有用です。まず、データから不要な次元を取り除き、高い相関を持つ次元に集約して、データの整理ができます。

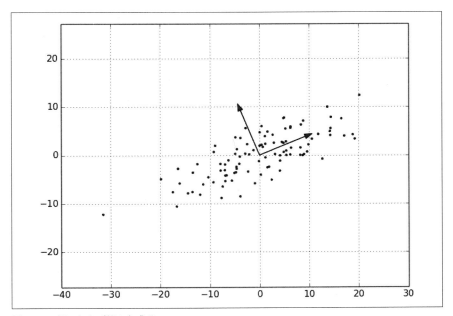

図10-9　第1および第2主成分

次に、高次元のデータにはうまく適用できないさまざまな手法がありますが、低次元表現に変換すれば適用が可能となります。本書を通して、そのような事例を紹介しています。

一方、より良いモデルが作れるかもしれませんが、解釈が難しくなるのも事実です。「第3主成分が0.1増加すると、年収が10,000ドル高くなる」という結論よりも、「勤続年数1年当たり、年収が10,000ドル高くなる」と言えた方が理解は簡単です。

10.6　さらなる探求のために

- 第9章の最後で述べたように、Pythonでデータの整理、変換、操作などデータを扱う際に、最も頻繁に使われるツールがおそらくpandas (http://pandas.pydata.org/) です。この章で作成したコードは、pandasを使えばもっと単純にできます。オライリー刊『Python for Data Analysis』（邦題『Pythonによるデータ分析入門』）は、最も優れたpandasの教科書です。

- scikit-learnには、PCAを含むさまざまな行列の分解機能 (http://scikit-learn.org/stable/modules/classes.html#module-sklearn.decomposition) が提供されています。

11章
機械学習

私は常に学ぶ準備をしているが、教えられるのをいつも好むわけではない。
—— ウィンストン・チャーチル ● 政治家

　たいていの人はデータサイエンスの大部分は機械学習のことであり、一日中機械学習モデルを作ったり学習させたりするのがデータサイエンティストだと思っています（繰り返しになりますが、実際のところデータサイエンティストの大部分は機械学習が何であるかも知らないのです）。事実、データサイエンスはビジネスの問題をデータの問題に置き換え、データの収集、理解、整理、整形を行います。機械学習はその後で行われる追加作業にすぎません。そうであったとしても、機械学習が何であるのかとは、データサイエンスを行うために必要となる重要で基本的な知識の1つです。

11.1　モデリング

　機械学習について論じる前に、**モデル**について話しておく必要があります。簡単に言うなら、異なる変数の間に存在する数学的（もしくは確率的）関係の仕様がモデルです。

　例えば、ソーシャルネットワークを作って利益を得るのであれば、**ビジネスモデル**を作ることになります。それは（おそらく表計算ソフトで作られ）「ユーザ数」、「ユーザ1人当たりの広告収入」、「従業員数」などを入力すると、今後数年分の利益が計算できるというものです。料理のレシピだと、何人前を作るのか、どれくらい空腹か、などの情報と必要な材料の量を関係付けるのがモデルとなります。ポーカーのテレビ中継では、カードデッキ中のカードの分散、すでに表にされているカードなどを使ったモデルから各プレーヤーごとの「勝利確率」がリアルタイムに表示されます。

　ビジネスモデルはおそらく簡単な数学的関係、つまり「利益は売上と経費の差」、「売上は、販売個数に平均単価を乗じたもの」などを元にしています。台所で行われた試行錯誤、言い換えると好みの味ができるまで異なる食材の組み合わせを試す、などをモ

デルにしたものがおそらく料理のレシピです。ポーカーのモデルは、確率論とポーカーのルールと、どんなカードが配られたかを表す合理的で当たり障りのない確率過程を元にしています。

11.2　機械学習とは？

人それぞれに正しい定義はあるのでしょうが、データから学習されたモデルの作成および活用を本書では機械学習と言うことにします。別の文脈では予測モデリングやデータマイニングと呼ばれるものですが、ここでは機械学習で統一しましょう。通常、既存のデータからモデルを作り、別のデータで得られる結果を予測することが、目的となります。例を挙げましょう。

- そのメールメッセージがスパムであるか否かを予測する
- そのクレジットカード取引が不正であるか否かを予測する
- どのような広告が、最もユーザによってクリックされるかを予測する
- どちらのチームがスーパーボウルで勝利するかを予測する

ここでは、教師あり学習（データには正しい正解を示すラベルが添えられている）と、教師なし学習（そのようなラベルが存在しない）の両方を扱います。その他に半教師あり学習（データの一部にラベルが存在する）、オンライン学習（新しく得られるデータでモデルを修正し続ける必要があるもの）なども存在しますが、本書では取り上げません。

非常に単純な状況であっても、着目している関係を表すモデルは星の数ほど存在します。たいていの場合は、まず**パラメータ化**されたモデルの中から1つを選択し、データを使って最適なパラメータを学習します。

例を挙げましょう。人間の身長は（おおよそ）体重と線形の関係にあると想定し、データを使って線形関数を学習するというものです。または、患者がどのような疾病にかかっているかを判断する適切な手段は決定木であると想定し、データを使って最適な決定木を学習するというものです。学習可能なその他のモデル群については、本書の後半を通して取り上げます。

しかしその前に、機械学習の基礎知識についてより良い理解が必要です。この章では、モデルについて学ぶ前に機械学習の基本的な概念について論じます。

11.3 過学習と未学習

機械学習を行う上で注意しなければならない点の1つが**過学習**（Overfitting）、つまり学習に使ったデータには非常に高く適合するけれども、その他の新しいデータに対しては汎用性が低いモデルができてしまうというものです。

これはデータに含まれるノイズが関与している可能性があります。もしくは、望ましい結果を予測するために必要な何らかの要素ではなく、特定の入力を学習してしまった可能性があります。

もう1つの注意点が**未学習**（Underfitting）です。これは学習に使ったデータに対してさえモデルがうまく適合できない場合を指します。この状態になると、モデルが良くないためより良いモデルへの変更を考えなければなりません。

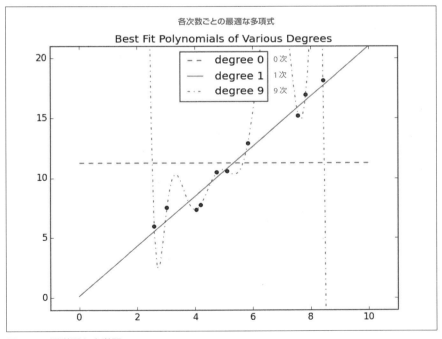

図11-1　過学習と未学習

　図11-1では、サンプルデータに3つの多項式をあてはめています（あてはめの方法は

168 | 11章 機械学習

気にしないでください。この後で取り上げます)。

　水平線は0次(言い換えると、定数)を使って最も高いあてはめができた場合を示しています。これは、非常に高い未学習状態と言えます。最もあてはめができているのは9次(つまり10個のパラメータが存在する)多項式であり、学習データのいずれにも合致しています。しかし非常に高い過学習の状態にあり、新たにいくつかのデータを加えると、おそらくその多くから外れてしまうはずです。1次多項式は、ほど良くバランスが取れており、すべてのデータの近くを通っています。(そしてこれらのデータが、他のデータの典型であるならば)新しいデータを加えても、同様に多項式の近くに存在するでしょう。

　モデルが複雑過ぎれば過学習となり、学習したデータ以外には適合せず汎用性が損なわれることは明らかです。それではどうすればモデルが複雑化するのを避けられるでしょうか。最も一般的なのは、学習用と、テスト用で異なるデータを使うという方法です。

　これを簡単に行うには、例えばデータの中から2/3を学習に使い、残りの1/3のデータでモデルの能力をテストできるようにデータを分割します。

```python
def split_data(data, prob):
    """データを[prob, 1 - prob]の割合に分割する"""
    results = [], []
    for row in data:
        results[0 if random.random() < prob else 1].append(row)
    return results
```

　しばしば、入力変数として行列xを、出力変数としてベクトルyを持ちます。このような場合、対応する学習用データとテスト用データを紐付けておく必要があります。

```python
def train_test_split(x, y, test_pct):
    data = zip(x, y)                            # 対応する変数を紐付けして
    train, test = split_data(data, 1 - test_pct)  # データを分割する
    x_train, y_train = zip(*train)             # 第2章で取り上げた、unzipする手法
    x_test, y_test = zip(*test)
    return x_train, x_test, y_train, y_test
```

　これで、例えば次のように学習とテストが行えます。

```python
model = SomeKindOfModel()
x_train, x_test, y_train, y_test = train_test_split(xs, ys, 0.33)
```

```
model.train(x_train, y_train)
performance = model.test(x_test, y_test)
```

学習用データに対して過学習となっているなら、（無作為に分割しておいた）テスト用データによるテストの結果は悪くなるでしょう。言い換えるなら、テストデータによるテストが良好であったなら、あてはめの結果は過学習になっていないことがわかります。

しかし、この手法による誤りが生じる場合がいくつか存在します。

まず、学習用データとテスト用データのどちらにも、データ全体に対する汎用性をもたらさないような共通のパターンが含まれてしまう場合です。

例えば、ユーザの挙動データを使っているとしましょう。データの1行はユーザごと週ごとの振る舞いを表しているとします。このような場合、たいていのユーザは学習データにもテストデータにも含まれることになります。ある種のモデルでは、振る舞いの間に存在する関係を発見するのではなく、ユーザを特定するように学習してしまいます。しかし、これはあまり気に病む必要はありません。筆者の経験上でも一度しか起きていないことです。

より大きな問題は、モデルの良し悪しを判断するのではなく、多くのモデルの中から適切なモデルを選択するためにデータ分割を使う際に生じます。この場合、個々のモデルが学習用データにより過学習に陥らないとして、「テスト用データで最も良い成績をあげたモデルを選択する」というのは単にテスト用データを第二の学習用データとして使った学習であるに過ぎないからです（テスト用データで良い成績をあげるモデルは、テスト用データに最も良くあてはまるモデルです）。

この状況に対応するには、モデルを構築するための**学習用データ**、学習済みモデルからモデルを1つ選択するための**検証用データ**、そして選択したモデルの良し悪しを判断するための**テスト用データ**の3つに分割します。

11.4 正確さ

データサイエンスの世界に踏み込む前、筆者は医療の世界に関わっていました。そして余暇の際に新生児が今後白血病を発症する可能性があるかを（98％以上の正確さで）予測する安価で体を傷つけない検査方法を思い付いていました。筆者の弁護士が、この検査方法には特許性がないことを納得させてくれたので、その詳細をここで公開

します。実は、新生児の名前がLuke（ルーク、発音が「ルーケミア：leukemia - 白血病に似ている）である場合に、白血病を発症する可能性があります。

これから見ていくように、この検査方法は実際に98%以上の正確性があります。それにもかかわらず、これはあまりにも馬鹿らしい検査方法であり、モデルの良し悪しを測るのにあえて「正確率」を使わない具体的な事例にもなっています。

二者選択を行うモデルの構築を考えてみましょう。このメールはスパムか否か、この候補者を採用すべきか否か、この旅行者はテロリストなのか否か、などです。

この予測モデルに対するラベル付きデータがあるとして、そのデータは以下4カテゴリのいずれかに属します。

- 真陽性：このメッセージはスパムであり、正しくスパムを判断できた
- 偽陽性（第一種の過誤）：このメッセージはスパムではないが、スパムだと判断してしまった
- 偽陰性（第二種の過誤）：このメッセージはスパムであるが、スパムではないと判断してしまった
- 真陰性：このメッセージはスパムではなく、正しくスパムではないと判断できた

この状況は、しばしば**混同行列**として表現されます。

	スパムだった	スパムではなかった
スパムと判断	真陽性	偽陽性
スパムではないと判断	偽陰性	真陰性

それでは、先ほどの白血病検査をこの分類にあてはめてみましょう。最近では、おおよそ1,000人当たり5人の新生児がルークと名付けられています（http://www.babycenter.com/babyNameAllPops.htm?babyNameId=2918）。また、白血病の患者数は、1.4%つまり1,000人当たり14人と言われています（https://seer.cancer.gov/statfacts/html/leuks.html）。

これらの値が独立だとして、「ルークが白血病となる」テストを100万人に適用すると、次の混同行列が得られます。

	白血病である	白血病ではない	合計
ルークである	70	4,930	5,000
ルークではない	13,930	891,070	995,000
合計	14,000	896,000	1,000,000

これらの値を使ってモデルの良し悪しを測る統計量を計算できます。例えば、「正解率 (accuracy)」は正しい予測結果の割合として定義します。

```
def accuracy(tp, fp, fn, tn):
    correct = tp + tn
    total = tp + fp + fn + tn
    return correct / total
```

```
print accuracy(70, 4930, 13930, 981070)      # 0.98114
```

興味深い結果が得られました。しかし、この白血病検査が適切な検査方法ではないことは明らかです。つまり正解率をそのまま使って正しさの証拠としてはならないのです。

この場合、**適合率** (precision) と**再現率** (recall) の組み合わせを見るのが常套手段です。適合率は、陽性と予測した中での正解率を表します。

```
def precision(tp, fp, fn, tn):
    return tp / (tp + fp)
```

```
print precision(70, 4930, 13930, 981070)      # 0.014
```

再現率は、正解の中でモデルが陽性と判断した割合を表します。

```
def recall(tp, fp, fn, tn):
    return tp / (tp + fn)
```

```
print recall(70, 4930, 13930, 981070) # 0.005
```

どちらの値も非常に小さいのは、モデルが良くないことを示しています。適合率と再現率を組み合わせて、次のように定義されるF1値を使う場合もあります。

```
def f1_score(tp, fp, fn, tn):
    p = precision(tp, fp, fn, tn)
    r = recall(tp, fp, fn, tn)

    return 2 * p * r / (p + r)
```

これは適合率と再現率の**調和平均** (http://en.wikipedia.org/wiki/Harmonic_mean) であり、必然的に両者の間に位置します。

172 | 11章　機械学習

　モデルの選択では、適合率と再現率のトレードオフ[1]を伴います。あまり確信が高くない場合でも「Yes」と回答するモデルは、再現率が高く適合率が低くなります。また、高く確信している場合にのみ「Yes」と回答するモデルは、再現率が低く適合率が高くなります。

　言い換えると、これは偽陽性と偽陰性のトレードオフとも言えます。「Yes」と回答する場合が多ければ、偽陽性の数が多くなり、「No」と回答する場合が多ければ偽陰性の数が増えます。

　白血病の危険因子が10個あるとしましょう。それらの多くを持っていればそれだけ白血病となる可能性が高くなります。この場合、次のような連続した検査が考えられます、「危険因子を1つ持っていた場合に白血病となる可能性」、「危険因子を2つ持っていた場合に白血病となる可能性」、などです。閾値を上げれば、検査の適合率は上がります（多くの危険因子を持つほど、発症する可能性が高くなる）が、再現率は下がります（閾値に適合する患者の数は少なくなる）。このような場合、適切な閾値の設定は、すなわち適切なトレードオフを見つけることを意味します。

11.5　バイアス-バリアンス トレードオフ

　過学習の問題は、バイアスとバリアンスのトレードオフとして考えることもできます。

　どちらもモデルの学習を（1つの大きな母集団から取り出された）異なるデータで何度も行った場合に、どのような振る舞いとなるのかを評価するものです。

　例えば「11.3　過学習と未学習」の0次多項式は、（同じ母集団から取り出された）どのような学習データに対しても誤った結果を出すでしょう。これはバイアスが高いことを示しています。しかしながら、無作為に抽出された2つの学習データは、同じようなモデルとなります（無作為に選んだ学習データは、おおよそ同じような平均値を持つからです）。そのため、同時に低いバリアンス（分散）を示しているとも言えます。高いバイアスと低いバリアンスは、たいていの場合で未学習に相当します。

　一方、9次多項式のモデルは、学習モデルに完璧にあてはまっています。これは低い

---

[1]　訳注：正解率の中から高い精度で回答を選び出すモデルは真とする数が少なくなるが、逆に自信がなくても真とするモデルは、真とする回答が多くなる。正確に回答するか、真を多く回答するかどちらかを選ばなくてはならない。

バイアスと高いバリアンスを示しています（異なる2つの学習データは、おそらく全く異なるモデルを作ります）。これは過学習に相当します。

モデルの問題を考える際、これらの考え方は、モデルが期待通りに働かない場合には何をすべきかの示唆を与えます。

モデルが高いバイアスを持つ（学習データに対する適合が低い）場合には、別の特徴の追加を考慮します。「**11.3　過学習と未学習**」における0次モデルから1次モデルにすることで、非常に大きな改善が見られました。

高いバリアンスを持つ場合には、同様に特徴を**取り除く**ことで対処できます。（可能であるなら）より多くの学習データを投入するのも、1つの手です。

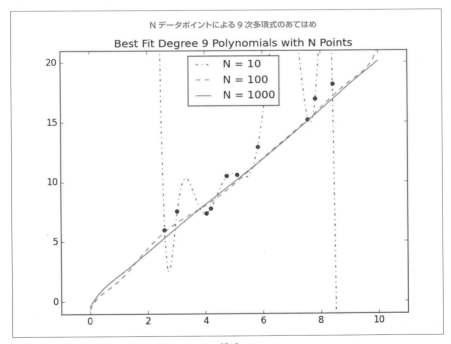

図11-2　データの追加による、バリアンスの低減

図11-2では異なる数のデータポイントを9次多項式にあてはめています。10個のデータポイントの場合、以前の例でも見たように、このモデルはすべてのデータに適合しています。学習データの数を100個に増やすと、過学習の兆候は低く抑えられま

した。1000個のデータでは、1次のモデルと非常に似た結果となっています。

　モデルの複雑さを一定に保つ場合、より多くのデータを使うほど過学習の度合いは低くなります。

　一方で、データの量はバイアスに対する改善に寄与しません。モデルがデータの規則性を把握するに十分な特徴を持っていないならば、多量のデータを投入しても状況は改善しません。

11.6　特徴抽出と特徴選択

　先に述べたように、データに十分な特徴が含まれていなければ、そこから作られるモデルは未学習となる傾向があります。多くの特徴が盛り込まれているなら、過学習になりがちです。ところで、ここで言う特徴とは何者であり、どこからもたらされるものなのでしょう。

　特徴とは、モデルに対するあらゆる入力が相当します。

　最も単純なケースでは、与えられたデータだけが特徴です。誰かの収入を勤続年数を元に判断する場合、この勤続年数が唯一の特徴です。

　（しかし、「11.3　**過学習と未学習**」で見たように、より良いモデルを作るのに役立つのであれば勤続年数の2乗や3乗などを加えることも考慮するかもしれません）

　データが複雑性を増せば、より興味深い状況となります。メールメッセージがスパムであるかどうかを判断するフィルタを作るとしましょう。普通のモデルなら、単なるテキストであるメールをそのままで判断には使えません。そこで特徴を抽出する必要があります。

- メッセージに「バイアグラ」という単語が含まれているか
- 文字 d が何回使われているか
- メールがどのドメインから発信されているか

　最初の問いは、単純にYes/Noで答えられるので、データとして通常は1または0で表現できます。2番目の問いは、数値です。3番目の問いは、個別の選択肢から選ぶことになるでしょう。

　たいていは上記3種類いずれかの形式でデータから特徴が抽出されます。さらに重要なことに、どのような種類の特徴を使うかは、どのようなモデルを使うかに依存します。

第13章で扱う単純ベイズ分類器は、先の3分類の中ではYes/No型が適しています。

第14章と第15章で取り上げる回帰モデルでは、（0と1で表せるYes/No型も含んだ）数値で表される特徴を必要とします。

そして第17章で登場する決定木は、数値または分類されたデータを扱います。

スパムフィルタの例では特徴を作り出す方法を探していますが、場合により特徴を取り除くこともあります。

例えば、入力が何百個もの数値で構成されるベクトルであるとしましょう。場合により、この巨大なベクトルを（「**10.5　次元削減**」のように）重要な次元や扱い易い次元だけに絞り、少数の特徴だけを使うことが適切です。もしくは、（「**15.8　正則化**」で登場する正則化により）多くの特徴を使うモデルにはペナルティを与える方式が適切であるかもしれません。

特徴はどのように選択すれば良いのでしょうか。それは**経験**と**専門知識**の組み合わせが生きる領域です。多量のメールを受け取っているのなら、スパムか否かを見分けるある種の単語が存在することを直感できるはずです。同時に、dの文字数がスパムを判別する指標とはならないことも理解できるはずです。一般的には、あらゆることを試すべきであり、良いものを見つけるのは楽しい作業です。

11.7　さらなる探求のために

- この後に続く章では、異なるいくつかの機械学習モデルを取り上げます。本書を読み進めてください。

- CourseraのMachine Learning（機械学習）オンラインコース（https://www.coursera.org/course/ml）[1]は、オリジナルの大規模オープンオンライン講座（MOOC：Massive Open Online Course）であり、機械学習の基礎を深く理解するには良い教材です。カリフォルニア工科大学の機械学習MOOCも、同様です（https://work.caltech.edu/telecourse.html）。

- The Elements of Statistical Learningは、無料でダウンロードできる標準的な教科書です（http://stanford.io/1ycOXbo）[2]。数学的にやや高度な内容である点に注意が必要です。

※1　訳注：このコースのビデオには、日本語字幕が提供されている。
※2　訳注：邦題『統計的学習の基礎 ── データマイニング・推論・予測』共立出版刊

12章
k近傍法

隣人をイライラさせたければ、彼らについて本当のことを告げるだけで良い
—— ピエトロ・アレティーノ ● 作家・詩人

あなたは筆者が次の大統領選挙で誰に投票するかを予想しているとしましょう。筆者について何も知らない（しかしデータは持っている）場合、筆者の**隣人**たちがどのように投票しようと考えているかを調べるのは、1つの実用的な解決策です。筆者のようにシアトルのダウンタウンに住んでいるなら、必ず民主党候補者に投票するので、「民主党候補者に投票する」が筆者に対する適切な予想です。

筆者について、住所だけでなくその他多くの情報、例えば年齢、収入、子供の数などが分かっているとしましょう。隣人のすべてではなく、追加の情報について筆者と同様の値を持っている隣人だけを対象とし、影響（または特徴づけ）についてこれらの情報を使うことで、筆者の振る舞いはより正確に予測できるでしょう。これは**近傍法**の背後にあるアイディアそのものです。

12.1　モデル

近傍法は既存の予測モデルの中でも、最も簡単なモデルの1つです。数学的前提や、強力な計算力を要求しません。次のものだけが必要となります。

- 距離の概念
- 前提として、近くにあるデータは類似しているものとする

本書で使う手法の多くは、データのパターンを学習するためにデータの全体を使用します。一方近傍法は、近くに存在する一部のデータを使うため、意図的に多くのデータは無視されます。

また、近傍法は、着目している何らかの現象の原因を理解する助けとはなりません。隣人たちの投票行動を元にして筆者の投票行動の予測はできても、筆者がどのような

理由でそうしたかまではわかりません。（例えば）収入や配偶者の有無などを使って予測する別のモデルであれば、何かわかるかもしれませんが。

　一般的に、データは対応するラベルを持っています。このラベルは、入力がある種の条件、つまり「スパムか？」とか「有毒か？」とか「鑑賞に値するか？」などに合致しているか否かを表す真偽値である場合もあれば、何らかのカテゴリ、例えば映画のレイティング（G, PG, PG-13, R, NC-17）[※1] や好みのプログラミング言語である場合もあります。

　ここでの例では、データポイントはベクトルとなるので、第4章で使ったdistance関数が使えます。

　例えば、kの値として3または5を決めます。続いて新しいデータポイントに対して、k個の近傍データのラベルから、多数決で結果を定めます。

　このために、多数決を行う関数を作ります。

```python
def raw_majority_vote(labels):
    votes = Counter(labels)
    winner, _ = votes.most_common(1)[0]
    return winner
```

このプログラムでは、同数になった場合のことを何も考えていません。例えば、映画のレイティングを行うとして、類似の5作品がG, G, PG, PG, Rとレイティングされていたとしましょう。GとPGが同数になりました。この場合、いくつかの選択肢が考えられます。

- どちらか一方を無作為に選択する
- 距離で重み付けして、重みを加味した多数を考える
- 多数が1つ決まるまで、kを少なくする

3番目を実装してみましょう。

```python
def majority_vote(labels):
    """ラベルは近いものから遠いものへ整列していると想定する"""
    vote_counts = Counter(labels)
    winner, winner_count = vote_counts.most_common(1)[0]
```

※1　訳注：映画は、鑑賞の際にその映画を見ることができる年齢制限の枠をレイティングとして定めている。ここでは米国の規定が使われている。

```
num_winners = len([count
                   for count in vote_counts.values()
                   if count == winner_count])

if num_winners == 1:
    return winner                    # 唯一の多数が決まったので、結果とする
else:
    return majority_vote(labels[:-1]) # 最も遠いものを除外して、再度試す
```

この手法は最終的には結果を出しますが、最悪の場合ラベルが1つになるまで繰り返されます。そして、その1つが多数を占めたと判断します。

この関数を使えば分類器を作るのは容易です。

```
def knn_classify(k, labeled_points, new_point):
    """ラベル付きデータポイントは、(point, label)のペアとなっている"""

    # ラベル付きデータポイントを近いものから順に並べる
    by_distance = sorted(labeled_points,
                         key=lambda (point, _): distance(point, new_point))

    # 近い順にk個取り出す
    k_nearest_labels = [label for _, label in by_distance[:k]]

    # 多数決を行う
    return majority_vote(k_nearest_labels)
```

これがどのように働くのかを例を通して見てみましょう。

12.2　事例：好みの言語

最初のデータサイエンス・スターのユーザ調査結果が出ました。その中には、大都市に居住するユーザが好みとするプログラミング言語についてのデータもあります。

```
# each entry is ([longitude, latitude], favorite_language)

cities = [([-122.3 , 47.53], "Python"), # シアトル
          ([ -96.85, 32.85], "Java"),   # オースチン
          ([ -89.33, 43.13], "R"),      # マディソン
          # 同様に続く
         ]
```

180 | 12章 k近傍法

　この結果を用いて、調査対象となっていない地域についても好みの言語が予測できないかコミュニティー担当部長は考えていました。

　常にそうであるように、データを可視化するのは最初の一歩として適切です（**図12-1**）。

```python
# 値を座標値（経度、緯度）の組、キーを言語とする辞書
plots = { "Java" : ([], []), "Python" : ([], []), "R" : ([], []) }

# 異なる言語には、異なる色と形のマークを使う
markers = { "Java" : "o", "Python" : "s", "R" : "^" }
colors = { "Java" : "r", "Python" : "b", "R" : "g" }

for (longitude, latitude), language in cities:
    plots[language][0].append(longitude)
    plots[language][1].append(latitude)

# 各言語ごとに、散布図を作る
for language, (x, y) in plots.iteritems():
    plt.scatter(x, y, color=colors[language], marker=markers[language],
                label=language, zorder=10)

plot_state_borders(plt)     # この関数がすでにあるものとする。

plt.legend(loc=0)           # 凡例の場所は、matplotlibに任せる
plt.axis([-130,-60,20,55]) # 座標軸の設定

plt.title("Favorite Programming Languages")    好みのプログラミング言語
plt.show()
```

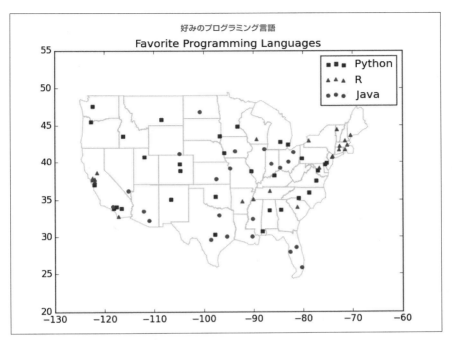

図12-1　好みのプログラミング言語

　すでに気付いていると思いますが、未だ定義していない関数 plot_state_borders() を使っています。この実装は、本書のGitHub（https://github.com/joelgrus/data-science-from-scratch）に置いてありますが、自分で実装してみるのも良い練習となります。

1. 州境の緯度、経度を提供しているWebを検索する。
2. 見つけたデータを線分のリスト[(経度1, 緯度1), (経度2, 緯度2)]に変換する。
3. plt.plot()で、リスト内の線分を描画する。

場所が近ければ同じ言語が選択されているように見えるため、モデルとしてk近傍法が適していると考えられます。

始める前に、自分自身の値ではなく近傍の値を使って予測した場合にどうなるかを見てみましょう。

182 | 12章　k近傍法

```python
# 異なるkの値を試す
for k in [1, 3, 5, 7]:
    num_correct = 0

    for city in cities:
        location, actual_language = city
        other_cities = [other_city
                        for other_city in cities
                        if other_city != city]

        predicted_language = knn_classify(k, other_cities, location)

        if predicted_language == actual_language:
            num_correct += 1

    print k, "neighbor[s]:", num_correct, "correct out of", len(cities)
```

3近傍法の成績が最も良くなっており、59%の確率で正しい値となりました。

```
1 neighbor[s]: 40 correct out of 75
3 neighbor[s]: 44 correct out of 75
5 neighbor[s]: 41 correct out of 75
7 neighbor[s]: 35 correct out of 75
```

それでは、どの地域がどの言語を好んでいるかを、近傍法を使って分類してみましょう。全体を格子に分割し、それぞれの点で予測された言語を大都市の例と同じようにプロットします。

```python
plots = { "Java" : ([], []), "Python" : ([], []), "R" : ([], []) }

k = 1 # or 3, or 5, or ...

for longitude in range(-130, -60):
    for latitude in range(20, 55):
        predicted_language = knn_classify(k, cities, [longitude, latitude])
        plots[predicted_language][0].append(longitude)
        plots[predicted_language][1].append(latitude)
```

例えば、**図12-2**は、$(k = 1)$近傍法の結果を示しています。

鋭角な境界で分けられた変化が至るところで見られます。近傍の数を3に増やすと、各境界は多少滑らかになります（**図12-3**）。

近傍を5にすると、境界はさらに滑らかになります（図12-4）。

ここで使用している次元はおおよそ比較可能であると考えていますが、もしそうでない場合には、「10.4　スケールの変更」で行ったようなスケールの変更が必要となるかもしれません。

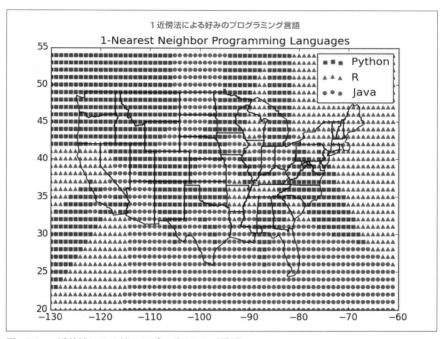

図12-2　1近傍法による好みのプログラミング言語

12.3　次元の呪い

「次元の呪い」、つまり高次元空間は広大であるという事実により、高い次元のデータに対するk近傍法には問題が生じることがあります。高次元空間内の点は、他の点との距離が開く傾向にあります。さまざまな次元で無作為にd次元の「単位立方体」を2つ作り、それらの間の距離を測れば、おそらくこの状況が理解できるでしょう。

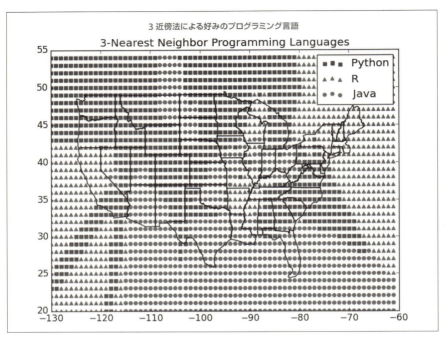

図12-3　3近傍法による好みのプログラミング言語

無作為な点の生成には、だいぶ慣れてきたと思います。

```
def random_point(dim):
    return [random.random() for _ in range(dim)]
```

無作為な点の間の距離を生成するのも同様です。

```
def random_distances(dim, num_pairs):
    return [distance(random_point(dim), random_point(dim))
            for _ in range(num_pairs)]
```

12.3 次元の呪い | 185

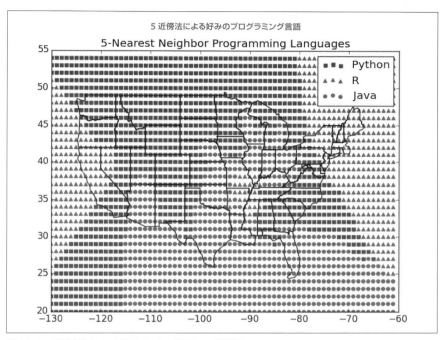

図12-4　5近傍法による好みのプログラミング言語

1から100の各次元で10,000個の距離を計算し、平均距離と最低距離を求めます（図12-5）。

```
dimensions = range(1, 101)

avg_distances = []
min_distances = []

random.seed(0)
for dim in dimensions:
    distances = random_distances(dim, 10000)   # 10,000個の無作為点間の距離
    avg_distances.append(mean(distances))       # 平均を記録する
    min_distances.append(min(distances))        # 最低値を記録する
```

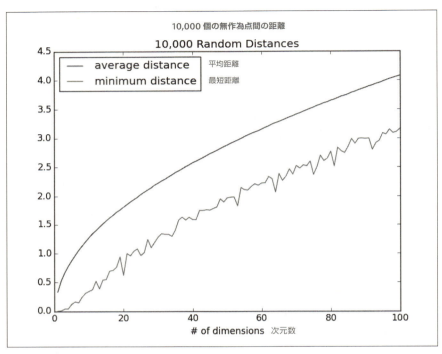

図12-5　次元の呪い

　次元数が増加すると、2点間の距離も増加します。しかし最低値と平均との比には、より深刻な問題が存在します（**図12-6**）。

```
min_avg_ratio = [min_dist / avg_dist
                 for min_dist, avg_dist in zip(min_distances, avg_distances)]
```

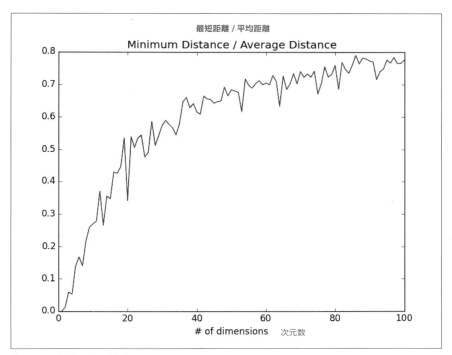

図12-6　次元の呪い再び

　低い次元のデータセットでは、最低距離は平均よりずっと小さな値を持ちます。すべての次元において距離が近い場合にのみ、2つの距離が接近していると考えられるため、たとえそれが単なるノイズであったとしても、次元が増えれば、距離が増大する可能性も高くなります。次元数が高くなると、最も近い2つの点の距離は平均と比較してもそれほど変わらなくなります。(データが低次元のデータであるような振る舞いをする構造を多く持っていない限り) 近くのデータであっても、それほど近づいているデータとは言えません。

　この問題を別の視点から考えるために、高次元空間におけるデータの散らばりを考えてみましょう。

　0から1の間で無作為に50個の点を抽出したとします。単位区間の中では十分な標本数と言えます (**図12-7**)。

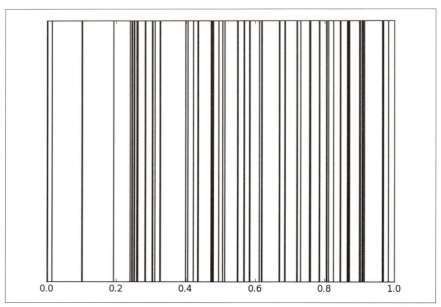

図12-7 1次元上50個の無作為点

単位正方形の中に配置された50個無作為点は、より広く分布します(**図12-8**)。

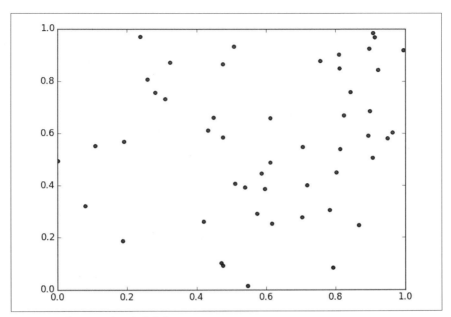

図12-8　2次元上50個の無作為点

　3次元では、さらに広がりは大きくなります（図12-9）。
　matplotlibは4次元以上のグラフを描けないので、これ以上は可視化できません。しかし高次元化に伴い、点の周辺に他の点が存在しない空間が広がり始めている状況は把握できたと思います。さらに次元を増やすなら、指数関数的にデータを増やさない限りデータポイントの周りには何もない空間が生じるため、予測に使うデータとしては適さないものとなるでしょう。
　そのため、高次元のデータに近傍法を適用するのであれば、最初に次元削減を行うのが、おそらく良いアイディアです。

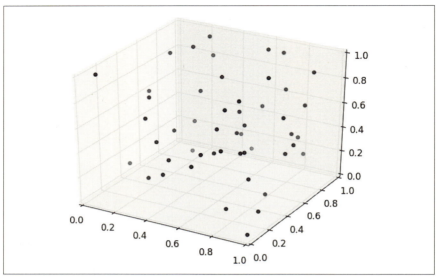

図12-9　3次元上50個の無作為点

12.4　さらなる探求のために

　scikit-learnは数多くの近傍法モデル（http://scikit-learn.org/stable/modules/neighbors.html）を提供しています。

13章
ナイーブベイズ

純真さは心にとって好ましいが、知性には不要である
—— アナトール・フランス ● 詩人・小説家

ソーシャルネットワークでは人々が繋がりを持たなければ意味がありません。データサイエンス・スターは、メンバー間でメッセージをやりとりするための一般的な機能を提供しています。「調子はいかが？」といった歓迎すべきメッセージのみを送ってくるユーザがほとんどですが、一部の不心得者が金儲けの手段、処方箋不要で薬を買う方法、営利目的のデータサイエンス資格認定プログラムなどのスパムを繰り返し送りつけています。ユーザからの苦情が増えてきたため、この種のスパムメッセージをデータサイエンスを使って取り除けないかメッセージ担当部長から相談がありました。

13.1 非常に単純なスパムフィルタ

すべてのメッセージの中から無作為に抽出されたものが受け取れる世界を想像してみてください。「メッセージがスパムである」事象を S、「メッセージにバイアグラという単語が含まれている」事象を V で表します。ベイズの定理では、メッセージにバイアグラという単語が含まれていた場合に、そのメッセージがスパムである確率を次のように表せます。

$$P(S|V) = [P(V|S)P(S)] / [P(V|S)P(S) + P(V|\neg S)P(\neg S)]$$

この式の分子はメッセージがスパムであり、バイアグラという単語を含んでいる確率を表し、分母はメッセージにバイアグラという単語が含まれている確率を表しています。つまりこの式は、単にスパムメッセージにバイアグラという単語が含まれる割合を表していると考えられます。

もしも、スパムであることがわかっているメッセージと、スパムでないことがわかっ

ているメッセージを大量に持っているなら、$P(V|S)$ と $P(V|\neg S)$ を計算するのは容易です。あらゆるメッセージについて、スパムであるかスパムでないかは同様に確からしいとします（つまり $P(S) = P(\neg S) = 0.5$）。

$$P(S|V) = P(V|S) / [P(V|S) + P(V|\neg S)]$$

例えば、スパムメッセージのうち50%に単語「バイアグラ」が含まれているが、スパムではないメッセージに「バイアグラ」が含まれるのは1%だけだとしましょう。この場合、「バイアグラ」を含んでいるメッセージがスパムである確率は、次の値となります。

$$0.5 / (0.5 + 0.01) = 98\%$$

13.2　より高度なスパムフィルタ

多くの単語 $w_1, ..., w_n$ からなる語彙リストを持っているとしましょう。これを確率論の世界に持ち込むには、まず「メッセージが単語 w_i を含む」事象を X_i とします。同様に（詳細は後回しにするとして）スパムメッセージが i 番目の単語を含む確率である $P(X_i|S)$ と、スパムではないメッセージが i 番目の単語を含む確率である $P(X_i|\neg S)$ の推定が得られているとします。

各単語の有無は、別の単語の有無やメッセージがスパムであるか否かとは独立であると仮定する点がナイーブベイズの肝です。直感的にこの仮定が意味するところは、あるスパムメッセージが「バイアグラ」を含んでいるからと言って、同じメッセージに「ロレックス」が含まれるか否かはわからないという点です。数学的には次のように表現されます。

$$P(X_1 = x_1, ..., X_n = x_n|S) = P(X_1 = x_1|S) \times \cdots \times P(X_n = x_n|S)$$

これは思い切った仮定です（この手法に「ナイーブ（単純な）」と添えられている理由でもあります）。語彙リストに「バイアグラ」と「ロレックス」だけが登録されているとしましょう。スパムメッセージの半分に「格安バイアグラ」と書かれていて、残りの半分には「正規ロレックス」と書かれていた場合、ナイーブベイズではスパムメッセージに「バイアグラ」と「ロレックス」の両方が書かれている確率を次のように推定します。

$$P(X_1 = 1, X_2 = 1 | S) = P(X_1 = 1 | S)\, P(X_2 = 1 | S) = 0.5 \times 0.5 = 0.25$$

実際には「バイアグラ」と「ロレックス」が同時に現れることはないという仮定をここでは使っています。この仮定は非現実的ではありますが、実際のスパムフィルタでもこのモデルが使われ、うまく働きます。

「バイアグラとロレックスのみ」スパムフィルタで使ったベイズの定理の考え方と同様に、メッセージがスパムである確率を次の等式で計算できます。

$$P(S | X = x) = P(X = x | S) / [P(X = x | S) + P(X = x | \neg S)]$$

ナイーブベイズの仮定の元では、右辺を各単語が出現するそれぞれ独立した確率を乗じた値として計算できます。

実際には、**アンダーフロー**つまり0に近い浮動小数点数をコンピュータはうまく扱えないという問題があるため、確率の乗算を繰り返し行うのは避けるのが定石です。log $(ab) = \log a + \log b$ であることと、$\exp(\log x) = x$ である代数の基礎を思い出せれば、$p_1 * \ldots * p_n$ は、次の等価な式として計算できます。

$$\exp(\log(p_1) + \cdots + \log(p_n))$$

残る問題は、単語 w_i を含んだメッセージがスパムである（またはスパムではない）確率 $P(X_i | S)$ と $P(X_i | \neg S)$ の推定です。スパムであるか、それともスパムではないかを示すラベルデータ付きの学習用データが多数あるなら、$P(X_i | S)$ の推定は単に単語 w_i を含むスパムメッセージの割合となります。

それでもまだ、ここには大きな問題が存在します。学習データでは「データ」という単語は、スパムではないメッセージにだけ登場していたとしましょう。そのため、$P("データ" | S) = 0$ となります。この結果、このデータで学習したナイーブベイズ分類器は、例えば「格安バイアグラと正規ロレックスにおけるデータ」というメッセージに対しても「データ」が含まれているため、スパムである確率を0と推定します[*1]。この問題を排除するためには、通常何らかのスムージングを加えます。

具体的には、仮想的な単語の出現回数 k を設定し、スパムメッセージに i 番目の単語

[*1]　訳注：その他の怪しい単語が入っていても、それぞれの単語に対する確率を乗じた結果を用いるため、1つでも0の確率が存在すると、全体も0となってしまう。

が含まれる確率を次の式で計算します。

$$P\left(X_i | S\right) = \frac{(k + w_i \text{を含むスパムメッセージの数})}{(2k + \text{スパムメッセージの数})}$$

$P(X_i | \neg S)$ も同様です。つまり、i番目の単語に関する確率を計算する際には、その単語を含むスパムメッセージの数にkを加え、単語を含まないスパムメッセージの数にもkを加えます。

例えば、98個のスパムメッセージの中で「データ」を含む物が0個だったとします。$k = 1$とした場合、$P("データ" | S)$は、1/100 = 0.01と算出します。これにより、メッセージの中で単語「データ」を含むスパムの確率は0以外となります。

13.3　実装

分類器を作るための部品はすべて揃いました。まず、メッセージを個々の単語に分割する簡単な関数を作りましょう。メッセージ全体を小文字に変換し、re.findall() を使ってアルファベットと数字と引用符で構成される単位、つまり単語を識別します。最後にset()を使って重複を取り除きます[※1]。

```python
def tokenize(message):
    message = message.lower()                       # 小文字に変換する
    all_words = re.findall("[a-z0-9']+", message)   # 単語を識別する
    return set(all_words)                           # 重複を取り除く
```

次の関数は、学習データとしてラベル付けされたメッセージを数えて、単語をキーとする辞書を返します。2つの数値からなるリストがキーに対する値となりますが、その単語が含まれるスパムメッセージの数とスパムではないメッセージの数を表します。

```python
def count_words(training_set):
    """学習データ(training_set)は、メッセージと、
    スパムか否かを表すis_spamのペアである"""
    counts = defaultdict(lambda: [0, 0])
```

[※1]　訳注：本文にも書かれているように、このコードはアルファベットと数字で書かれ、（空白など）それら以外の文字で区切られたメッセージにしか対応していない。和文等の空白で単語を区切らないメッセージについては、形態素解析が必要になる。詳しくは、「**A.2　和文対応のtokenize関数**」を参照。

```
    for message, is_spam in training_set:
        for word in tokenize(message):
            counts[word][0 if is_spam else 1] += 1
    return counts
```

こうして数えたメッセージ数に先ほど紹介したスムージングを加えて確率を推定します。この関数は、単語、その単語を含む場合にスパムメッセージである確率、その単語を含む場合にスパムメッセージではない確率の3つの値を組にして返します。

```
def word_probabilities(counts, total_spams, total_non_spams, k=0.5):
    """word_countsを、単語、p(単語|スパム) and p(単語|~スパム)の
    三つ組に変換する"""
    return [(w,
             (spam + k) / (total_spams + 2 * k),
             (non_spam + k) / (total_non_spams + 2 * k))
             for w, (spam, non_spam) in counts.iteritems()]
```

最後に、この確率(およびナイーブベイズの仮定)を用いて、メッセージに対するスパムの確率を求めます。

```
def spam_probability(word_probs, message):
    message_words = tokenize(message)
    log_prob_if_spam = log_prob_if_not_spam = 0.0

    # 語彙リストの単語を順に適用する
    for word, prob_if_spam, prob_if_not_spam in word_probs:

        # その単語がメッセージ中に現れた場合、
        # その確率の対数を加算する
        if word in message_words:
            log_prob_if_spam += math.log(prob_if_spam)
            log_prob_if_not_spam += math.log(prob_if_not_spam)

        # メッセージに現れなかった場合には、
        # メッセージがその単語を含まない場合の確率の対数、つまり
        # log(1 - 含む場合の確率)を加算する
        else:
            log_prob_if_spam += math.log(1.0 - prob_if_spam)
            log_prob_if_not_spam += math.log(1.0 - prob_if_not_spam)

    prob_if_spam = math.exp(log_prob_if_spam)
```

```
      prob_if_not_spam = math.exp(log_prob_if_not_spam)
      return prob_if_spam / (prob_if_spam + prob_if_not_spam)
```

これらをナイーブベイズ分類器としてまとめます。

```
class NaiveBayesClassifier:
    def __init__(self, k=0.5):
        self.k = k
        self.word_probs = []

    def train(self, training_set):

        # スパムメッセージとスパムではないメッセージの数を数える
        num_spams = len([is_spam
                         for message, is_spam in training_set
                         if is_spam])
        num_non_spams = len(training_set) - num_spams

        # 学習データを使って学習する
        word_counts = count_words(training_set)
        self.word_probs = word_probabilities(word_counts,
                                             num_spams,
                                             num_non_spams,
                                             self.k)
    def classify(self, message):
        return spam_probability(self.word_probs, message)
```

13.4　モデルの検証

　スパムアサシン（SpamAssassin）の公開コーパス（https://spamassassin.apache.
org/publiccorpus/）は、（多少古いけれども）優れたデータセットです。ここではファ
イル名が20021010から始まるファイル[1]を使います（Windowsでは、bz2圧縮され
たtarファイルからファイルを取り出すために、7-Zip（http://www.7-zip.org/）など

---

[1] 訳注：ファイル20021010_spam.tar.bz2には、スパムと判別されたメッセージが入っている。
20021010_easy_ham.tar.bz2と20021010_hard_ham.tar.bz2はどちらもスパムではない
メッセージが入っているが、前者はスパムとの違いが明確であり、後者はスパムと共通の特徴
を持つものという分類がされている。ここではスパムではないメッセージをハム（ham）と呼び、
この後の解説でもスパムとハムが使われる。

のプログラムが必要です）。

　（例えば、C:¥Spamなどに）ファイルを展開すると、3つのフォルダ：spam, easy_ham, hard_hamができます。それぞれのフォルダには、ファイルが多数展開され、1つのファイルには、1つのメールメッセージが格納されています。単純化のために、各メールのSubject行だけを扱うことにしましょう。

　ファイルの中からSubject行だけを取り出すにはどうすれば良いのでしょうか。ファイルごとに "Subject:" で開始する行を次のように探します。

```python
import glob, re

# ファイルを展開した場所に従って、次の値は変更する
path = r"C:\spam\*\*"

data = []

# glob.globは、ワイルドカードに一致するファイル名を返します。
for fn in glob.glob(path):
    is_spam = "ham" not in fn

    with open(fn,'r') as file:
        for line in file:
            if line.startswith("Subject:"):
                # 行頭の"Subject: "を取り除き、残りの部分を保存する
                subject = re.sub(r"^Subject: ", "", line).strip()
                data.append((subject, is_spam))
```

データを学習データとテストデータに分割したら、分類器を作成します。

```python
random.seed(0)    # 筆者と同じ結果が得られるようにする
train_data, test_data = split_data(data, 0.75)

classifier = NaiveBayesClassifier()
classifier.train(train_data)
```

続いてモデルの良し悪しを確認します。

```python
# 三つ組(Subject,スパムか否か(is_spam), 予測したスパムである確率)を作る
classified = [(subject, is_spam, classifier.classify(subject))
              for subject, is_spam in test_data]
```

```
# 予測確率 > 0.5であればスパムであると判断するとして、
# (実際のスパム、予測結果)のペアを作る
counts = Counter((is_spam, spam_probability > 0.5)
                  for _, is_spam, spam_probability in classified)
```

この結果、真陽性("spam"と判別されたスパムメッセージ)が101、偽陽性("spam"と判別されたハムメッセージ)が33、真陰性("ham"と判別されたハムメッセージ)が704、そして偽陰性("ham"と判別されたスパムメッセージ)が38となりました。つまり適合率が101 / (101+33)＝75%、再現率が101 / (101+38)＝73%であり単純なモデルとしては良い結果だと言えます。

判別をどのように誤ったかについても見てみましょう。

```
# spam_probabilityを昇順にソートする
classified.sort(key=lambda row: row[2])

# スパムではないメッセージ中、最も高い確率でスパムと判別されたものを取り出す
spammiest_hams = filter(lambda row: not row[1], classified)[-5:]

# スパムメッセージの中で、最も低い確率でスパムではないと判別されたものを取り出す
hammiest_spams = filter(lambda row: row[1], classified)[:5]
```

上位2つの最もスパムらしいハムメッセージにはどちらも「needed」(スパムメッセージよりも77倍の確率で含まれていた)と「insurance」(スパムメッセージよりも30倍の確率で含まれていた)が入っていました。

最もハムらしいスパムメッセージは、判別するにはSubjectが短すぎたようです(「Re: girls」)。その次のハムらしいスパムメッセージは、クレジットカードの入会案内であり、単語のほとんどが学習データに入っていませんでした。

最も高くスパムと判別された単語にも興味があります。

```
def p_spam_given_word(word_prob):
    """ベイズの定理を用いて、p(スパムである | その単語がメッセージに含まれる)
    を計算する"""

    # word_probは、関数word_probabilitiesの返した三つ組の中の1つ
    word, prob_if_spam, prob_if_not_spam = word_prob
    return prob_if_spam / (prob_if_spam + prob_if_not_spam)

words = sorted(classifier.word_probs, key=p_spam_given_word)
```

```
spammiest_words = words[-5:]
hammiest_words = words[:5]
```

相手に何かの購入を想起させるような「money,」「systemworks,」「rates,」「sale,」「year,」が上位5つとなりました。逆に最も高くハムと判別させる単語は、奇妙なことに「spambayes,」「users,」「razor,」「zzzzteana,」「sadev,」などスパム阻止に関連したものでした。

より性能を高めるにはどうすれば良いのでしょうか。明らかな方法の1つは、より多くの学習データを使うことです。その他にもモデルの能力を向上させる手法が山ほどあります。次に挙げる方法は試す価値があります。

- Subject行だけでなく、メッセージの本体も調べる。メッセージヘッダの扱いには十分注意が必要。
- 事例の分類器は学習データに一度でも出現した単語をすべて扱った。分類器にmin_countオプションを追加し、出現回数が指定以下の単語は無視する。
- tokenize関数は類似の単語（例えば"cheap"と"cheapest"）については全く考慮していない。オプションのstemmer関数を追加できるように分類器を変更し、単語を**同類**の単語に変換するようにする。非常に単純なstemmer関数を例として示す。

    ```
    def drop_final_s(word):
        return re.sub("s$", "", word)
    ```

  良いstemmerを作るのは、非常に困難なため、たいていはポーターのstemmer（http://tartarus.org/martin/PorterStemmer/）を使用する。

- 使用した特徴はすべて「単語 w_i を含むメッセージ」の形式であったが、こうしなければならない理由はない。contains:number形式の擬似単語を定義し、適切な場合にはこれを返すようにtokenize関数を変更することで、「数値を持つメッセージ」のような特徴も扱えるよう分類器を修正する。

13.5 さらなる探求のために

- Paul Graham の記事「A Plan for Spam」（http://www.paulgraham.com/spam.html）と「Better Bayesian Filtering」（http://www.paulgraham.com/

better.html)[1] は（興味深いだけでなく）スパムフィルタの背後にあるアイディアの本質を与えてくれます。

- scikit-learnには、この章で使ったナイーブベイズアルゴリズムを実装した`BernoulliNB`モデルや、その他の各種モデルが提供されています（http://scikit-learn.org/stable/modules/naive_bayes.html）。

---

[1] 訳注：どちらも、川合史朗氏の邦訳が公開されている。「スパムへの対策 ― A Plan for Spam」
  （http://practical-scheme.net/trans/spam-j.html）、「ベイジアンフィルタの改善 ― Better
  Bayesian Filtering」（http://practical-scheme.net/trans/better-j.html）

14章
単純な線形回帰

芸術とは、道徳と同様に、どこかに線を引くことである。
── G. K. チェスタートン ● 作家

第5章では、correlation関数を使って2つの変数間の線形関係の強さを測りました。たいていの場合、このような線形関係の存在を示すだけでは不十分で、その関係の性質を理解しようとします。そこで、単純な線形回帰の出番となります。

14.1 モデル

以前データサイエンス・スターでは、ユーザの知り合いの数とサイトを使用している時間との関係を調査しました。そこで考えたサイトの使用時間が増える理由についてはいったん忘れて、知り合いが増えれば増えるほど使用時間も増加するという理由で納得しているとしましょう。

顧客担当部長からこの関係を表すモデルを作るよう依頼がありました。両者には強い関連があることはわかっているので、線形モデルから始めるのが自然です。具体的には、定数 α（alpha）と β（beta）が次のように関係するとの仮説を立てます。

$$y_i = \beta x_i + \alpha + \varepsilon_i$$

ここで、y_i はユーザ i が1日当たりにサイトを使う時間、x_i はユーザ i の知り合いの数。そして ε_i は、この単純なモデルで説明していない他の要因が存在するという事実を表現した（おそらく微小な）誤差項です。

α と β を使った次の関数で予測することとします。

```python
def predict(alpha, beta, x_i):
    return beta * x_i + alpha
```

ここで、α と β をどのように決定すれば良いのでしょうか。α と β をどのように選択

しても、x_iに対する予測結果は算出できます。実際の結果であるy_iを知っているので、αとβのペアを使った結果との誤差を計算できます。

```
def error(alpha, beta, x_i, y_i):
    """予測値 beta * x_i + alphaからの誤差"""
    when the actual value is y_i"""
    return y_i - predict(alpha, beta, x_i)
```

ここで真に知りたいのは、全体のデータに対して生じる誤差の総量です。しかし誤差を単純に足し合わせただけでは、例えば予測値x_1が大きすぎ、x_2が小さすぎであると、誤差が打ち消されてしまいます。

そこで、誤差の**二乗**を合計します。

```
def sum_of_squared_errors(alpha, beta, x, y):
    return sum(error(alpha, beta, x_i, y_i) ** 2
                    for x_i, y_i in zip(x, y))
```

最小二乗法は、sum_of_squred_errorsを最小化するαとβを見つけ出します。

微積分（または、退屈な代数学）を使えば、誤差を最小化するαとβは次の関数で求められます。

```
def least_squares_fit(x, y):
    """xの学習データとyを与えて、alphaとbetaの最小二乗値を求める"""
    beta = correlation(x, y) * standard_deviation(y) / standard_deviation(x)
    alpha = mean(y) - beta * mean(x)
    return alpha, beta
```

数学的に正確な説明に移る前に、どうしてこれで妥当な結果が得られるのかについて考えてみましょう。αの選択について単純に述べるなら、独立変数xの平均を使えば、独立変数yの平均を予測できることを示しています。

βの式は、入力がstandard_deviation(x)だけ増加すると、予測値はcorrelation(x, y) * standard_deviation(y)増加することを表しています。xとyの間に完全な相関がある場合、xの標準偏差が1つ分増加すると、その結果としてyの標準偏差も1つ分増加します。完全な負の相関関係にある場合、xが増加するとその結果は**減少**します。全く相関がない場合には、βが0となり、xの変化は結果に影響を持たなくなります。

これを第5章で使った、外れ値を除外したデータに適用するのは容易です。

```
alpha, beta = least_squares_fit(num_friends_good, daily_minutes_good)
```

結果は、$\alpha = 22.95$、$\beta = 0.903$ となります。つまり、このモデルによる予測では、n人の知り合いがいるユーザは、毎日 22.95 + n * 0.903 分の間サイトを使うことになります。言い換えるなら、データサイエンス・スターのユーザに知り合いが 1 人もいなくても、少なくとも 1 日に 23 分間はサイトを使うことになります。そして知り合いが 1 人増えるごとにその時間は約 1 分増加します。

このモデルが観測データにどの程度あてはまるのかを理解するために、**図 14-1** に予測結果の直線を描きました。

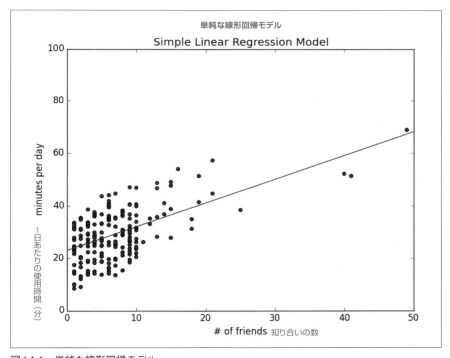

図 14-1　単純な線形回帰モデル

どの程度データにあてはまるのかを把握するために、グラフを眺めるよりも優れた方法が必要です。一般的に使われる指標が、変化の総量に対するモデルから得られた従属変数分の割合を示す**決定係数** (つまり、R^2) です。

```
def total_sum_of_squares(y):
    """y_iと平均の差の二乗和"""
    return sum(v ** 2 for v in de_mean(y))

def r_squared(alpha, beta, x, y):
    """モデルから得られたyの割合は、(1 - モデルから得られなかったyの割合)
    に等しい"""

    return 1.0 - (sum_of_squared_errors(alpha, beta, x, y) /
                  total_sum_of_squares(y))

r_squared(alpha, beta, num_friends_good, daily_minutes_good) # 0.329
```

すでに予測誤差の二乗を最小にする α と β を得ていますが、「予測値は定数yの平均値 (つまり、α = yの平均値、$\beta = 0$)」というモデルも可能性としてはありえます。この場合、誤差の二乗和と平均との差の二乗和は等しくなり、R^2 は0になります。(この例では明らかですが) このモデルは平均値のモデルと同じです。

最小二乗モデルは少なくともこのモデルよりは良いモデルと言えます。言い換えると、誤差の二乗は最悪の場合でも平均との差の二乗和と等しいため、R^2 の最小値は0です。一方、誤差の二乗和は最小でも0であるため、R^2 の最大値は1となります。

R^2 が大きければ、データに良くあてはまる優れたモデルであると言えます。この例では R^2 は0.329となりました。これは若干良い程度の値であり、別の何かが必要であることは明らかです。

14.2 勾配下降法

$\theta = [\alpha, \beta]$ と定義するなら、勾配下降法を使って解が求められます。

```
def squared_error(x_i, y_i, theta):
    alpha, beta = theta
    return error(alpha, beta, x_i, y_i) ** 2

def squared_error_gradient(x_i, y_i, theta):
    alpha, beta = theta
    return [-2 * error(alpha, beta, x_i, y_i),        # αの偏導関数
            -2 * error(alpha, beta, x_i, y_i) * x_i] # βの偏導関数

# 開始点をランダムに選択
```

```
random.seed(0)
theta = [random.random(), random.random()]
alpha, beta = minimize_stochastic(squared_error,
                                  squared_error_gradient,
                                  num_friends_good,
                                  daily_minutes_good,
                                  theta,
                                  0.0001)
print alpha, beta
```

同じデータに対する結果は、$\alpha = 22.93$, $\beta = 0.905$ となり、正確な解に対して極めて近い値となります。

14.3 最尤推定

最小二乗法を使う理由の1つが**最尤推定**です。未知のパラメータ θ に依存した分散を持つサンプルデータ $v_1, ..., v_n$ があるとしましょう。

$$p\left(v_1, \ldots, v_n | \theta\right)$$

θ がわからないのであれば、別のアプローチとしてサンプルデータからの尤度として θ の大きさを考えることができます。

$$L\left(\theta | v_1, \ldots, v_n\right)$$

この手法において最も適切な θ は、尤度関数を最大化するものです。言い換えると、観測したデータが最も起こりうるような値となります。連続分布の場合、つまり確率質量関数ではなく確率密度関数が与えられた場合にも同じことが可能です。

回帰の話に戻りましょう。単純な回帰モデルで頻繁に使われる前提は、回帰誤差は平均0および（既知の）標準偏差 σ を持つ正規分布となるというものです。もしそうだとしたなら、値のペア (x_i, y_i) に対する尤度は次の式となります。

$$L\left(\alpha, \beta | x_i, y_i, \sigma\right) = \frac{1}{\sigma\sqrt{2\pi}} \exp\left(-(y_i - \alpha - \beta x_i)^2 / 2\sigma^2\right)$$

データセット全体の尤度は、個々の尤度の積であり α と β が誤差の二乗和を最小化するように選択されていた場合に最も正確となります。つまり、この場合（そしてこれ

らの前提上) 誤差の二乗和を最小化することと、観測されたデータの尤度を最大化することは等価です。

14.4　さらなる探求のために

第15章では重回帰を扱います。引き続き本書を読み進めてください。

15章
重回帰分析

私は1つの問題だけに注目したり、その中に影響のない変数を含めたりはしない。
―― ビル・パーセルズ ● アメリカンフットボールヘッドコーチ

あなたの予測モデルに感銘を受けた顧客担当部長は、もっと良いモデルが作れるの
ではないかと考えています。その目的のために、さらに多くのデータを集めました。各
ユーザごとの1日当たりの労働時間とPhDを取得している否かです。この追加データ
を使ってモデルを改良しようと考えます。

その結果、より多くの独立変数を持つ線形モデルによる仮説を立てました。

$$\text{サイトの使用時間} = \alpha + \beta_1 \times \text{知り合いの数} + \beta_2 \times \text{労働時間} + \beta_3 \times phd + \varepsilon$$

ユーザがPhDを持っているか否かは数値ではないため、先に第11章で述べたよう
な**ダミー変数**を使います。PhDを持っていれば1、持っていなければ0とすることで、
他の変数と同様に数値として扱います。

15.1　モデル

第14章では、次のモデルにあてはめを行いました。

$$y_i = \alpha + \beta x_i + \varepsilon_i$$

ここで、x_iは1つの数値ではなく、k個のベクトル $x_{i1}, ..., x_{ik}$であるとしましょう。
重回帰モデルは次のようになります。

$$y_i = \alpha + \beta_1 x_{i1} + ... + \beta_k x_{ik} + \varepsilon_i$$

重回帰モデルでは、パラメータのベクトルは通常βで表します。ここには定数項も
含めたいので、次のように列を追加して対応します。

```
beta = [alpha, beta_1, ..., beta_k]
```

このときx_iは次のようになります。

```
x_i = [1, x_i1, ..., x_ik]
```

このモデルは次の関数で表すことができます。

```
def predict(x_i, beta):
    """各x_iの第1要素は1と想定する"""
    return dot(x_i, beta)
```

この場合、独立変数 x は次のようなベクトルを要素とするリストとなります。

```
[1,    # 定数項
 49,   # 知り合いの数
 4,    # 1日当たりの労働時間
 0]    # PhDの有無
```

15.2　最小二乗モデルへの追加前提

このモデル（およびその解法）を理解するには、いくつかの前提を追加する必要があります。

まず最初の前提は、xの列がそれぞれに**線形独立**であり、どの列も他の列の加重和として表現できないというものです。この前提が成り立たない場合、βを推定できない可能性があります。理解のために極端な例で考えてみましょう。それぞれのユーザに対して、知り合いの数（num_friends）と同じ値である知人の数（num_acquaintances）をデータとして追加したとしましょう。

始めにどのようなβを使っていたとしても、num_friends の係数にある値を加え、num_acquaintances の係数から同じ値を引いた場合、モデルから得られる結果は変化しません。言い換えると、num_friends の係数を見つける方法が存在しないことを意味します（この前提から逸脱していることは、たいていの場合で明確にはわかりません）。

2つ目の前提は、x中の列はいずれもεと相関関係を持たない、というものです。この前提が成り立たないと、βの推定値は、系統的に誤った値となります。

例えば、第14章において知り合いが1人増えるごとに1日当たりサイトを使用する時間が約0.90分増えるというモデルを作りました。

その上で、次の場合を考えてみましょう。

- 労働時間の長い人ほど、サイトを使う時間が短くなる
- 知り合いの多い人ほど、良く働く

つまり、次のような「実際の」モデルを考えることになります。

$$\text{サイトの使用時間（分）} = \alpha + \beta_1 \times \text{知り合いの数} + \beta_2 \times \text{労働時間} + \varepsilon$$

そして知り合いの数と労働時間は正の相関を持っていることにします。この場合、一変数のモデルで誤差を最小にするのなら、次のようにします。

$$\text{サイトの使用時間（分）} = \alpha + \beta_1 \times \text{知り合いの数} + \varepsilon$$

このとき β_1 は小さく見積もることになるでしょう。

（「実際の」モデルで誤差を最小にする）「実際の」値である β_1 を使った一変数のモデルでは、何が起こるのかを考えてみましょう。予測値は労働時間の長いユーザにとっては少なすぎ、短いユーザにとっては多すぎる傾向があります。なぜなら、$\beta_2 > 0$ であり、その項を省いているからです。労働時間は知り合いの数と正の相関を持つので、予測値は多くの知り合いがいるユーザにとっては少なすぎ、知り合いの少ないユーザにとっては多すぎる傾向となります。

この結果、β_1 を小さくすれば、（一変数のモデルに対して）誤差を縮小することが可能です。言い換えると、誤差を縮小する β_1 は、実際の値よりも小さくなります。つまり、この場合、一変数のモデルに最小二乗法を適用することで、β_1 を過小評価する結果となります。この例のように独立変数が誤差項と相関関係を持つと、一般的に最小二乗法の適用による β の値には偏りが生じることになります。

15.3　モデルのあてはめ

単純な線形モデルで行ったように、誤差の二乗和を最小化する β を探します。厳密な解を手作業で見つけるのは容易ではないため、勾配下降法を使う必要があります。まず、最小化すべき誤差関数を定義しましょう。確率的勾配下降法では、それぞれの予測値に対する誤差の二乗のみが必要となります。

```
def error(x_i, y_i, beta):
    return y_i - predict(x_i, beta)

def squared_error(x_i, y_i, beta):
    return error(x_i, y_i, beta) ** 2
```

微積分を理解しているなら、次のように計算できます。

```
def squared_error_gradient(x_i, y_i, beta):
    """（βに関する）勾配は、i番目の誤差項に相当する"""
    return [-2 * x_ij * error(x_i, y_i, beta)
            for x_ij in x_i]
```

微積分を忘れてしまったなら、上の式をそのまま使ってください。

ここまで来れば、確率的勾配下降法を使って最適なβが求められます。

```
def estimate_beta(x, y):
    beta_initial = [random.random() for x_i in x[0]]
    return minimize_stochastic(squared_error,
                               squared_error_gradient,
                               x, y,
                               beta_initial,
                               0.001)

random.seed(0)
beta = estimate_beta(x, daily_minutes_good) # [30.63, 0.972, -1.868, 0.911]
```

この結果、我々のモデルは次の形をとります。

$$サイトの使用時間（分） = 30.63 + 0.972 * 知り合いの数$$
$$- 1.868 * 労働時間 + 0.911 * PhD有無$$

15.4　モデルの解釈

　モデルの係数が持つ影響は、その係数以外が変化しなかった場合を考えればわかります。その他が変化しなかった場合、1人の知り合いの追加で、1日当たりサイトを使う時間が1分増加します。その他が変化しなかった場合、労働時間が1時間増えると、1日当たりサイトを使う時間が2分減少します。その他が変化しなかった場合、PhDを保持していると、1日当たりサイトを使う時間が1分増加します。

この解釈は、（直接的には）変数間の相互作用について何も言及していません。知り合いが多いユーザと少ないユーザとで、労働時間の持つ影響が異なることは十分にありえます。このモデルはその可能性を捉えていません。これを扱う方法の1つは、新しい変数として「知り合いの数」と「勤務時間」の**積**を追加することです。これにより、知り合いの数が増えるのに従い、労働時間の係数を増加させる（または減少させる）ことが可能になります。

または、ある時点までは知り合いが増えるごとにサイトの使用時間も増えるけれど、それ以上に知り合いが増えると使用時間が減るという場合も考えられます（おそらく多すぎる知り合いに圧倒されているのかもしれません）。新しい変数として知り合いの数の二乗をモデルに追加することで、この状況が把握できると考えられます。

変数の追加を考えるなら、その係数が重要であるか否かを気にしなければなりませんが、積、対数、二乗、累乗の組み合わせ方法には制限がありません。

15.5　あてはめの良さ

先ほどの結果の R^2 は、0.68に改善されました。

```
def multiple_r_squared(x, y, beta):
    sum_of_squared_errors = sum(error(x_i, y_i, beta) ** 2
                                for x_i, y_i in zip(x, y))
    return 1.0 - sum_of_squared_errors / total_sum_of_squares(y)
```

回帰モデルに変数を追加するなら R^2 を改善させなければならないことに留意してください。結局、最初の単純回帰モデルは、単に労働時間とPhDの係数が0である重回帰モデルの特殊な場合に過ぎません。最適な重回帰モデルとは、必然的に持つ誤差項をできる限り小さくするものとなります。

このため、重回帰分析では係数の**標準誤差**についても目を向ける必要があります。標準誤差は、β_i の推定値がどの程度信頼できるかを測るものです。回帰モデルがデータの全体にわたり良くあてはまっていたとしても、独立変数が相関がある（または、的外れであった）場合には、得られた係数は意味を持たないかもしれません。

この誤差を測るために良く使われる手法では、誤差 ε_i は平均0、（未知の）共有された標準偏差 σ の標準正規分布に従う独立確率変数であると仮定するところから始めます。この場合、（たいていの統計ソフトウェアでは）線形代数を用いて各係数に対する

標準誤差を求めることができます。標準誤差の値が大きいほど、その係数に対する信頼性は低くなります。残念ながら、本書ではこの線形代数計算をゼロから作る方法を取り上げません。

15.6　余談：ブートストラップ

何らかの（我々の知りえない）分布から生成されたn個のデータポイントからなる標本があるとしましょう。

```
data = get_sample(num_points=n)
```

第5章では、観測値の中央値を計算する関数を作りました。これを使って分布の中央値を推定できます。

しかし、この推定はどの程度信頼できるものでしょうか。標本すべてのデータが100に近い値を持っていた場合、実際の中央値もおそらく100近辺となるでしょう。半分程度のデータが0に近く、残りが200に近い値であるなら、中央値がどちらに近いのかはわかりません。

新しい標本を繰り返し追加するのであれば、その都度中央値を計算すると共にその中央値の分布も計算できます。しかし、たいていは繰り返し標本が得られるわけではありません。そこで新しく抽出したn個のデータポイントでデータを置き換え、そのデータの中央値を計算する**ブートストラップ法**を使います。

```
def bootstrap_sample(data):
    """len(data)個のデータを無作為に抽出して、置き換える"""
    return [random.choice(data) for _ in data]

def bootstrap_statistic(data, stats_fn, num_samples):
    """dataのブートストラップをnum_samples回stats_fn関数に適用する"""
    return [stats_fn(bootstrap_sample(data))
            for _ in range(num_samples)]
```

例えば、次の2つのデータセットについて考えてみましょう。

```
# 100付近のデータ101個
close_to_100 = [99.5 + random.random() for _ in range(101)]

# 0付近のデータ50個と、200付近のデータ50個と、100付近のデータを1個含む合計101個のデータ
far_from_100 = ([99.5 + random.random()] +
```

```
[random.random() for _ in range(50)] +
[200 + random.random() for _ in range(50)])
```

それぞれの中央値を計算すれば、どちらも100に近い値[1]が得られます。それでは次の場合はどうでしょう。

```
bootstrap_statistic(close_to_100, median, 100)
```

いずれも100に近い値が得られますが、

```
bootstrap_statistic(far_from_100, median, 100)
```

この場合は、たいてい0付近や200付近の値となります。

1つ目のデータセットに対する中央値の標準偏差はほぼ0ですが、2つ目はおおよそ100となります（このような極端な例では、手作業でデータの状況が把握できますが、一般的には困難です）。

15.7 回帰係数の標準誤差

同じアプローチを使って、回帰係数の標準誤差が求められます。データのbootstrap_sampleを繰り返し求め、標本からβを推定します。もしも独立変数の1つ（例えば、num_friends）に対する係数がそれぞれの標本に対してそれほど変化がないのなら、推定値は比較的良好であると考えられます。一方、係数が標本間で大きく変化しているなら、推定に対する強い確信は持てません。

変更点は少しです。標本化を行う前に、関連する独立変数と従属変数が同時に扱われるように、xとyをzipする必要があります。これによりbootstrap_sample関数は、ペア(x_i, y_i)のリストを返すようになり、この戻り値をx_sampleおよびy_sampleとして組み立て直します。

```
def estimate_sample_beta(sample):
    """ペア (x_i, y_i)のリストから抽出する"""
    x_sample, y_sample = zip(*sample)        # zipを分解するテクニック
    return estimate_beta(x_sample, y_sample)

random.seed(0) # 筆者と同じ結果を得るため
```

---

[1] 訳注：far_from_100に1つだけ入れた100付近の値が中央値となる。

15章　重回帰分析

```
bootstrap_betas = bootstrap_statistic(zip(x, daily_minutes_good),
                                       estimate_sample_beta,100)
```

この後、各係数の標準偏差を推定します。

```
bootstrap_standard_errors = [
    standard_deviation([beta[i] for beta in bootstrap_betas])
    for i in range(4)]
```

```
# [1.174,    # 定数項        実誤差 = 1.19
#  0.079,    # num_friends   実誤差 = 0.08
#  0.131,    # unemployed    実誤差 = 0.127
#  0.990]    # phd           実誤差 = 0.998
```

この手法は、帰無仮説を $\beta_i = 0$（および ε_i の分布に対する他の仮定と共に）とする「β_i はゼロと等しいか」という仮説検定でも使えます。

$$t_j = \hat{\beta}_j / \hat{\sigma}_j$$

これは、推定した β_j をその標準誤差で割ったもので、「$n-k$ 自由度」のスチューデント t 分布に従います。

students_t_cdf関数を持っているなら、本当の係数が0であった場合に各最小二乗係数が観測される確からしさである p 値を計算できます。しかしながら、（我々はゼロから作ることを是としているので）ここにはその関数がありません。

自由度が大きくなるほど、t 分布は正規分布に近づきます。ここでは k よりも n がずっと大きい状況であるため、normal_cdfを使っても十分満足できる結果が得られます。

```
def p_value(beta_hat_j, sigma_hat_j):
    if beta_hat_j > 0:
        # 係数が正であれば、大きな値を得る確率を2倍する
        return 2 * (1 - normal_cdf(beta_hat_j / sigma_hat_j))
    else:
        # 係数が負であれば、小さな値を得る確率を2倍する
        return 2 * normal_cdf(beta_hat_j / sigma_hat_j)
```

```
p_value(30.63, 1.174)    # ~0 (定数項)
p_value(0.972, 0.079)    # ~0 (num_friends)
p_value(-1.868, 0.131)   # ~0 (work_hours)
p_value(0.911, 0.990)    # 0.36 (phd)
```

（これとは異なる状況では、t 分布や正確な標準誤差を計算する機能を持つ統計ソフトウェアを使わなければなりません）

他の係数が非常に小さな p 値を持つ（実際には0ではないことを示唆している）のに対し、「PhD」係数は、0とは「明らかに」異なっていることを示していません。これはおそらく「PhD」係数に意味があるのではなく、ランダムであることを示しているのだと考えられます。

より詳細なシナリオでは、「少なくとも1つの β_j が0ではない」とか「β_1 と β_2 が等しく、β_3 と β_4 が等しい」といったF検定を使い、データに関するもっと複雑な仮説を検定する必要が生じるでしょう。しかし、残念ですが、本書のスコープには入っていません。

15.8　正則化

実用上、多くの変数を持つデータに対して線形回帰を適用する必要が頻繁に生じます。しかし、これにはいくつかの欠点が存在します。まず、変数が増えるほど、モデルはデータに対する過学習となる傾向があります。次に、0ではない係数が増えるほど、理解が難しくなります。モデルの目的が何らかの現象を説明するのであれば、何百もの係数からなる優れたモデルよりも、3つの要素でできた大雑把なモデルの方が適しています。

正則化は、β が大きくなるに従いペナルティを与えるペナルティ項を加えるという手法であり、誤差とペナルティを最小化します。ペナルティ項の重要性が増すほど、係数の増加を抑止します。

例えば、**リッジ回帰**では、beta_iの二乗和にペナルティ項を追加します（定数項であるbeta_0には、通常ペナルティを科しません）。

```python
# alphaはペナルティの効き具合を調整する*ハイパーパラメータ*
#「ラムダ」と呼ばれることもあるが、Pythonでは別の意味を持つ
def ridge_penalty(beta, alpha):
    return alpha * dot(beta[1:], beta[1:])

def squared_error_ridge(x_i, y_i, beta, alpha):
"""betaの誤差とリッジ回帰のペナルティ項を推定する"""
    return error(x_i, y_i, beta) ** 2 + ridge_penalty(beta, alpha)
```

216 | 15章 重回帰分析

これを、勾配下降法の中に組み込みます。

```
def ridge_penalty_gradient(beta, alpha):
    """ペナルティ項のみの勾配"""
    return [0] + [2 * alpha * beta_j for beta_j in beta[1:]]

def squared_error_ridge_gradient(x_i, y_i, beta, alpha):
    """ペナルティ項を含むi番目の二乗誤差項に対する勾配"""
    return vector_add(squared_error_gradient(x_i, y_i, beta),
                      ridge_penalty_gradient(beta, alpha))

def estimate_beta_ridge(x, y, alpha):
    """ペナルティ項のalphaを使ってリッジ回帰に勾配下降法を適用する"""

    beta_initial = [random.random() for x_i in x[0]]
    return minimize_stochastic(partial(squared_error_ridge, alpha=alpha),
                               partial(squared_error_ridge_gradient,
                                       alpha=alpha),
                               x, y,
                               beta_initial,
                               0.001)
```

alphaを0にすれば、ペナルティ分がなくなるため、先の結果と同じになります。

```
random.seed(0)
beta_0 = estimate_beta_ridge(x, daily_minutes_good, alpha=0.0)
# [30.6, 0.97, -1.87, 0.91]
dot(beta_0[1:], beta_0[1:]) # 5.26
multiple_r_squared(x, daily_minutes_good, beta_0) # 0.680
```

alphaを増やすと、あてはめは悪くなりますが、betaの大きさは小さくなります。

```
beta_0_01 = estimate_beta_ridge(x, daily_minutes_good, alpha=0.01)
# [30.6, 0.97, -1.86, 0.89]
dot(beta_0_01[1:], beta_0_01[1:]) # 5.19
multiple_r_squared(x, daily_minutes_good, beta_0_01) # 0.680

beta_0_1 = estimate_beta_ridge(x, daily_minutes_good, alpha=0.1)
# [30.8, 0.95, -1.84, 0.54]
dot(beta_0_1[1:], beta_0_1[1:]) # 4.60
multiple_r_squared(x, daily_minutes_good, beta_0_1) # 0.680

beta_1 = estimate_beta_ridge(x, daily_minutes_good, alpha=1)
```

```
# [30.7, 0.90, -1.69, 0.085]
dot(beta_1[1:], beta_1[1:]) # 3.69
multiple_r_squared(x, daily_minutes_good, beta_1) # 0.676

beta_10 = estimate_beta_ridge(x, daily_minutes_good, alpha=10)
# [28.3, 0.72, -0.91, -0.017]
dot(beta_10[1:], beta_10[1:]) # 1.36
multiple_r_squared(x, daily_minutes_good, beta_10) # 0.573
```

特に「PhD」の係数は、ペナルティが大きくなると消えていきます。この係数が0とは「明らかに」異なっていることを示していないという先の結果と合致しています。

通常、この手法を用いる前には、データのスケール変更を行う必要があります。結局、勤続年数を勤続世紀数にすれば、最小二乗係数は100年単位で増加し、その際にはペナルティが非常に大きくなります。そこまで行かなければ、モデルとしては同じになります。

別のアプローチとして、Lasso回帰があります。これは次のペナルティを使います。

```
def lasso_penalty(beta, alpha):
    return alpha * sum(abs(beta_i) for beta_i in beta[1:])
```

リッジ回帰のペナルティ項が係数の増加を抑止するのに対し、Lasso回帰のペナルティ項は、係数を0にする効果があり、スパースモデルの知識が使えるようになります。残念ながら勾配下降法が適用できないため、これまでに作り上げた材料で解を得ることができません。

15.9 さらなる探求のために

- 回帰には、難解で複雑な理論の上に成り立っています。教科書や、少なくともWikipediaの記事を数多く読み込む必要がある分野です。
- scikit-learnは、この章で使用したモデルと同様の`LinearRegression`モデルを提供する`linear_model`モジュールがあります (http://scikit-learn.org/stable/modules/linear_model.html)。リッジ回帰を行う`Ridge`やLasso回帰を行う`Lasso`およびその他の回帰モデルも提供されています。
- Statsmodelsは、(その他の機能と共に) 線形回帰モデルを提供する別のPython

モジュールです (http://statsmodels.sourceforge.net)。

16章
ロジスティック回帰

誰もが天才と狂気は紙一重と言うが、紙一重なのではなくとても大きな隔たりなんだ。

——ビル・ベイリー ● コメディアン

第1章では、データサイエンス・スターのユーザが有料のプレミアムアカウントを使用するかどうかを推測しました。この問題を振り返ってみましょう。

16.1　問題

200人のユーザに対して、給与とデータサイエンティストとしての勤続年数と有料のプレミアムアカウントを使っているかをデータとして分析を行いました（**図16-1**）。カテゴリ変数はいつものように、0（プレミアムアカウントなし）、1（プレミアムアカウントあり）で表します。

データは、[勤続年数，給与，有料のアカウント有無]の形式で格納されているものとします。まず、これを必要なフォーマットに直しましょう。

```
x = [[1] + row[:2] for row in data] # 各行は、[1, 勤続年数, 給与]となる
y = [row[2] for row in data]        # 各行は、有料のアカウントの有無となる
```

最初に線形回帰を使って、最も適したモデルを探しましょう。

$$有料アカウント有無 = \beta_0 + \beta_1 \times 勤続年数 + \beta_2 \times 給与 + \varepsilon$$

16章 ロジスティック回帰

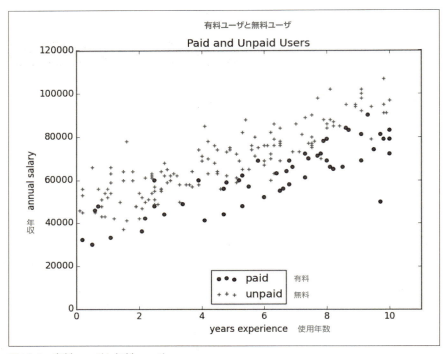

図16-1 有料ユーザと無料ユーザ

この方式でモデルを作成するのに、何の問題もありません。結果は図16-2に示します。

```
rescaled_x = rescale(x)
beta = estimate_beta(rescaled_x, y) # [0.26, 0.43, -0.43]
predictions = [predict(x_i, beta) for x_i in rescaled_x]

plt.scatter(predictions, y)
plt.xlabel("predicted")
plt.ylabel("actual")
plt.show()
```

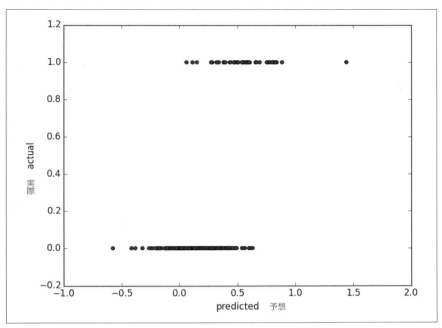

図16-2　有料アカウント有無を線形回帰を用いて予測

しかしながら、この方式ではいくつかの問題に直面します。

- アカウントの有無を表すために、予測結果は0か1の値を持つのが望ましいのですが、確率として解釈するので0と1の間に値があっても構いません。例えば0.25は有料ユーザである確率が25%であると考えます。しかし線形モデルでは、結果が非常に大きな正の値になる場合や負の値となる場合もあり、これをどう解釈するかは難しい問題です。実際にここでは結果に負の値が現れています。
- 線形回帰モデルにおいて、誤差はxの列と相関を持たない前提となっています。しかし、勤続年数の回帰係数は0.43であり、勤続年数は有料アカウントを持つ尤度を高めています。つまりこのモデルでは、勤続年数が長いユーザに対する結果とは大きな値を持つことになりますが、実際の値は最大でも1です。そのため結果が大きな値となる（勤続年数が長い）場合には、誤差項に大きな負の値が必要になります。そうであるなら、このβの予測には偏りがあります。

そのために必要なことは、dot(x_i, beta)が大きな値となる場合には確率の1に相当させ、そして大きな負の値には確率の0に相当させるような対応が必要です。ある関数を結果に適用することで、これが可能となります。

16.2　ロジスティック関数

ロジスティック回帰では、**図16-3**に示す**ロジスティック関数**を使用します。

```
def logistic(x):
    return 1.0 / (1 + math.exp(-x))
```

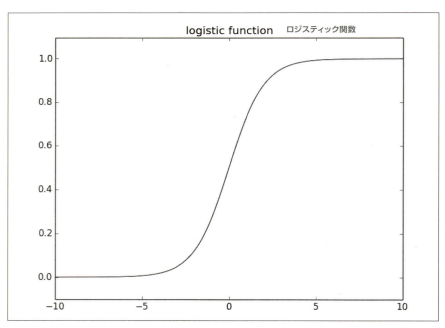

図16-3　ロジスティック関数

入力が正の大きな値の場合1に近づき、負の大きな値では0に近づきます。さらに、導関数が次の形で表せる点が有益であり、この性質を利用します。

```
def logistic_prime(x):
    return logistic(x) * (1 - logistic(x))
```

この関数を使ってモデルにあてはめます。

$$y_i = f(x_i\beta) + \varepsilon_i \qquad \text{ここで} f \text{はロジスティック関数}$$

線形回帰では、誤差の二乗和を最小化するようにモデルへのあてはめを行いました、結果としてデータの尤度を最大化する β が選ばれました。

ここでは、その両者は等価となりません。そのため、勾配下降法を使い尤度の最大化を直接行います。言い換えると、尤度関数とその勾配を計算する必要があります。

β をモデルに与えると、各 y_i は確率 $f(x_i\beta)$ で1に等しくなり、確率 $1 - f(x_i\beta)$ で0と等しくなります。

そして、y_i の pdf は、次のように表せます。

$$p(y_i|x_i,\beta) = f(x_i\beta)^{y_i}(1 - f(x_i\beta))^{1-y_i}$$

もし、y_i が0であれば、右辺は次の式となり、

$$1 - f(x_i\beta)$$

y_i が1であれば、次の式となります。

$$f(x_i\beta)$$

これにより、**対数尤度**を最大化するのは実際には単純であることがわかります。

$$\log L(\beta|x_i, y_i) = y_i \log f(x_i\beta) + (1-y_i) \log(1 - f(x_i\beta))$$

なぜなら、対数は完全に増加関数であるため、対数尤度を最大化する β は、尤度も最大化するからです。逆も同じです。

```
def logistic_log_likelihood_i(x_i, y_i, beta):
if y_i == 1:
    return math.log(logistic(dot(x_i, beta)))
else:
    return math.log(1 - logistic(dot(x_i, beta)))
```

各データポイントがそれぞれ独立であると仮定するなら、全体の尤度はそれぞれの尤度の積となります。つまり、全体の対数尤度は、個々の対数尤度の和となります。

```
def logistic_log_likelihood(x, y, beta):
    return sum(logistic_log_likelihood_i(x_i, y_i, beta)
               for x_i, y_i in zip(x, y))
```

微積分の知識を少し使えば、この勾配が求められます。

```
def logistic_log_partial_ij(x_i, y_i, beta, j):
    """ここでiはデータポイントのインデックス、
    jは導関数のインデックスを表す"""

    return (y_i - logistic(dot(x_i, beta))) * x_i[j]

def logistic_log_gradient_i(x_i, y_i, beta):
    """i番目のデータポイントに対する対数尤度の勾配"""

        return [logistic_log_partial_ij(x_i, y_i, beta, j)
                for j, _ in enumerate(beta)]

def logistic_log_gradient(x, y, beta):
    return reduce(vector_add,
                  [logistic_log_gradient_i(x_i, y_i, beta)
                   for x_i, y_i in zip(x,y)])
```

以上で必要なものはすべて揃いました。

16.3　モデルの適用

最初にデータを学習用とテスト用に分けます。

```
random.seed(0)
x_train, x_test, y_train, y_test = train_test_split(rescaled_x, y, 0.33)

# 対数尤度を最大化する
fn = partial(logistic_log_likelihood, x_train, y_train)
gradient_fn = partial(logistic_log_gradient, x_train, y_train)

# 開始点は無作為に選択する
beta_0 = [random.random() for _ in range(3)]

# 勾配下降法により、最大化を行う
beta_hat = maximize_batch(fn, gradient_fn, beta_0)
```

もしくは、確率的勾配下降法を使っても構いません。

```
beta_hat = maximize_stochastic(logistic_log_likelihood_i,
                               logistic_log_gradient_i,
                               x_train, y_train, beta_0)
```

どちらの場合でも、おおよそ次の値が得られます。

```
beta_hat = [-1.90, 4.05, -3.87]
```

この係数はスケールを変更したものなので、元のスケールに戻します。

```
beta_hat_unscaled = [7.61, 1.42, -0.000249]
```

これを解釈するのは線形回帰の場合ほど簡単ではありません。他の値が変化しない場合、勤続年数が1年増えるとロジスティック関数への入力が1.42増加します。他の値が変化しない場合、給与が10,000ドル増えると、ロジスティック関数への入力が2.49減少します。

しかしながら、結果への影響は他の入力にも依存します。もし、dot(β, x_i)がすでに大きな値（確率が1に近づいている）であるなら、値が大きく増加しても尤度には大きく影響しません。0に近くても、値の増加は尤度の増加にあまり寄与しません。

ここで言えることは、他の値に変化がないならば、勤続年数の長いユーザほど有料ユーザアカウントを使う傾向が高いということです。他の値に変化がないならば、給与の高いユーザほど有料アカウントを使う傾向が低いということも言えます（このことはデータを可視化すれば、ある程度明らかになります）。

16.4　あてはめの良さ

用意したテスト用データをまだ使っていませんが、尤度が0.5を超えたものを有料アカウントと予測したものとして扱うと、どのような結果が得られるかを見てみましょう。

```
true_positives = false_positives = true_negatives = false_negatives = 0

for x_i, y_i in zip(x_test, y_test):
    predict = logistic(dot(beta_hat, x_i))

    if y_i == 1 and predict >= 0.5: # 真陽性：有料アカウントを有料と予測した
```

```
            true_positives += 1
        elif y_i == 1:                # 偽陰性：有料アカウントを無料と予測した
            false_negatives += 1
        elif predict >= 0.5:          # 偽陽性：無料アカウントを有料と予測した
            false_positives += 1
        else:                         # 真陰性：無料アカウントを無料と予測した
            true_negatives += 1

precision = true_positives / (true_positives + false_positives)
recall = true_positives / (true_positives + false_negatives)
```

この結果、適合率が93%（有料アカウントと予測した場合、その93%が正しい）であり、再現率が82%（有料アカウントを持つユーザの82%に対して、有料アカウントを持つと予測した）となりました。どちらも、まずまずの結果です。

予測結果と実際の関係をグラフ（**図16-4**）にしてみましょう。これはモデルの良好度を表しています。

```
predictions = [logistic(dot(beta_hat, x_i)) for x_i in x_test]
plt.scatter(predictions, y_test)
plt.xlabel("predicted probability")
plt.ylabel("actual outcome")
plt.title("Logistic Regression Predicted vs. Actual")
plt.show()
```

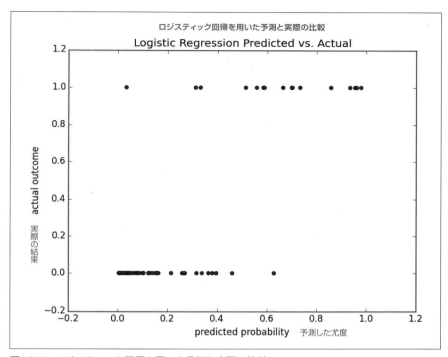

図16-4 ロジスティック回帰を用いた予測と実際の比較

16.5 サポートベクタマシン

　`dot(beta_hat, x_i)`が0となった点の集合は、分類の境界を示しています。我々のモデルがどのように判断したかを正確に表すために、この境界をグラフにしてみましょう（図16-5）。

　この境界は有料と予測したパラメータと無料と予測したパラメータを分割する**超平面**です。最も尤度の高いロジスティックモデルを探す過程の副作用としてこの境界を見つけました。

　分類を行う別のアプローチが、学習用のデータで最もうまく分割する超平面を見つけることに他なりません。これが**サポートベクタマシン**のアイディアであり、それぞれの分類となるデータからの距離を最大化する超平面を求めます（図16-6）。

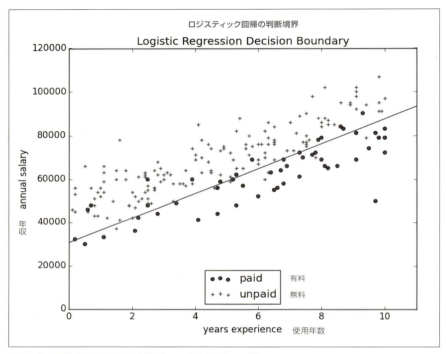

図16-5　分類境界で分割した有料ユーザと無料ユーザ

　このような超平面を求めるのは最適化問題の1つであり、我々にとっては敷居の高すぎる手法を必要とします。またこのように分割する超平面が全く存在しないかもしれないという点も問題となります。これは我々の問題である「誰が有料アカウントを使うのか」に関して言うと、有料ユーザと無料ユーザを分かつ完全な境界線が存在しないということになります。

　(このような場合には) データを高次元空間に変換することでこの問題を避けることができます。例えば、**図16-7**のような1次元のデータについて考えてみましょう。

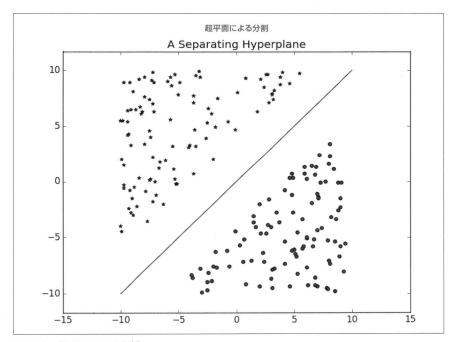

図16-6　超平面による分割

　陽性のデータと陰性のデータを分割する平面が見出せないのは明らかです。しかしこのデータポイントxを(x, x**2)として2次元空間に配置したらどうなるでしょうか。データを分割する超平面が明らかになりました(図16-8)。

　これはしばしば**カーネルトリック**と呼ばれます。それは実際にデータを高次元空間にマップする(多数の点が存在する場合やマッピングが複雑である場合には、高い計算量を必要とします)のではなく、「カーネル」関数を使い高次元でのドット積を計算して、超平面を見つけます。

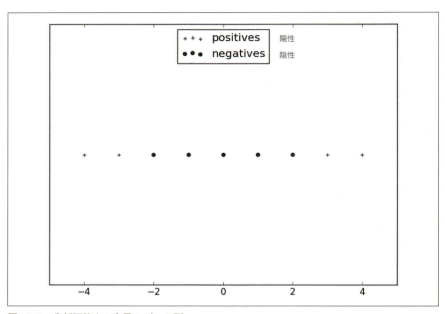

図16-7　分割不能な1次元のデータ列

　適切な専門知識を持った開発者が作った信頼できるソフトウェアなしにサポートベクタマシンを使うのは、難しい（そしておそらく良い考えではない）ため、この話題はここまでとします。

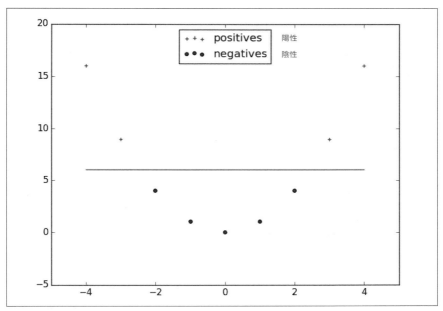

図16-8　高次元で分割可能となったデータ列

16.6　さらなる探求のために

- scikit-learnはロジスティック回帰（http://scikit-learn.org/stable/modules/linear_model.html#logistic-regression）とサポートベクタマシン（http://bit.ly/1xkbBZj）のモジュールを両方提供しています。
- libsvm（http://www.csie.ntu.edu.tw/~cjlin/libsvm/）はscikit-learnが舞台裏で使用しているサポートベクタマシンの実装です。そのWebサイトでは、サポートベクタマシンに関するドキュメントを数多く提供しています。

17章
決定木

樹木は理解しがたいほど神秘的である。

── ジム・ウードリング ● 漫画家・アーティスト

データサイエンス・スター社の人材担当部長はサイトで応募を受け付けた採用候補者との面接を数多く行い、さまざまな結果を得ていました。彼は候補者の面接結果の出来不出来と共に、各候補者の（定性的）特徴データも収集しています。面接の時間を無駄にしないために、どのような候補者の面接が成功に至るかを、このデータを用いてモデル化できないか打診してきました。

データサイエンティストのモデリング手法の1つである**決定木**が、この問題には適していそうです。

17.1　決定木とは

決定木とは、いくつもの**判断経路**とその結果とを木構造を使って表現したものです。
「20の質問[1]」(http://en.wikipedia.org/wiki/Twenty_Questions)で遊んだことがあるなら、決定木については知っているも同然です。例えば次のように行います。

- 「それは動物です」
- 「足は5本以上ありますか？」
- 「いいえ」
- 「美味しいですか？」
- 「いいえ」
- 「オーストラリアの5セント硬貨の裏に描かれていますか？」
- 「はい」

※1　訳注：回答者は「はい」「いいえ」で答えられる質問を最大20回まで行い、出題者が設定した正解を当てる形式のゲーム。

- 「それは、ハリモグラですか？」
- 「正解！」

これは、特殊な（そしてあまり汎用的ではない）動物当て決定木上、次の経路に相当します。「足は5本以下」→「美味しくない」→「5セント硬貨に描かれている」→「ハリモグラ」

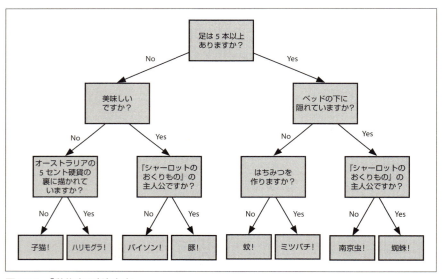

図17-1　「動物当て」決定木

　決定木は予測を行うための経路を多く持ちます。それらは理解も解釈も容易であり、どのような過程でその予測に至ったかは明白です。これまでに見てきたモデルと異なり、決定木は数値（例えば、足の数）でも、カテゴリ属性（例えば、美味しいか否か）でも扱いが容易で、属性が欠けているデータでも分類が可能です。

　同時に学習データから「最適」な決定木を見つけるのはコンピュータには非常に難しい問題です（最適な決定木ではなく、十分に良いレベルに止めることで、この問題を回避します。それでも規模の大きいデータに対する作業量は膨大になります）。学習データに対して過学習となってしまい、新しいデータには全く適合しないような決定木を作るのは、とても簡単（かつ最悪）です。この問題への対処は、後で取り上げます。

17.2 平均情報量（エントロピー） | **235**

決定木は一般的に（カテゴリ分類を結果とする）**分類木**と、（数値を結果とする）**回帰木**に分かれます。この章では分類木に注目し、ID3アルゴリズムを使ってラベル付きデータから学習して決定木を作り、決定木がどのように働くのかを理解します。簡略化のために、「この候補者を採用すべきか否か」、「Webサイト閲覧者に見せるべき広告はAかBか」、「オフィスの冷蔵庫の残り物を食べると、体調を崩すだろうか？」といった二択の問題のみを扱うことにします。

17.2　平均情報量（エントロピー）

決定木を構築するためには、どのような質問をどの順番で行うか決める必要があります。決定木の各階層で排除できる可能性とできない可能性が存在します。例えば、ある動物が5本以上の足を持たないことがわかった後では、それがバッタである可能性を排除できますが、アヒルである可能性は排除できません。それぞれの質問は、その回答に従って残りの可能性を分割します。

決定木が予測する事柄に対して、できるだけ多くの情報をもたらすような質問を行うのが理想的です。Yes/Noで回答する質問があったとして、Yesが常に真を表し、Noが常に偽を表すのであれば（または、その逆）、それは採用すべきすばらしい質問です。一方、YesかNoのどちらが回答されても新しい情報をもたらさないのであれば、それはおそらく良い質問ではありません。

この「どれだけ情報をもたらすか」という考え方を平均情報量（**エントロピー**）で表します。無秩序を意味する言葉としてすでに聞き覚えがあるかもしれませんが、ここではデータに関連した不確かさを表現するために使用します。

データの集合Sがあり、その各要素には有限個の分類$C_1, ..., C_n$のどれに属するかを示すラベルが付加されているとします。もし、すべてのデータが1つの分類に属するのであるなら、不確かさは存在せずエントロピーは低いと言えます。データが各分類のいずれにも広く散らばっているのなら、不確かさは多くなり高いエントロピーを持つことになります。

分類c_iの割合をp_iで表す時、エントロピーは数学的に次のように表せます。

$$H(S) = -p_1 \log_2 p_1 - ... - p_n \log_2 p_n$$

（標準的な）慣習により、$0 \log 0 = 0$とします。

難解な詳細についてあまり気に病むのはやめて、p_i が 0 か 1 に近い場合には、式の各項である $-p_i \log_2 p_i$ が
0 に近い非負の値を持つことだけを認識しておきましょう（**図17-2**）。

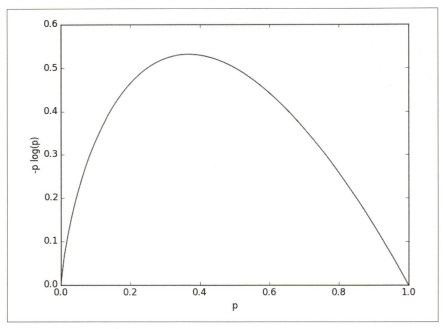

図17-2　$-p \log p$ のグラフ

　これは p_i が 0 か 1 に近い（すなわち、データのほとんどが 1 つに分類される）場合には、エントロピーは小さい値となり、p_i が 0 から離れている（つまりデータが複数の分類に散らばっている）場合には大きな値となることを意味しています。
　以上をすべて関数に盛り込むのは簡単です。

```
def entropy(class_probabilities):
    """各分類の確率リストから、エントロピーを計算する"""
    return sum(-p * math.log(p, 2)
               for p in class_probabilities
               if p)       # 確率が0のものは計算に含めない
```

データは (入力、ラベル) の組となっており、各分類の確率は手作業で計算します。

各分類ごとの確率は気にしません。それらをまとめてエントロピーを計算します。

```python
def class_probabilities(labels):
    total_count = len(labels)
    return [count / total_count
            for count in Counter(labels).values()]

def data_entropy(labeled_data):
    labels = [label for _, label in labeled_data]
    probabilities = class_probabilities(labels)
    return entropy(probabilities)
```

17.3　分割のエントロピー

　ここまでに行ったのは、ラベル付けされたデータのエントロピー（不確かさ）の計算です。決定木の各階層では、質問に対する回答がデータを1つか（望ましくは）複数の部分集合に分割します。例えば、「足は5本以上ありますか？」という質問は、5本以上の足を持つ動物（例えば、蜘蛛）と、そうでない動物（例えば、ハリモグラ）に分割します。

　これに対応して、エントロピーを使ったデータの分割方法が必要となります。分割により低いエントロピーを持つ（つまり確度の高い）部分集合にデータが分割されるなら、この分割は低いエントロピーとなり、高いエントロピーを持つ（つまり確度の低い）大きな部分集合を含むなら高いエントロピーとなります。

　例えば、「オーストラリアの5セント硬貨」という質問は、その時点で残っていた動物を $S_1 = \{$ハリモグラ$\}$ と $S_2 = \{$それ以外のすべて$\}$ に分割するため、あまり賢くない（それでも、幸運な）質問でした。S_2 はエントロピーも集合としても大きなものとなります（一方で、S_1 は残りの分類の小さな部分を表します、エントロピーは0です）。

　データを S を割合 $q_1, ..., q_m$ の部分集合 $S_1, ..., S_m$ に分割する場合、分割のエントロピーは数学的に加重和として計算できます。

$$H = q_1\,H(S_1) + \ldots + q_m\,H(S_m)$$

これは次のように実装できます。

```python
def partition_entropy(subsets):
    """データを部分集合に分割した場合のエントロピーを計算する
```

部分集合は、ラベル付けされたデータリストのリスト"""

    total_count = sum(len(subset) for subset in subsets)

    return sum(data_entropy(subset) * len(subset) / total_count
               for subset in subsets)
```

この手法の問題点は、異なる多くの値を持つ属性で分割を行った場合に、過学習によってエントロピーが低い値となる点です。例えば、過去の取引履歴を学習データとして、どの顧客が住宅ローンの債務不履行となる可能性が高いかを見極める銀行向け決定木を、作っているとしましょう。データセットには、各顧客の社会保障番号（SSN：Social Security Number）が入っているとします。SSNを使って分割を行うと、1人ずつの部分集合を作り出し、それぞれのエントロピーは必然的に0となります。SSNに頼ったモデルは、学習データから外れた場合の汎用性を明らかに持ちません。この理由から、決定木を作る際には多くの値を持つ属性を避ける（または可能なら値をまとめる）ような作り方を考えなければなりません。

## 17.4　決定木の生成

面接した候補者のデータが提供されました。データの形式はペア（入力，ラベル）になっており、入力は候補者の属性の辞書、ラベルはTrue（候補者の面接が成功した）かFalse（採用には至らなかった）のどちらかの値です。入力の具体的な項目は、候補者の経験値、得意なプログラミング言語、Twitterで積極的にツイートしているか否か、PhDを持っているか否かです。

```
inputs = [
    ({'level':'Senior', 'lang':'Java',   'tweets':'no', 'phd':'no'},   False),
    ({'level':'Senior', 'lang':'Java',   'tweets':'no', 'phd':'yes'},   False),
    ({'level':'Mid',   'lang':'Python', 'tweets':'no', 'phd':'no'},   True),
    ({'level':'Junior', 'lang':'Python', 'tweets':'no', 'phd':'no'},   True),
    ({'level':'Junior', 'lang':'R',   'tweets':'yes', 'phd':'no'},   True),
    ({'level':'Junior', 'lang':'R',   'tweets':'yes', 'phd':'yes'},   False),
    ({'level':'Mid',   'lang':'R',   'tweets':'yes', 'phd':'yes'},   True),
    ({'level':'Senior', 'lang':'Python', 'tweets':'no', 'phd':'no'},   False),
    ({'level':'Senior', 'lang':'R',   'tweets':'yes', 'phd':'no'},   True),

```
    ({'level':'Junior', 'lang':'Python', 'tweets':'yes', 'phd':'no'},  True),
    ({'level':'Senior', 'lang':'Python', 'tweets':'yes', 'phd':'yes'}, True),
    ({'level':'Mid', 'lang':'Python', 'tweets':'no', 'phd':'yes'},     True),
    ({'level':'Mid', 'lang':'Java', 'tweets':'yes', 'phd':'no'},       True),
    ({'level':'Junior', 'lang':'Python', 'tweets':'no', 'phd':'yes'}, False)
]
```

　決定木は、（質問を行い回答により分岐する）**決定ノード**と、（予測を示す）**結果ノー
ド**で構成されます。これを、比較的単純なID3アルゴリズムを使って次のような手順
で生成します。いくつかのラベルつきデータと、条件分岐を作るための属性リストが
与えられているとします。

- すべてのデータが同じラベルを持っているなら、ラベルの値を持つ結果ノードを
  作り終了する。
- 属性リストが空（つまり、これ以上質問すべきことが存在しない）であれば、最も
  多いラベル値を持つ結果ノードを作り終了する。
- そうでなければ、属性に従いデータの分割を試みる。
- エントロピーが最小となる分割方法を選択する。
- 選択した属性に従って、決定ノードを作成する。
- 分割した部分集合それぞれに対して、残属性の適用を繰り返す。

　これは、各ステップにおいてその時点での最善な選択を行うため、「貪欲法」として
知られるアルゴリズムです。与えられたデータセットに対して、最善の選択をそれぞ
れの時点で行わない方がより良い決定木に至るかもしれません。もしそうであるなら、
このアルゴリズムはその最適解を求められません。それでも比較的理解が容易で実装
も簡単であるため、決定木について学び始めるにはこの方法が良いのです。
　この手順を候補者のデータに対して順に適用してみましょう。データセットには
TrueとFalseのラベルが付与されており、データを分割するための4つの属性があり
ます。まず最初に行うのは、エントロピーを最小にする分割方法を見つけることです。
それでは、この分割を行う関数を作りましょう。

```
def partition_by(inputs, attribute):
    """inputは、（属性辞書、ラベル）のペア
    """キーを属性、値をinputとする辞書を返す
    groups = defaultdict(list)
```

```
    for input in inputs:
        key = input[0][attribute]  # 指定した属性の値を取り出す
        groups[key].append(input)  # 次に、このinputを収集リストに追加する
    return groups
```

続いて、エントロピーを計算する関数を作ります。

```
def partition_entropy_by(inputs, attribute):
    """与えられた分割におけるエントロピーを計算する"""
    partitions = partition_by(inputs, attribute)
    return partition_entropy(partitions.values())
```

次に、データセット全体をどのように分割するとエントロピーが最小になるのかを探します。

```
for key in ['level','lang','tweets','phd']:
    print key, partition_entropy_by(inputs, key)

# level 0.693536138896
# lang 0.860131712855
# tweets 0.788450457308
# phd 0.892158928262
```

経験値（level）で分割するとエントロピーが最小になったので、各経験値で分割した部分木を作ります。経験値が中（Mid）の候補者は全員Trueとラベル付けされているため、中の部分木はTrueの結果ノードとなります。経験値が高（Senior）にはラベルがTrueの候補者もFalseの候補者もいるため、さらに分割が必要となります。

```
senior_inputs = [(input, label)
                 for input, label in inputs if input["level"] == "Senior"]

for key in ['lang', 'tweets', 'phd']:
    print key, partition_entropy_by(senior_inputs, key)

# lang 0.4
# tweets 0.0
# phd 0.950977500433
```

この結果が示しているのは、エントロピーが0となる分割であるTwitterの活動状況を次に使うべきであるということです。経験値が高で活発にツィートしている候補者は常に面接結果がTrueであり、活発でない候補者はFalseとなっています。

最後に、経験値が低（Junior）の候補者に対しても同じことを行います。この結果により PhD 有無を使った分割を行います。経験値低で PhD を持っていない候補者は常に True であり、PhD を持っている場合は常に False です。

完成した決定木を**図 17-3** に示します。

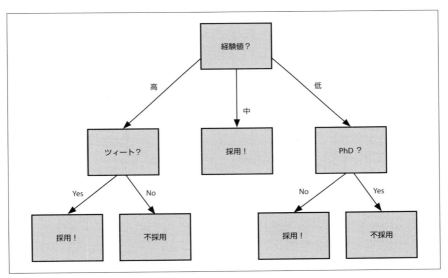

図 17-3　最終的な決定木

17.5　ひとつにまとめる

このアルゴリズムがどのように働くのかを見てきました。このアルゴリズムを、より汎用的に実装しましょう。そのためには、まず木構造をどのように表現するのかを決めなければなりません。できる限り簡単な表現を使います。木の構成要素は次のうちのいずれかです。

- True
- False
- タプル (属性 , 部分木の辞書)

ここで、True はあらゆる入力に対して True を返す末端ノード、False は False を返

す末端ノードです。タプルは決定ノードを表現し、属性値と対応する部分木による分割結果です。

この表現を使うと、先ほどの面接決定木は次のように表現できます。

```
('level',
 {'Junior': ('phd', {'no': True, 'yes': False}),
  'Mid': True,
     'Senior': ('tweets', {'no': False, 'yes': True})})
```

ここで問題になるのは、予期しない（または存在しない）属性が出てきた場合の振る舞いです。面接決定木で経験値が「見習い」（intern）の候補者が出てきた場合にはどうすれば良いでしょうか。これは最も一般的な経験値として予測を行うNoneをキーとして扱う場合を加えることで解決します（Noneを値として持つデータが存在する場合を考慮すると、これはあまり良くない方法ではあります）。

この表現の決定木を与えて入力を分類するコードを定義します。

```
def classify(tree, input):
    """入力を与えられた決定木に従い分類する"""

    # 末端ノードであれば、その値を返す
    if tree in [True, False]:
        return tree

    # そうでなければ、決定木は分類を行う属性と、
    # その属性の値と次に適用する決定木の辞書の
    # タプルである

    attribute, subtree_dict = tree

    subtree_key = input.get(attribute)  # その属性値が存在しなければNoneが返る

    if subtree_key not in subtree_dict: # 辞書にその属性値が入っていなければ、
        subtree_key = None              # Noneを使う

    subtree = subtree_dict[subtree_key] # 適切な部分木を選択する
    return classify(subtree, input)     # それを使って、分類を行う
```

最後に、学習データから決定木を生成するコードを作ります。

```
def build_tree_id3(inputs, split_candidates=None):

    # 初回の呼び出しならば、
    # 入力すべてのキーを分割の候補とする

    if split_candidates is None:
        split_candidates = inputs[0][0].keys()

    # 入力中のTrueとFalseの数を数える
    num_inputs = len(inputs)
    num_trues = len([label for item, label in inputs if label])
    num_falses = num_inputs - num_trues

    if num_trues == 0: return False    # Trueが存在しなければ、Falseの末端ノードを返す
    if num_falses == 0: return True    # Falseが存在しなければ、Trueの末端ノードを返す

    if not split_candidates:           # 分割候補が存在しなければ、
        return num_trues >= num_falses # TrueかFalseの多い方を返す

    # そうでなければ、最良の属性を使って分割する
    best_attribute = min(split_candidates,
                         key=partial(partition_entropy_by, inputs))

    partitions = partition_by(inputs, best_attribute)
    new_candidates = [a for a in split_candidates
                      if a != best_attribute]

    # 再帰的に部分木を生成する
    subtrees = { attribute_value : build_tree_id3(subset, new_candidates)
                 for attribute_value, subset in partitions.iteritems() }

    subtrees[None] = num_trues > num_falses # 属性がNoneの場合、TrueかFalse一般的な方を使う

    return (best_attribute, subtrees)
```

　ここで生成した決定木の末端ノードは、Trueの入力かFalseの入力に完全に分かれることから、学習データに対しては予測が完璧に働くことを意味しています。それでは学習データには含まれていない新しいデータに対してはどのように働くでしょうか。

```
tree = build_tree_id3(inputs)
```

```
classify(tree, { "level" : "Junior",
                 "lang"  : "Java",
                 "tweets": "yes",
                 "phd"   : "no"} ) # True

classify(tree, { "level" : "Junior",
                 "lang"  : "Java",
                 "tweets": "yes",
                 "phd"   : "yes"} ) # False
```

属性が欠けていたり、存在しない属性値ではどうでしょう。

```
classify(tree, { "level" : "Intern" } ) # True
classify(tree, { "level" : "Senior" } ) # False
```

ここでの目的は、決定木をどのように作るかを示すことなので、手持ちのデータをすべて使って決定木を生成しました。たいていの場合、良いモデルを作るのが目的であるなら、データを（できるだけ多く収集し）学習/検証/テストの部分集合に分割します。

17.6　ランダムフォレスト

決定木が学習データに適合する状況を見る限り、過学習となる傾向が強いのもうなずけます。これを避ける手法の1つが、複数の決定木を作り多数決で分類を行う**ランダムフォレスト**と呼ばれる手法です。

```
def forest_classify(trees, input):
    votes = [classify(tree, input) for tree in trees]
    vote_counts = Counter(votes)
    return vote_counts.most_common(1)[0][0]
```

先に紹介した生成手順は決定的でした。ここからどのようにして複数の決定木を無作為に作るのでしょうか。

その1つがデータのブートストラップです（「15.6　余談：ブートストラップ」を読み返してください）。学習データのすべてを使って学習するのではなく、bootstrap_sample(input)を使ってそれぞれ学習を行います。個々の決定木は異なるデータで学習しているため、決定木はそれぞれ異なります（この副作用として、各決定木をテスト

するために、サンプルされていないデータを使っても全く不利ではない点が挙げられます。これは決定木の性能を測る気の利いた方法があるのなら、すべてのデータを学習データとして使わなくても構わないことを意味しています）。この手法は**ブートストラップアグリゲーティング**（bootstrap aggregating）、または**バギング**（bagging）[1] と呼ばれます。

分割を行うための最適な属性を選択する方法の違いが、無作為性をもたらす2つ目の要因です。選択肢となるすべての属性を対象とするのではなく、属性の部分集合を無作為に選択し、その中で最適の分割方法を探します。

```python
# 分割の候補がすでに少数となっているなら、それらをすべて使う
if len(split_candidates) <= self.num_split_candidates:
    sampled_split_candidates = split_candidates
# そうでなければ、無作為に抽出する
else:
    sampled_split_candidates = random.sample(split_candidates,
                                             self.num_split_candidates)

# この中から最も良い属性を選択する
best_attribute = min(sampled_split_candidates,
                     key=partial(partition_entropy_by, inputs))

partitions = partition_by(inputs, best_attribute)
```

これは高い性能のモデルを作るために**弱い学習器**（典型的に高バイアス、低バリアンスなモデルを使います）を組み合わせる**アンサンブル学習**と呼ばれ、広く使われている手法の例です。

ランダムフォレストは、多目的で最も広く使われているモデルの1つです。

17.7　さらなる探求のために

- scikit-learnは、多数の決定木モデル（http://scikit-learn.org/stable/modules/tree.html）を提供しています。そこには他のアンサンブルモデル（http://scikit-learn.org/stable/modules/classes.html#module-sklearn.ensemble）と共に、RandomForestClassifier モデルも含まれます。

---

[1] 訳注：baggingは、Bootstrap AGGregatING から作られた造語。

246 | 17章 決定木

- 決定木とそのアルゴリズムの、ほんの触りだけを取り上げました。より詳細な解説は、Wikipedia (https://en.wikipedia.org/wiki/Decision_tree_learning) を参照してください。

18章
ニューラルネットワーク

私はナンセンスが好きだ。脳細胞を目覚めさせるからね。

―― ドクター・スース ● 絵本作家

人工ニューラルネットワーク（または簡単にニューラルネットワーク）は、脳が思考する方法から着想された予測モデルです。脳は互いに接続されたニューロンの集合として捉えます。それぞれのニューロンは、繋がった他のニューロンの出力を調べ、計算を行い、（もし計算結果がある閾値を超えていれば）発火するか（超えていなければ）発火しないかのどちらかを行います。

人工ニューラルネットワークは、入力を使って計算を行う人工のニューロンで構成されています。ニューラルネットワークは、手書き文字認識や顔認識など幅広い問題に対応できると共に、データサイエンスの最先端の分野であるディープラーニングでも広く使われています。しかし、多くのニューラルネットワークは、中身の詳細を調べても、どのように問題を解決しているのを理解するのが難しい「ブラックボックス」でもあります。また、巨大なニューラルネットワークは、学習が難しくなる傾向があります。新米のデータサイエンティストとして直面する最も大きな問題は、その解が正しい選択ではないかもしれないという点です。技術的特異点[1]を超える人工知能が、おそらくいつの日にか解決をもたらしてくれるでしょう、

18.1 パーセプトロン

最も単純なニューラルネットワークが、1つのニューロンをn個の二値入力で近似するパーセプトロンです。パーセプトロンは入力の加重和を計算し、0より大きければ発火します。

※1　訳注：The singularity（技術的特異点）とは、人工知能の能力が完全に人間を超えることにより世界の変化が加速度的に進むという考え方。Ray Kurzweil著 "The Singularity Is Near"（邦題『ポスト・ヒューマン誕生―コンピュータが人類の知性を超えるとき』）を参照。

```
def step_function(x):
    return 1 if x >= 0 else 0

def perceptron_output(weights, bias, x):
    """パーセプトロンが発火すると1を返し、そうでなければ0を返す"""

    calculation = dot(weights, x) + bias
    return step_function(calculation)
```

パーセプトロンは単純に次のxで示される超平面で分割された空間を識別します。

```
dot(weights,x) + bias == 0
```

適切な重み（weights）を選択すれば、パーセプトロンは多くの単純な問題を解くことができます（**図18-1**）。例えば、次のように定義すれば、（入力の両方が1であれば1を出力しどちらかが0であれば0を出力する）ANDゲートが作れます。

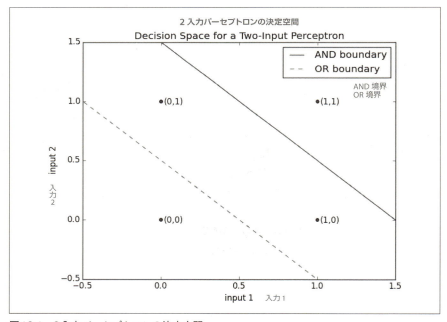

図18-1　２入力パーセプトロンの決定空間

```
weights = [2, 2]
bias = -3
```

入力が両方とも1であれば、計算は$2 + 2 - 3 = 1$となり、出力は1となります。どちらか一方のみが1であれば、計算は$2 + 0 - 3 = -1$となり、出力は0になります。同様にORゲートも作れます。

```
weights = [2, 2]
bias = -1
```

次の値を使って、（1つの入力を持ち、1が入力されれば0を、0が入力されれば1を出力する）NOTゲートが作れます。

```
weights = [-2]
bias = 1
```

簡単な問題の中には1つのパーセプトロンでは解けないものも存在します。例えば、入力の1つだけが1であった場合に1を出力し、それ以外は0を出力するXORゲートを1つのパーセプトロンで作るのは不可能です。より複雑なニューラルネットワークが必要になります。

もちろん、論理回路を作るのに、ニューロンを使う必要は全くありません。

```
and_gate = min
or_gate = max
xor_gate = lambda x, y: 0 if x == y else 1
```

本物のニューロンのように、人工ニューロンも互いに接続することで興味深い働きをします。

18.2　フィードフォワードニューラルネットワーク

脳の幾何学的構造は非常に複雑であるため、ニューロンの層を順に接続した理想的なフィードフォワードニューラルネットワークでの近似が広く使われています。通常、（入力を受け取り、そのまま次の層に送る）入力層と、（前段層の出力を受け取り、何らかの計算を行い、出力を次の層に送る）いくつかの隠れ層と、（最終出力を行う）出力層で構成されます。

パーセプトロンのように、各（非入力層の）ニューロンには、各入力に対する重みとバイアスを持ちます。表現を簡単にするため、バイアスを重みのベクトルの最後に付加することとし、バイアスは常に1つとします。パーセプトロンと同様に、各ニューロ

ンは入力の加重和を計算します。ただし、ここでは出力にステップ関数を適用するのではなく、ステップ関数を滑らかに近似したシグモイド関数を適用します。具体的には、次のsigmoid関数を使います（**図18-2**）。

```
def sigmoid(t):
    return 1 / (1 + math.exp(-t))
```

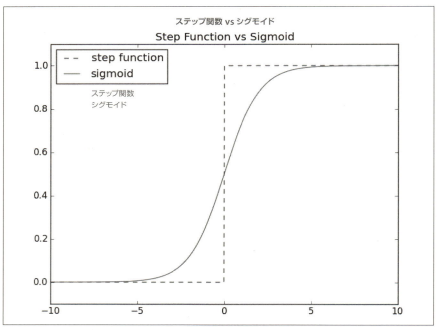

図18-2　シグモイド関数

　簡単な step_function ではなく sigmoid を使う理由は何でしょうか。ニューラルネットワークを学習させるために、微積分を使います。微積分を行うには、滑らかな関数が必要となります。ステップ関数は連続ではないため、優れた近似としてシグモイドが必要となるのです。

 第16章では、シグモイドをロジスティック関数と呼んでいたことを思い出してください。正確には、「シグモイド」は関数の**形**を表し、「ロジスティック」はその具体例です。これら2つの用語は置き換え可能です。

出力は、次の関数で計算します。

```python
def neuron_output(weights, inputs):
    return sigmoid(dot(weights, inputs))
```

この関数があれば、入力の長さに（バイアス分の）+1した長さを持つ重みのリストとして1つのニューロンを単純に表現できます。そしてニューラルネットワークは（非入力層の）リストとして表現され、各層はニューロンのリストとして表されます。

つまり、ニューラルネットワークを（ニューロン層の）リストとして表し、ニューロン層は（ニューロンの）リストで表し、ニューロンは（重みの）リストで表します。

この表現により、ニューラルネットワークの使用も非常に単純化されます。

```python
def feed_forward(neural_network, input_vector):
    """与えられた重みリストのリストのリストであるニューラルネットワークを使い
    入力に対する順伝播出力を返す"""

    outputs = []

    # ニューロン層を1つずつ処理する
    for layer in neural_network:
        input_with_bias = input_vector + [1]              # バイアスを加える
        output = [neuron_output(neuron, input_with_bias)  # 各ニューロンの
                  for neuron in layer]                     # 出力を計算する
        outputs.append(output)                             # 出力を記録する

        # このニューロン層の出力を次のニューロン層の入力とする
        input_vector = output

    return outputs
```

ここまで来れば、1つのパーセプトロンでは実現できなかったXORゲートも簡単に作れます。後はneuron_outputsの結果が0または1に近づくように、重みのスケールを変更する必要があります。

```python
xor_network = [# 隠れ層
               [[20, 20, -30],    # ANDニューロン
                [20, 20, -10]],   # ORニューロン
               # 出力層
               [[-60, 60, -30]]] # 2番目の入力と、
                                 # 1番目の入力のNOTとをANDするニューロン
```

```
for x in [0, 1]:
    for y in [0, 1]:
        # feed_forwardは各ニューロンの出力を計算する
        # feed_forward[-1] は出力層ニューロンの出力を表す
        print x, y, feed_forward(xor_network,[x, y])[-1]

# 0 0 [9.38314668300676e-14]
# 0 1 [0.9999999999999059]
# 1 0 [0.9999999999999059]
# 1 1 [9.383146683006828e-14]
```

隠れ層を使い、ANDニューロンとORニューロンの出力を、「2番目の入力と、1番目の入力のNOT」ニューロンに入力します。その結果は、「ORおよびANDのNOT」であり、XORと等しくなります(図18-3)。

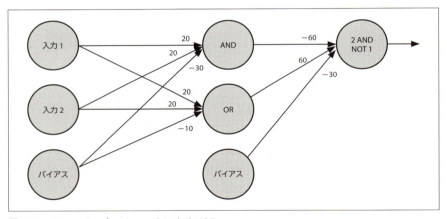

図18-3　ニューラルネットワークによるXOR

18.3　逆伝播誤差法(バックプロパゲーション)

通常、ニューラルネットワークの作成を手作業では行いません。数百から数千のニューロンを使用する画像認識など、ニューラルネットワークは比較的大きな問題を解くために使うものだからです。また、ニューロンがどのように振る舞えば良いか、たいていはわからないことが多いことも、理由の1つです。

18.3 逆伝播誤差法（バックプロパゲーション） **253**

その代わりに、データを使ってニューラルネットワークを学習させます。すでに出てきた勾配下降法に類似したアルゴリズムである**逆伝播誤差法（バックプロパゲーション）**と呼ばれる手法が良く使われます。

入力ベクトルと、それに対応したターゲットベクトルからなる学習データを持っているとしましょう。例えば、XORゲートの例だと、入力ベクトルが[1, 0]であり、対応する出力が[1]となります。また、ネットワークは重みの集合を持っており、その値は次のアルゴリズムで調整されます。

1. フィードフォワードを入力ベクトルに適用し、ネットワーク中すべてのニューロン出力を求める
2. この結果、出力ニューロンの出力とターゲットベクトルとの差として誤差が求められる
3. ニューロンの重みの関数としてこの誤差の勾配を計算し、誤差が減少する方向に重みを調整する
4. 隠れ層の誤差を示すために逆方向にこの誤差を伝播させる
5. 同じ手順で誤差の勾配を計算し、隠れ層の重みを調整する

この手順はニューラルネットワークが収束するまで、学習データを使って何度も繰り返して実行します。

```python
def backpropagate(network, input_vector, targets):

    hidden_outputs, outputs = feed_forward(network, input_vector)

    # output * (1 - output) はシグモイド関数の導関数
    output_deltas = [output * (1 - output) * (output - target)
                     for output, target in zip(outputs, targets)]

    # ニューロンごとに出力層の重みを調整する
    for i, output_neuron in enumerate(network[-1]):
        # i番目の出力層ニューロンに注目
        for j, hidden_output in enumerate(hidden_outputs + [1]):
            # このニューロンの差分とj番目の入力から
            # j番目の重みを調整する
            output_neuron[j] -= output_deltas[i] * hidden_output
```

```
# 誤差を隠れ層へ逆伝播する
hidden_deltas = [hidden_output * (1 - hidden_output) *
                    dot(output_deltas, [n[i] for n in output_layer])
                 for i, hidden_output in enumerate(hidden_outputs)]

# ニューロンごとに出力層の重みを調整する
for i, hidden_neuron in enumerate(network[0]):
    for j, input in enumerate(input_vector + [1]):
        hidden_neuron[j] -= hidden_deltas[i] * input
```

ここで行っているのは、第8章で作った`minimize_stochastic`関数で使用した、誤差の二乗を重みの関数とした手法とほぼ同じです。

この場合、勾配関数を作成するのは面倒です。微積分と連鎖律を理解しているなら、数学的詳細は比較的単純ですが、それを正直に実装する（ニューロンjから来る入力にニューロンiが加える重みに関する誤差関数の偏微分を行う）のは、あまり楽しい作業ではありません。

18.4　事例：キャプチャ(CAPTCHA)を無効化する

サイトに登録作業を行っているのが確かに人間であることを確認するために、製品管理担当部長はサイトの登録手続きの中に、CAPTCHAを実装するよう求めていました。具体的には、ユーザに数字の画像を表示し、その数字を入力するよう求めることで、そのユーザが人間であることを確認するものです。

画像から数字を認識する問題をコンピュータが簡単に解けるということを製品管理担当部長は信じなかったので、この問題を解くプログラムを作って、説明することにしました。

各数字は5×5のイメージで表します。

```
@@@@@  ..@..  @@@@@  @@@@@  @...@  @@@@@  @@@@@  @@@@@  @@@@@  @@@@@
@...@  ..@..  ....@  ....@  @...@  @....  @....  ....@  @...@  @...@
@...@  ..@..  @@@@@  @@@@@  @@@@@  @@@@@  @@@@@  ....@  @@@@@  @@@@@
@...@  ..@..  @....  ....@  ....@  ....@  @...@  ....@  @...@  ....@
@@@@@  ..@..  @@@@@  @@@@@  ....@  @@@@@  @@@@@  ....@  @@@@@  @@@@@
```

我々のニューラルネットワークは、入力としてベクトルを受け取るため、イメージを長さ25のベクトルに変換します。ベクトルの要素は、（対応する画素が存在する場合）1か（存在しない場合）0のどちらかです。

18.4 事例：キャプチャ（CAPTCHA）を無効化する | **255**

例えば、0は次のように表します。

```
zero_digit = [1,1,1,1,1,
              1,0,0,0,1,
              1,0,0,0,1,
              1,0,0,0,1,
              1,1,1,1,1]
```

ニューラルネットワークがどのように判断したかを知るために、10個の出力を必要とします。例えば正解が4であった場合の出力は次のようになります。

```
[0, 0, 0, 0, 1, 0, 0, 0, 0, 0]
```

入力が0から9まで正しく並んでいた場合、ターゲットは次の式で得られるものと同じとなり、

```
targets = [[1 if i == j else 0 for i in range(10)]
           for j in range(10)]
```

（例えば）target[4] は、数字4が正解であった場合の出力を表します。

これで、ニューラルネットワークを作る準備ができました。

```
random.seed(0)    # 繰り返し可能な出力のために
input_size = 25  # 各入力は、長さ25のベクトル
num_hidden = 5    # 隠れ層には、5つのニューロン
output_size = 10 # 各入力に対して、10個の出力

# 各隠れ層ニューロン入力には、それぞれに重み。加えて1つのバイアス
hidden_layer = [[random.random() for __ in range(input_size + 1)]
                for __ in range(num_hidden)]

# 各出力ニューロンには、隠れ層ニューロンごとに1つの重み、加えてバイアスが1つ
output_layer = [[random.random() for __ in range(num_hidden + 1)]
                for __ in range(output_size)]

# ネットワークは、無作為の重みから開始する
network = [hidden_layer, output_layer]
```

このネットワークをバックプロパゲーションアルゴリズムを使って学習させます。

```
# 10,000回繰り返せば、収束するには十分と思われる
for __ in range(10000):
```

```
    for input_vector, target_vector in zip(inputs, targets):
        backpropagate(network, input_vector, target_vector)
```

学習データに対しては、当然うまく働きます。

```
def predict(input):
    return feed_forward(network, input)[-1]
```

```
predict(inputs[7])
# [0.026, 0.0, 0.0, 0.018, 0.001, 0.0, 0.0, 0.967, 0.0, 0.0]
```

数字7に対する出力は、0.97。その他の数値はそれと比べてとても小さい値となりました。

異なる形で描かれた数値に対して、適用してみましょう。例えば、3を少し崩した形の場合、

```
predict([0,1,1,1,0,   # .@@@.
         0,0,0,1,1,   # ...@@
         0,0,1,1,0,   # ..@@.
         0,0,0,1,1,   # ...@@
         0,1,1,1,0])  # .@@@.
```

```
# [0.0, 0.0, 0.0, 0.92, 0.0, 0.0, 0.0, 0.01, 0.0, 0.12]
```

ニューラルネットワークは、3であると判断したようです。一方、次の8に似せた形の場合は、5, 8, 9の可能性も示されました。

```
predict([0,1,1,1,0,   # .@@@.
         1,0,0,1,1,   # @..@@
         0,1,1,1,0,   # .@@@.
         1,0,0,1,1,   # @..@@
         0,1,1,1,0])  # .@@@.
```

```
# [0.0, 0.0, 0.0, 0.0, 0.0, 0.55, 0.0, 0.0, 0.93, 1.0]
```

より多くの学習データを使えば、より良い予測ができるようになるでしょう。

ニューラルネットワークに対する操作は、完全に明白ではないのですが、隠れ層の重みを調査すれば、それらがどのように認識されているかをおおよそ理解できます。具体的には、5×5の入力に対する5×5の格子で各ニューロンの重みを可視化できます。

18.4 事例：キャプチャ（CAPTCHA）を無効化する | **257**

　実際には、重みが0なら白、正の数が大きいほど（例えば）濃い緑で、負の数が大きいほど（例えば）濃い赤で表示させることが考えられます。残念ながら、白黒印刷された書籍で表現するのは難しいのですが。

　そこで、0の重みを白く、0から値が離れるに従い濃いグレーで表現し、負の数は網掛けで表します。

　このために、まだ紹介していない機能であるpyplot.imshowを使い、画素単位でイメージを描画します。この機能はデータサイエンスにとってそれほど重要な機能ではありませんが、ここでは適切です。

```python
import matplotlib
weights = network[0][0]              # 隠れ層の最初のニューロン
abs_weights = map(abs, weights)      # グレーの濃さは、絶対値に依存する
grid = [abs_weights[row:(row+5)]     # 重みを5×5の格子に配置する
        for row in range(0,25,5)]    # [weights[0:5], ..., weights[20:25]]

ax = plt.gca()                       # 網掛けのために、軸が必要

ax.imshow(grid,                      # plt.imshowと同じ
          cmap=matplotlib.cm.binary, # 色は白黒の二値を使う
          interpolation='none')      # 補間を行わず、矩形を矩形の集合で表示する

def patch(x, y, hatch, color):
    """ 指定された位置に指定された色で網掛けした
    matplotlibのpatchオブジェクトを返す。
    return matplotlib.patches.Rectangle((x - 0.5, y - 0.5), 1, 1,
                                        hatch=hatch, fill=False, color=color)

# 負の重みには、網掛けする
for i in range(5):                   # row
    for j in range(5):               # column
        if weights[5*i + j] < 0:     # row i, column j = weights[5*i + j]
            # グレーが濃くても薄くても見えるように、白と黒で網掛けする
            ax.add_patch(patch(j, i, '/', "white"))
            ax.add_patch(patch(j, i, '\\', "black"))

plt.show()
```

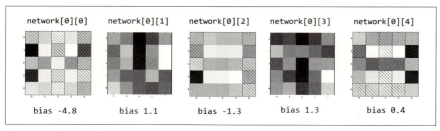

図18-4 隠れ層の重み

図18-4を見ると、最初の隠れ層には中の行の左列に正の大きな重みがあり、右列には負の大きな重みがあることが見て取れます（そして、その負の値は大きいため、「探している」ものが正確に正の値として入力されなければ、発火しないことを意味しています）。

実際に、この入力に対しては予想した通りの結果が出ます。

```
left_column_only = [1, 0, 0, 0, 0] * 5
print feed_forward(network, left_column_only)[0][0]      # 1.0

center_middle_row = [0, 0, 0, 0, 0] * 2 + [0, 1, 1, 1, 0] + [0, 0, 0, 0, 0] * 2
print feed_forward(network, center_middle_row)[0][0]     # 0.95

right_column_only = [0, 0, 0, 0, 1] * 5
print feed_forward(network, right_column_only)[0][0] # 0.0
```

同様に中央のニューロンは水平線が「好み」のようですが、両側の縦の線はそうでもなさそうです。最後のニューロンは中央の水平線を「好み」右側の列には関心がありません（その他の2つのニューロンは、解釈が難しいです）。

それでは、先の3に似せたデータを入力した場合には何が起きているのかを見てみましょう。

```
my_three = [0,1,1,1,0, # .@@@.
            0,0,0,1,1, # ...@@
            0,0,1,1,0, # ..@@.
            0,0,0,1,1, # ...@@
            0,1,1,1,0] # .@@@.

hidden, output = feed_forward(network, my_three)
```

隠れ層の出力を確認します。

```
0.121080 # network[0][0]の(1, 4)により値が小さくなった
0.999979 # network[0][1]の(0, 2)と(2, 2)が大きく寄与している
0.999999 # network[0][2]の(3, 4)以外の正の値によるもの
0.999992 # network[0][3]の(0, 2)と(2, 2)が同じく大きく寄与している
0.000000 # network[0][4]の中央の行以外で0以下の値の影響による
```

これが、「3」の出力ニューロンに以下のnetwork[-1][3]の重みと共に入力され、

```
-11.61 # hidden[0]に対する重み
 -2.17 # hidden[1]に対する重み
  9.31 # hidden[2]に対する重み
 -1.38 # hidden[3]に対する重み
-11.47 # hidden[4]に対する重み
- 1.92 # バイアスに対する重み
```

以下の計算が行われます。

```
sigmoid(.121 * -11.61 + 1 * -2.17 + 1 * 9.31 - 1.38 * 1 - 0 * 11.47 - 1.92)
```

その結果、先に見たように0.92という値が決まります。各25次元の入力を5つの数値に割り当てることで、隠れ層は25次元空間を5つの異なるパーティションに分割した計算を行います。そして出力ニューロンは、それぞれ5つのパーティションの値だけを使って結果を求めます。

この入力に対して0番目のパーティションの値が低い値 (つまり隠れ層ニューロン0は、少ししかアクティベートしていない) となり、1, 2, 3番目のパーティションは高い値 (すなわち、強くアクティベートされている) となり、4番目のパーティションは低い値 (このニューロンは全くアクティベートされていない) となっていました。

そして10個の出力ニューロンは、それら5つのパーティションのアクティベートされた結果を用いて、入力したデータがそれぞれの数値を表しているか否かを判断します。

18.5　さらなる探求のために

- Courseraでは、フリーのコース Neural Networks for Machine Learning が提供されています。筆者がこのコースを学んだのは2012年でしたが、コースは現在も利用可能です (https://www.coursera.org/learn/neural-networks)。
- Michael Nielsenは、フリーのオンライン書籍を、サイト Neural Networks and

Deep Learningで公開しています (http://neuralnetworksanddeeplearning.com/)。

- PyBrain (http://pybrain.org) はPythonの簡単なニューラルネットワーク用ライブラリです。

- Pylearn2 (http://deeplearning.net/software/pylearn2/) は、さらに高度な (そして使い方も難しい) ニューラルネットワーク用ライブラリです。

19章
クラスタリング

それらの集まりが私たちを狂気ではない気高い激しさへと導いたのです
—— ロバート・ヘリック ● 詩人

本書のアルゴリズムの多くは、教師あり学習に分類されるものです。これはあらかじめ**ラベル付け**されたデータを用いて学習し、その結果を使って別のラベル付けされていないデータの予測を行います。一方、クラスタリングは教師なし学習の一例であり、全くラベル付けされていない（または、ラベルがついていたとしても、それを無視する）データに対して適用されます。

19.1　アイディア

あらゆるデータは何らかのクラスタを形成しています。億万長者の住まいに関するデータは、おそらくビバリーヒルズやマンハッタンに集中するでしょう。週当たりの労働時間データは、40時間の周辺に固まります（法律で労働時間が20時間未満の者に対する特別手当を規定している場合には19時間の辺りに別の集団ができるでしょう）。登録有権者の分類データは、多様な集団（例えば、「子育てに忙しい母親」、「暇な引退世代」、「就職していない若者」）を作り、世論調査会社や政策コンサルタントが、その関連についてあれこれと検討を加えるでしょう。

これまで見てきた問題と異なり、一般的に言うとクラスタリングに「正解」は存在しません。異なるクラスタリング手法を使うと、「就職していない若者」ではなく「大学院生」と「引きこもり」に分けるかもしれません。どちらの手法がより正確なのかではなく、「どのようなクラスタが良いクラスタなのか」という判断基準に沿ってそれぞれを最適化すべきです。

また、クラスタは自らラベル付けを行わないので、個々のデータに内在する属性を読み解く必要があります。

19.2 モデル

　各入力はd次元空間のベクトルとします（そしていつものように、数値のリストで表現します）。ここでの目的は、同様の入力からなるクラスタを特定し、各クラスタを表す値を求めることです。

　例えば、（数値のベクトルをどうにかして解釈し）入力がブログのタイトルだったとしましょう。ここでの目的は、類似したブログ記事のクラスタを見つけ、ユーザがどのようなブログを書いているのかを理解することとなるでしょう。または、数千もの色を使った画像を10色だけで印刷しなければならない状況を考えます。クラスタリングにより10色を選び、「色の誤差」をできるだけ小さくします。

　最も単純なクラスタリングアルゴリズムの1つが**k平均法**です。これはクラスタの数kをあらかじめ決めておき、クラスタ内の平均からの距離の二乗和が最小となるように、入力をS_1からS_kに分類するというものです。

　n個の点をk個クラスタに分ける方法は、何種類もあります。つまり最適なクラスタを求めるのは非常に難しい問題であることを示しています。ここでは、たいていの場合で比較的良い結果が求められる繰り返しを使ったアルゴリズムを使うことにしましょう。

1. d次元空間のk個の中心点からスタートする
2. 各点を最も近い中心点のクラスタに割り当てる
3. 割り当てが変更されなければ、終了とする
4. クラスタへの割り当てが変更されていれば、中心点を再計算し、2から繰り返す

　「4.1　ベクトル」で作ったvector_mean関数を使えば、このアルゴリズムは簡単に実装できます。

```python
class KMeans:
    """k平均法クラスタリング"""
    def __init__(self, k):
        self.k = k        # クラスタの数
        self.means = None # クラスタの中心

    def classify(self, input):
        """入力に最も近いクラスタのインデックスを返す"""
        return min(range(self.k),
```

```
                         key=lambda i: squared_distance(input, self.means[i]))

    def train(self, inputs):
        # k個の点を最初の中心点として無作為に選択する
        self.means = random.sample(inputs, self.k)
        assignments = None

        while True:
            # 新しい割り当てが見つかった
            new_assignments = map(self.classify, inputs)

            # 割り当てが変化していなければ、終了
            if assignments == new_assignments:
                return

            # そうでなければ、新しい割り当てを採用する
            assignments = new_assignments

            # 新しい割り当てを使って、中心を再計算する
            for i in range(self.k):
                # クラスタiに属するすべての点を抽出
                i_points = [p for p, a in zip(inputs, assignments) if a == i]

                # 0の除算を行わないように、i_pointsが空でないことを確認
                if i_points:
                    self.means[i] = vector_mean(i_points)
```

これがどのように働くかを見てみましょう。

19.3 事例：オフラインミーティング

　データサイエンス・スター社の成長をビールやピザやデータサイエンス・スター T シャツなどで祝うために、顧客報奨担当部長は数回のオフラインミーティングを企画していました。地元ユーザの住所はすべて把握しているので（**図19-1**）、参加者が集まりやすい会場を選択できます。

　検討方法にもよりますが、おそらく2つか3つのクラスタに分けることになるでしょう（データが2次元なので、可視化は容易ですが、次元が増えると可視化は難しくなります）。

　オフラインミーティングの予算が3回分あるとして、次を試します。

```
random.seed(0)          # 筆者と同じ結果を得るため
clusterer = KMeans(3)
clusterer.train(inputs)
print clusterer.means
```

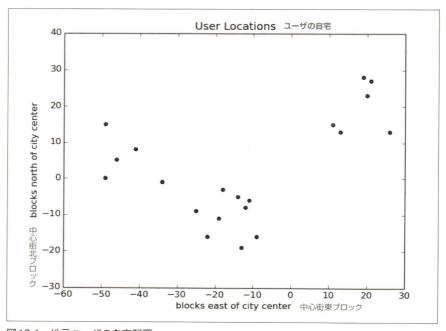

図19-1　地元ユーザの自宅配置

[−44, 5], [−16, −10], [18, 20]を中心とする3つのクラスタが見出せたので、オフラインミーティング開催場所をその近くで探します（図19-2）。

この結果を部長に見せたところ、実は予算が2回分しかないことがわかりました。
「問題ありません」そう告げて、次を実行します。

```
random.seed(0)
clusterer = KMeans(2)
clusterer.train(inputs)
print clusterer.means
```

19.3　事例：オフラインミーティング | **265**

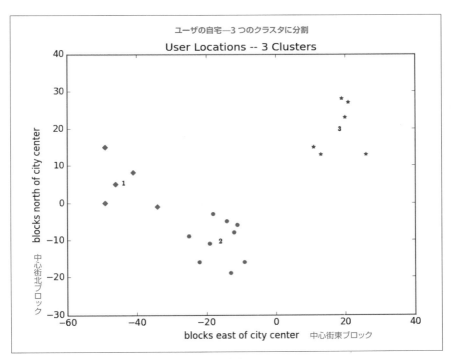

図19-2　3つのクラスタに分割した、ユーザの自宅配置

　図19-3のように、オフラインミーティング開催場所の1つは依然として[18, 20]の辺りですが、もう1つは、[−26, −5]の周辺となります。

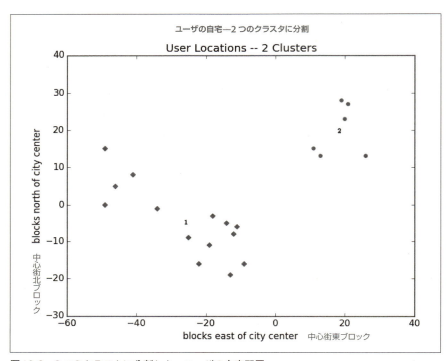

図19-3 2つのクラスタに分割した、ユーザの自宅配置

19.4 kの選択

　オフラインミーティングの例では、kの選択は我々の関与できない要因で決まりました。一般的には、そういうことはありません。kを選択する方法は、非常に多彩です。1つのわかりやすい方法が、誤差（クラスタの中心とクラスタ内各点との距離）の二乗和をkの関数としてグラフを描き、線が折れているところを見るというものです。

```
def squared_clustering_errors(inputs, k):
    """k平均法のクラスタの誤差二乗和を求める"""
    clusterer = KMeans(k)
    clusterer.train(inputs)
    means = clusterer.means
    assignments = map(clusterer.classify, inputs)
```

```
        return sum(squared_distance(input, means[cluster])
                   for input, cluster in zip(inputs, assignments))

# 1からlen(inputs)までクラスタ分けした結果のグラフを描く

ks = range(1, len(inputs) + 1)
errors = [squared_clustering_errors(inputs, k) for k in ks]

plt.plot(ks, errors)
plt.xticks(ks)
plt.xlabel("k")
plt.ylabel("total squared error")
plt.title("Total Error vs. # of Clusters")
plt.show()
```

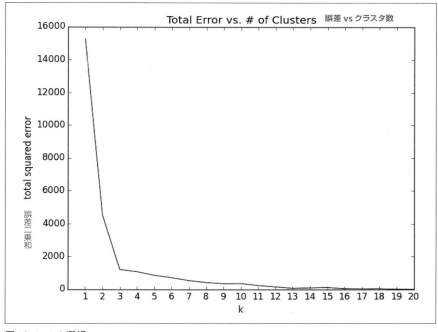

図19-4　kの選択

図19-4を見る限り、この手法では最初に行った3クラスタの分割が正しいように見

えます。

19.5　事例：色のクラスタリング

　装飾担当部長は、オフラインミーティングで配布するための魅力的なステッカーをデザインしました。残念なことに、手持ちのプリンターは1枚当たり5色しか使えないものでした。さらにアート担当部長が長期休暇中だったため、デザインを生かした上で5色で表現できるように修正できないか装飾担当部長から相談されていました。

　デジタルイメージは画素の2次元配列で表現できます。そして、それぞれの画素は、色を表す3次元（赤、緑、青）配列を持ちます。

　5色版のイメージは次の手順で作ります。

1. 5つの色を選択する
2. 各画素に、5つのうちのどれかを割りあてる

　画素を5つの赤-緑-青の色空間クラスタに分割するという、k平均法クラスタリングに適した作業であることがわかります。画素をクラスタごとに分類できれば、それぞれのクラスタの色を平均値に揃えれば完成です。

　始める前に、イメージをPythonに読み込む方法が必要です。ここではmatplotlibを使います。

```
path_to_png_file = r"C:\images\image.png" # イメージファイルの場所
import matplotlib.image as mpimg
img = mpimg.imread(path_to_png_file)
```

　imgはNumPy配列ですが、リストのリストのリストとして扱う必要があります。

　img[i][j]はi行j列のピクセルを示し、そのデータはピクセルの色である[赤，緑，青]を表す0から1の数値のリストとなっています（http://en.wikipedia.org/wiki/RGB_color_model）。

```
top_row = img[0]
top_left_pixel = top_row[0]
red, green, blue = top_left_pixel
```

　ここでは、すべてのピクセルを平らに並べたデータとして扱います。

```
pixels = [pixel for row in img for pixel in row]
```

そのデータをクラスタ分類器に与えます。

```
clusterer = KMeans(5)
clusterer.train(pixels) # 計算には時間がかかる
```

結果が得られたら、同じフォーマットで新しいイメージを作ります。

```
def recolor(pixel):
    cluster = clusterer.classify(pixel)    # ピクセルが分類されたクラスタの
                                           # インデックス
    return clusterer.means[cluster]        # クラスタの平均値

new_img = [[recolor(pixel) for pixel in row] # ピクセル行の色を再設定する
           for row in img]                   # イメージの行を順に処理する
```

最後に`plt.imshow()`で新しいイメージを表示します。

```
plt.imshow(new_img)
plt.axis('off')
plt.show()
```

白黒印刷された書籍ではカラーを表示できないため、元のフルカラー画像と5色に減色した画像のグレースケール版を**図19-5**としました。

図19-5　オリジナル画像と5色に減色した画像

19.6　凝集型階層的クラスタリング

　別のクラスタリング手法には、ボトムアップでクラスタを「成長」させるものがあります。具体的な手順は次の通りです。

1. 各入力から、その入力だけを含むクラスタを作る
2. クラスタが複数存在していれば、近傍にある2つのクラスタを結合する

　最終的には、すべての入力を含む大きなクラスタが1つ残ります。結合の経過を覚えているなら、結合を分離することで好みの数のクラスタが作れます。例えば、3つのクラスタを作りたいのであれば、最後から2回分の結合を取り消せば良いのです。

　非常に単純なクラスタ表現を使いましょう。

```python
leaf1 = ([10, 20],)  # 値が1つのタプルを作るには、最後のカンマが必要
leaf2 = ([30, -15],) # そうしないと、Pythonはカッコをただのカッコとして扱う
```

　これらを使って、結合したクラスタを作りましょう。この値は（結合順, クラスタ）の値からなる2値のタプルで表します。

```python
merged = (1, [leaf1, leaf2])
```

　結合順については後で扱います。まず、ヘルパー関数をいくつか作ります。

```python
def is_leaf(cluster):
    """タプルの長さが1ならば、末端クラスタ"""
    return len(cluster) == 1

def get_children(cluster):
    """結合クラスタなら、その2つの子クラスタを返す。
    末端クラスタなら、例外を投げる発生させる"""
    if is_leaf(cluster):
        raise TypeError("a leaf cluster has no children")
    else:
        return cluster[1]

def get_values(cluster):
    """（末端クラスタの場合）クラスタ内の値を返す
    （結合クラスタの場合）下位にあるすべての末端クラスタの値を返す"""
    if is_leaf(cluster):
        return cluster          # 末端クラスタなので、値を1つ持つタプル
```

```
else:
    return [value
            for child in get_children(cluster)
            for value in get_values(child)]
```

　近傍のクラスタを結合するために、クラスタ間の距離とは何かを決める必要があります。ここでは、2つのクラスタそれぞれに属する要素間の**最小値**をクラスタ間の距離とし、隣り合う2つのクラスタを結合します（この方法は、場合により緊密ではない大きな鎖状のクラスタを形成することがあります）。密な球状のクラスタが必要ならば、代わりに要素間の**最大値**を距離とすることで2つのクラスタが最小の球状になるよう結合されます。**平均値**を使うものとあわせて、いずれも一般的な選択肢です。

```
def cluster_distance(cluster1, cluster2, distance_agg=min):
    """cluster1とcluster2の要素間の距離を求め、
    パラメータdistance_aggを適用する"""
    return distance_agg([distance(input1, input2)
                        for input1 in get_values(cluster1)
                        for input2 in get_values(cluster2)])
```

　結合順の値を使って結合の順番を辿ります。小さい値は後で結合したことを示すことにするので、分離するときは小さな値のものから順に使います。末端クラスタは結合されたものではない（つまり分離しない）ので、その結合順を求めると無限大が返ることにします。

```
def get_merge_order(cluster):
    if is_leaf(cluster):
        return float('inf')
    else:
        return cluster[0] # 結合順は、2値タプルの第一要素
```

これでアルゴリズムを実装する準備ができました。

```
def bottom_up_cluster(inputs, distance_agg=min):
    # すべての入力を、値が1つの末端クラスタにする
    clusters = [(input,) for input in inputs]

    # 1つ以上のクラスタが残っている限り続ける
    while len(clusters) > 1:
        # 2つの近傍クラスタを選択
        c1, c2 = min([[(cluster1, cluster2)
```

272 | 19章　クラスタリング

```
                    for i, cluster1 in enumerate(clusters)
                    for cluster2 in clusters[:i]],
                    key=lambda (x, y): cluster_distance(x, y, distance_agg))

    # それらをクラスタのリストから取り除く
    clusters = [c for c in clusters if c != c1 and c != c2]

    # 結合順を残りのクラスタ数にして、2つのクラスタを結合する
    merged_cluster = (len(clusters), [c1, c2])

    # 結合したクラスタをリストに加える
    clusters.append(merged_cluster)

# クラスタ数が1になったので、それを返す
return clusters[0]
```

使い方は簡単です。

```
base_cluster = bottom_up_cluster(inputs)
```

見にくい表現となりますが、次のクラスタが得られます。

```
(0, [(1, [(3, [(14, [(18, [([19, 28],),
                          ([21, 27],)]),
                    ([20, 23],)]),
              ([26, 13],)]),
        (16, [([11, 15],),
              ([13, 13],)])]),
    (2, [(4, [(5, [(9, [(11, [([-49, 0],),
                              ([-46, 5],)]),
                        ([-41, 8],)]),
                  ([-49, 15],)]),
              ([-34, -1],)]),
         (6, [(7, [(8, [(10, [([-22, -16],),
                              ([-19, -11],)]),
                        ([-25, -9],)]),
                  (13, [(15, [(17, [([-11, -6],),
                                    ([-12, -8],)]),
                              ([-14, -5],)]),
                        ([-18, -3],)])]),
              (12, [([-13, -19],),
                    ([-9, -16],)])])])])
```

結合クラスタが縦に並ぶようにしてあります。「クラスタ0」を結合順が0のクラスタ

19.6 凝集型階層的クラスタリング | **273**

を表すことにすると、このクラスタは次のように解釈できます。

- クラスタ0は、クラスタ1とクラスタ2の結合
- クラスタ1は、クラスタ3とクラスタ16の結合
- クラスタ16は、リーフクラスタ[11, 15]と[13, 13]の結合
- 以下続く...

入力が20個なので、1つのクラスタになるまでに19の結合が行われました。最初の結合クラスタ18は、[19, 28]と[21, 27]の結合で、最後の結合クラスタはクラスタ0です。

普通、このようなクラスタのテキスト表現では、目を悪くしかねません(クラスタ構造を見やすい形で可視化する方法は、別の興味深い問題でもあります)。その代わりに、適切な分解を行い任意の数のクラスタに分ける関数を作りましょう。

```python
def generate_clusters(base_cluster, num_clusters):
    # 元のクラスタをリストにしてから開始する
    clusters = [base_cluster]

    # 指定した数のクラスタになるまで繰り返す
    while len(clusters) < num_clusters:
        # 最後に行われた結合を探す
        next_cluster = min(clusters, key=get_merge_order)
        # クラスタのリストから、取り除く
        clusters = [c for c in clusters if c != next_cluster]
        # 分離したクラスタをリストに追加する
        clusters.extend(get_children(next_cluster))

    # 指定したクラスタ数になったものを返す
    return clusters
```

例えば、3つのクラスタが必要ならば、次を実行します。

```python
three_clusters = [get_values(cluster)
                  for cluster in generate_clusters(base_cluster, 3)]
```

グラフ化も簡単です。

```python
for i, cluster, marker, color in zip([1, 2, 3],
                                     three_clusters,
```

```
                         ['D','o','*'],
                         ['r','g','b']):
    xs, ys = zip(*cluster) # magic unzipping trick
    plt.scatter(xs, ys, color=color, marker=marker)

    # クラスタの平均を表示する
    x, y = vector_mean(cluster)
    plt.plot(x, y, marker='$' + str(i) + '$', color='black')

plt.title("User Locations -- 3 Bottom-Up Clusters, Min")
plt.xlabel("blocks east of city center")
plt.ylabel("blocks north of city center")
plt.show()
```

図19-6に示すように、k平均法とは異なる結果が得られます。

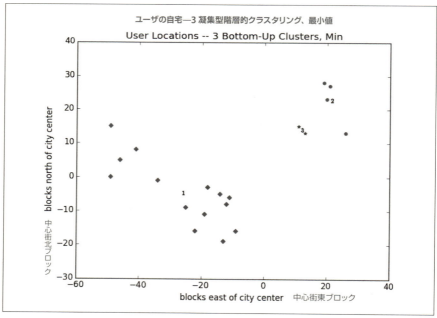

図19-6 最小値による3凝集型階層的クラスタリング

先に述べたように、クラスタ距離に最小値を用いたため鎖状のクラスタが形成される傾向があります。(集中したクラスタができるように)最大値を用いると3平均を用いた結果と似たものになります(図19-7)。

ここで使った凝集型階層的クラスタリングのアルゴリズムは、比較的簡単なものでしが、同時に恐ろしく非効率的なものでした。具体的には、各ステップでクラスタ間の距離を毎回再計算していました。効率的にするなら、各データ間の距離は事前に計算しておき、cluster_distance関数が必要とした際には取り出せるようにしておく方法が考えられます。もっと効率的にするなら、前回呼び出したcluster_distanceの結果を覚えておくような方法が考えられます。

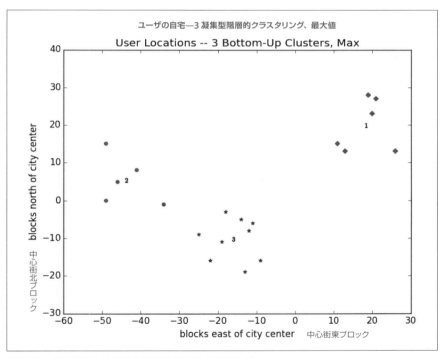

図19-7　最大値による3凝集型階層的クラスタリング

19.7 さらなる探求のために

- scikit-learnでは、k平均法やウォード法（ここで用いたものとは別の結合クラスタリング手法）を含めた各種のクラスタリングアルゴリズムをsklearn.clusterモジュールとして提供しています（http://scikit-learn.org/stable/modules/clustering.html）。

- SciPy（http://www.scipy.org/）にはscipy.cluster.vg（k平均法）とscipy.cluster.hierarchy（さまざまな階層的クラスタリング手法）の2つのクラスタリングモジュールを提供しています。

20章
自然言語処理

どこかの言葉の大宴会に出て、お余りを盗んで来たんだろう。
(和田勇一訳「恋の骨折り損」の一節)
── ウィリアム・シェイクスピア ● 劇作家

自然言語処理 (NLP：Natural language processing)とは、言語をコンピュータで扱うための手法を指します。範囲の広い分野ですが、本書では簡単な手法と複雑な手法をいくつか取り上げます。

20.1　ワードクラウド

第1章ではユーザが興味を持っている分野の単語を数えました。単語とその頻度を可視化する1つの手法がワードクラウドです。これは単語を頻度に応じた大きさで表示する見た目に美しい配置方法です。

しかしワードクラウドでは、単語の位置に「そこに単語を配置する余地がある」以上の意味がないため、データサイエンティストはワードクラウドをあまり重要視しません。

ワードクラウドを作った経験があるなら、座標に意味を持たせられるか考えたことがあるでしょう。例えば、データサイエンス関連のバズワードそれぞれに0から100までの数値が2つ付随しているとしましょう。1つ目は求人票に登場する頻度、2つ目は履歴書に書かれる頻度です。

```
data = [ ("big data", 100, 15), ("Hadoop", 95, 25), ("Python", 75, 50),
         ("R", 50, 40), ("machine learning", 80, 20), ("statistics", 20, 60),
         ("data science", 60, 70), ("analytics", 90, 3),
         ("team player", 85, 85), ("dynamic", 2, 90), ("synergies", 70, 0),
         ("actionable insights", 40, 30), ("think out of the box", 45, 10),
         ("self-starter", 30, 50), ("customer focus", 65, 15),
         ("thought leadership", 35, 35)]
```

ワードクラウドでは、見栄えの良いフォントで単語を配置するだけです (図20-1)。

図20-1　バズワードクラウド

　見た目は良いのですが、あまり多くの情報をもたらしていません。例えば、水平方向に求人票上の頻度を、垂直方向に履歴書上の頻度を表すように配置したなら、もっと多くの視点を提供してくれます（図20-2）。

```
def text_size(total):
    """totalが0なら8、200なら28にする"""
    return 8 + total / 200 * 20

for word, job_popularity, resume_popularity in data:
    plt.text(job_popularity, resume_popularity, word,
             ha='center', va='center',
             size=text_size(job_popularity + resume_popularity))
plt.xlabel("Popularity on Job Postings")
plt.ylabel("Popularity on Resumes")
plt.axis([0, 100, 0, 100])
plt.xticks([])
plt.yticks([])
plt.show()
```

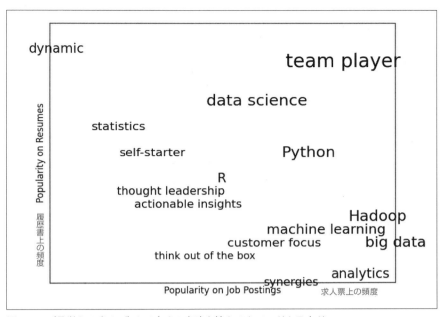

図20-2 （見栄えは劣るが）より多くの意味を持たせたワードクラウド

20.2 n-gramモデル

　データサイエンス・スター社の検索エンジンマーケティング担当部長は、同社のサイトがデータサイエンス関連検索の上位となるように何千ものWebページを作りたいと考えていました（検索エンジンのアルゴリズムは洗練されているため、Webページをどれだけ多く作っても役に立たないことを説明しましたが、部長は聞く耳を持ちませんでした）。

　もちろん部長はページを何千も作りたいわけではなく、多数の「コンテンツ戦略の専門家」に高額の報酬を払いたいとも思っていません。その代わりにプログラム的にWebページを生成できないかとの相談を持ちかけられました。そのためには、言語をモデル化する方法が必要です。

　さまざまな文章のコーパスを作り、統計モデルを学習させる方法が考えられます。まず手始めにMike Loukidesの「データサイエンスとは何か（What is data science）」を使いましょう（https://www.oreilly.com/ideas/what-is-data-science）。

280 | 20章　自然言語処理

　第9章で行ったように、データを読み込むために requests と BeautifulSoup を使います。いくつか注意すべき問題があります。

　1つ目の問題は、テキストに使われているアポストロフィーが Unicode 文字の u"\u2019" である点です。これを通常のアポストロフィーに置き換えるヘルパー関数を作ります。

```python
def fix_unicode(text):
    return text.replace(u"\u2019", "'")
```

　2つ目問題は、Web ページからテキストを取り出したら、（文がどこで終わるかを示せるように）テキストを単語とピリオドの列に分割する必要があります。これは re.findall() を用いて解決します。

```python
from bs4 import BeautifulSoup
import requests
url = "http://radar.oreilly.com/2010/06/what-is-data-science.html"
html = requests.get(url).text
soup = BeautifulSoup(html, 'html5lib')

content = soup.find("div", "entry-content") # find entry-content div
regex = r"[\w']+|[\.]" # 単語またはピリオドにマッチする正規表現

document = []

for paragraph in content("p"):
    words = re.findall(regex, fix_unicode(paragraph.text))
    document.extend(words)
```

　その上で得られたデータをさらに整理しなければなりません。無関係なテキスト（例えば、"Section"）が多数入っていますし、文の中にあるピリオド（例えば"Web 2.0"）で分割される点も考慮が必要です。見出しやリストなども散在しています。そうして、書かれている通りの文章を扱います。

　これで単語の列であるテキストを得ました。これを使って次の手順でモデルを作ります。まず開始の単語（例えば"book"）に続く単語をすべて拾います（ここでは"isn't"、"a"、"shows"、"demonstrates"、"teaches"が得られます）。その中から無作為に次の開始とする単語を選び、これを文の終わりを示すピリオドに達するまで繰り返します。これを bi-gram モデルと呼び、元のデータに出現する bi-gram（単語のペア）の頻度によって決まります。

開始の単語はどうしましょう。ピリオドの後にある単語から無作為に選びます。まず存在する単語のつながりを事前に用意しておきましょう。zip関数は入力が終わりに達すると終了することを思い出してください。そのためzip(document, document[1:])により文書内の連続したペアを正確に抽出できます。

```python
bigrams = zip(document, document[1:])
transitions = defaultdict(list)
for prev, current in bigrams:
    transitions[prev].append(current)
```

これで、文を生成する準備ができました。

```python
def generate_using_bigrams():
    current = "."          # 次の単語が文の開始を示す。
    result = []

    while True:
        next_word_candidates = transitions[current]   # bi-gramsでcurrentの次にくる単語
        current = random.choice(next_word_candidates) # そこから無作為に1つ選ぶ
        result.append(current)                        # 結果のリストに追加
        if current == ".": return " ".join(result)    # "."だったら終了
```

意味不明な文章が生成されますが、これをWebサイトに載せればデータサイエンス風を装えます。

> If you may know which are you want to data sort the data feeds web friend someone on trending topics as the data in Hadoop is the data science requires a book demonstrates why visualizations are but we do massive correlations across many commercial disk drives in Python language and creates more tractable form making connections then use and uses it to solve a data.
> —— Bigram Model

> どのような種類のデータを必要としているのかを知っていて、例えばHadoopの中のデータのような流行の話題をWeb上の友人に対して与えることがデータサイエンスであり、どうして可視化はそうでなければならないのかを実際に示すための書籍を必要とするようなものです。しかし、私たちはPython言語に関する商用のディスクドライブをまたがった巨大な相関性の獲得と、素直な形式の生成によるデータの解決というよりむしろ多くの接続の作成を行います。   —— Bigramモデル

20章　自然言語処理

tri-gram、つまり連続した3つの単語を使えばもう少しましな文章になります（一般的には、n個の連続した単語を使うn-gramsを使いますが、ここでは3が大きさとしては妥当です）。この場合、単語の遷移は直前の2つの単語に依存します。

```python
trigrams = zip(document, document[1:], document[2:])
trigram_transitions = defaultdict(list)
starts = []

for prev, current, next in trigrams:

    if prev == ".":              # 直前の単語がピリオドならば、
        starts.append(current)  # ここが文の開始

    trigram_transitions[(prev, current)].append(next)
```

開始単語をそれぞれ覚えておく必要がある点に注意しましょう。文の生成方法は、ほぼ同じです。

```python
def generate_using_trigrams():
    current = random.choice(starts)  # 開始単語を無作為に選択する
    prev = "."                       # ピリオドを前置する

    result = [current]
    while True:
        next_word_candidates = trigram_transitions[(prev, current)]
        next_word = random.choice(next_word_candidates)

        prev, current = current, next_word
        result.append(current)

        if current == ".":
            return " ".join(result)
```

この方法なら、多少ましな文が生成されます。

In hindsight MapReduce seems like an epidemic and if so does that give us new insights into how economies work That's not a question we could even have asked a few years there has been instrumented.

—— Trigram Model

> 結果的に、MapReduceはただの流行のように思えます。もしそうであるなら仕組みが提供されていたここ数年の間に我々が問われ続けていた問題とは異なりますが、経済の働きに対する新たな洞察を与えてくれます。 —— Trigram モデル

文の生成処理の各ステップで、選択できる単語の範囲が狭められ、多くのステップでは選択肢が1つとなっていたことが、より良い文章の生成に寄与しています。つまり生成した文章（または、長いフレーズ）は、オリジナルデータに書かれたていたものがそのまま頻繁に使われることを意味しています。データが多ければ改善されます。複数のデータサイエンス関連のエッセイからn-gramsを収集することも改善のための一手法です。

20.3　文法

正しい文を生成するためのルールである**文法**を使う言語モデリング手法も存在します。小学校で品詞とその組み合わせ方法[1]を習ったことと思います。優れた英語の先生に恵まれていなかったのなら、文は名詞とそれに続く動詞で構成される必要があると教わったことでしょう。**名詞**と**動詞**のリストがあれば、そのルールに従い文を生成できます。

ここではもう少し複雑な文法を定義します。

```
grammar = {
    "_S"  : ["_NP _VP"],
    "_NP" : ["_N",
             "_A _NP _P _A _N"],
    "_VP" : ["_V",
             "_V _NP"],
    "_N"  : ["data science", "Python", "regression"],
    "_A"  : ["big", "linear", "logistic"],
```

---

[1]　訳注：日本の小学校では英語の文法を習わないので、英語を母国語としている国の話だと想定する。

```
        "_P" : ["about", "near"],
        "_V" : ["learns", "trains", "tests", "is"]
    }
```

慣例に従い、下線から始まる名前は導出が必要なものを表しています。その他は終端記号であり、それ以上の導出は必要ありません。

例えば"_S"は、"文 (sentence)"のルールであり、"_VP"("動詞句 (verb phrase)")のルールと"_NP"("名詞句 (noun phrase)")のルールを生成します。

動詞句のルールは、"_V"("動詞 (verb)")か、名詞句に続く動詞のルールのどちらかに展開されます。

"_NP"ルールは生成ルールの一部に自分自身を含む点に着目しましょう。文法は再帰的に定義できるので、限られた文法が無限の異なる文章を生成できます。

それでは、この文法からどのように文書を生成するのでしょうか。文章のルールを定義しているリスト["_S"]からスタートします。各ルールは生成ルールのいずれかと無作為に置き換えます。リストのすべてが終端記号となった時に、この繰り返しは終了します。

例を1つ示しましょう。

```
['_S']
['_NP','_VP']
['_N','_VP']
['Python','_VP']
['Python','_V','_NP']
['Python','trains','_NP']
['Python','trains','_A','_NP','_P','_A','_N']
['Python','trains','logistic','_NP','_P','_A','_N']
['Python','trains','logistic','_N','_P','_A','_N']
['Python','trains','logistic','data science','_P','_A','_N']
['Python','trains','logistic','data science','about','_A', '_N']
['Python','trains','logistic','data science','about','logistic','_N']
['Python','trains','logistic','data science','about','logistic','Python']
```

これを実装するために、まず終端記号を判別するヘルパー関数を作ります。

```
def is_terminal(token):
    return token[0] != "_"
```

次にトークンのリストから文に変換する関数を作ります。リストの中から最初の非終

端記号を探します。非終端記号が1つもなければ、文の生成は完了です。

非終端記号があれば、その生成ルールのいずれかと無作為に置き換えます。その生成ルールが終端記号（つまり単語）であれば、単にその終端記号と置き換えます。もしも空白で区切られた非終端記号列であれば、まず空白区切りで分割しリストの要素としてつなぎます。どちらの場合でも新しく作られたトークンのリストを使って手順を繰り返します。

これをまとめると次の関数になります。

```python
def expand(grammar, tokens):
    for i, token in enumerate(tokens):

        # 終端記号の場合、次のトークンに進む
        if is_terminal(token): continue

        # 非終端記号を見つけたので、
        # 無作為に、生成ルールのいずれかと置き換える
        replacement = random.choice(grammar[token])

        if is_terminal(replacement):
            tokens[i] = replacement
        else:
            tokens = tokens[:i] + replacement.split() + tokens[(i+1):]

        # 新しいトークンのリストにexpandを適用する
        return expand(grammar, tokens)

    # ここに到達した際には、すべて終端記号に置き換え完了している
    return tokens
```

それでは、文を生成してみましょう。

```python
def generate_sentence(grammar):
    return expand(grammar, ["_S"])
```

単語やルールや独自の言い回しなどを追加して、必要とするWebページが生成できる程度まで文法を変更してみてください。

これとは異なる目的のために文法を使えば、より興味深い結果が得られます。与えられた文に文法を適用して構文解析を行えば、文の主語や動詞を特定したり、文の意

286 | 20章　自然言語処理

味を理解する助けとなります。

　データサイエンスを使った文章の生成は匠の技です。そして文章の理解のために
データサイエンスを使うのは一種の魔法と言えるかもしれません（そのためのライブラ
リについては、「20.6　さらなる探求のために」を参照してください）。

20.4　余談：ギブスサンプリング

　ある分布に従った標本の生成は簡単です。まず一様確率変数は次のように生成し、

```
random.random()
```

　正規分布に従う確率変数を次の式で生成できます。

```
inverse_normal_cdf(random.random())
```

　しかしある種の分布では、その標本の生成が難しい場合があります。ギブスサンプリ
ングは、条件付き分布の一部が既知である多次元分布に対して標本を生成する技法
です。

　例えば、さいころを2つ投げます。xを1つ目のさいころの目、yを2つの目との合計
として、(x, y)を大量に生成するとします。この場合、次のように標本の生成は簡単で
す。

```
def roll_a_die():
    return random.choice([1,2,3,4,5,6])

def direct_sample():
    d1 = roll_a_die()
    d2 = roll_a_die()
    return d1, d1 + d2
```

　しかし、条件付き分布のみが既知であるとします。xの値が既知である場合は、xに
対するyの条件付き分布は単純です。yは$x + 1, x + 2, x + 3, x + 4, x + 5, x + 6$のい
ずれかだからです。

```
def random_y_given_x(x):
    """equally likely to be x + 1, x + 2, ... , x + 6"""
    return x + roll_a_die()
```

　より複雑な条件もありえます。例えば、yが2であることが既知である場合、xは1

20.4 余談：ギブスサンプリング | **287**

である必要があります（2つの目の合計が2であるためには、両方の目が1でなければならない）。yが3であるなら、xは1か2です。同様にyが11なら、xは5か6でなければなりません。

```python
def random_x_given_y(y):
    if y <= 7:
        # 合計が7以下であれば、最初の目は
        # 1, 2, ...（合計 - 1）のいずれかである
        return random.randrange(1, y)
    else:
        # 合計がそれ以上なら、最初の目は、
        #（合計 - 6）,（合計 - 5）, ..., 6のいずれかである
        return random.randrange(y - 6, 7)
```

ギブスサンプリングは、（有効な）xとyの組から初めて、与えられたyの条件下でxを無作為に選択し、そのxの値の条件下でyを無作為に選択します。何度か繰り返すことで、xとyの値は無条件結合分布に従います。

```python
def gibbs_sample(num_iters=100):
    x, y = 1, 2      # はじめの値は、あまり重要でない
    for _ in range(num_iters):
        x = random_x_given_y(y)
        y = random_y_given_x(x)
    return x, y
```

次のように比較すれば、この方法で求めた標本が単純に求めた場合と同様の結果になることがわかります。

```python
def compare_distributions(num_samples=1000):
    counts = defaultdict(lambda: [0, 0])
    for _ in range(num_samples):
        counts[gibbs_sample()][0] += 1
        counts[direct_sample()][1] += 1
    return counts
```

この手法を次のセクションで使います。

20.5　トピックモデリング

第1章で「知り合いかも」機能を作った際には、単純に興味の対象となっている言葉に完全一致するものを探しました。

ユーザの興味を理解するためのさらに洗練された手法では、興味の根底にある**トピック**（話題）を探り出そうとします。**潜在的ディリクレ分析**（Latent Dirichlet Analysis：LDA）と呼ばれる手法は、複数の文章に共通した話題を特定するために使われる一般的な手法です。

LDAは文章の確率的モデルを前提としている点が、第13章で使用した単純ベイズ分類器と類似しています。難解な数学的詳細は省略しますが、この手法では以下の点を前提としています。

- トピックの数Kは固定されている
- 各トピックに対して関連する単語の確率分布を表す確率変数が存在する。この分布はトピックkに対するwの出現頻度と考えられる。
- 各文書に対してトピックの確率分布を表す確率変数が存在する。この分布は、文書dに含まれるトピックの組み合わせと考えられる。
- 文書中の各単語は、まず（その文書に対するトピックの分布より）無作為にトピックを選択し、（そのトピックに対する単語の分布より）無作為に単語を選択する。

具体的には、単語のリストとしていくつかの文書を持っているとします。加えて、その文章の各単語に対するトピックのリスト（値は0から$K-1$）である document_topics を持っています。

4番目の文書の5番目の単語は次のように得られます。

```
documents[3][4]
```

そして対応する単語のトピックは次のように得られます。

```
document_topics[3][4]
```

これにより各文書のトピックに対する分布は明確になり、単語のトピックに対する分布も暗黙のうちに得られます。

トピック1がある単語を何回生成したかと、それ以外の単語を何回生成したかを比較することにより、トピック1のその単語に対する尤度を推定することが可能です（こ

れは第13章でスパムフィルタを作成した際に、スパムに含まれる各単語の頻度とスパム中の単語の総数を比較したのと似ています)。

このトピックは単なる数値であるにもかかわらず、そのトピック上最も重く用いられている単語を調べることで、トピックを説明する名前を与えることができます。必要なのは、document_topicsを生成することであり、ここでギブスサンプリングが役立ちます。

まず、各文書の単語それぞれに対するトピックを無作為に与えます。それでは文書ごとに単語を1つずつ処理しましょう。そのトピックに対する単語の (現在) 分布とその文書の中におけるトピックの (現在) 分布から、各トピックの重みを計算します。続いてその重みを使い、その単語に対する新しいトピックを標本化します。この作業を繰り返し行えば、トピックに対する単語の分布と文書に対するトピックの分布の結合分布に至ります。

最初に任意の重みの集合から、重みのインデックスを無作為に選択する関数を作ります。

```python
def sample_from(weights):
    """weights[i] / sum(weights) となるiを返す"""
    total = sum(weights)
    rnd = total * random.random()      # 0 から重みの合計の間の一様乱数
    for i, w in enumerate(weights):
        rnd -= w                       # weights[0] + ... + weights[i] >= rnd となる
        if rnd <= 0: return i          # 最小のiを返す
```

例えば、重みが[1, 1, 3]であった場合、0を返す場合が1/5。1を返す場合が1/5。そして2を返す場合が3/5となります。

文章のリストは、ユーザの興味の一覧であり、次のようなリストとなります。

```python
documents = [
    ["Hadoop", "Big Data", "HBase", "Java", "Spark", "Storm", "Cassandra"],
    ["NoSQL", "MongoDB", "Cassandra", "HBase", "Postgres"],
    ["Python", "scikit-learn", "scipy", "numpy", "statsmodels", "pandas"],
    ["R", "Python", "statistics", "regression", "probability"],
    ["machine learning", "regression", "decision trees", "libsvm"],
    ["Python", "R", "Java", "C++", "Haskell", "programming languages"],
    ["statistics", "probability", "mathematics", "theory"],
    ["machine learning", "scikit-learn", "Mahout", "neural networks"],
```

```
    ["neural networks", "deep learning", "Big Data", "artificial intelligence"],
    ["Hadoop", "Java", "MapReduce", "Big Data"],
    ["statistics", "R", "statsmodels"],
    ["C++", "deep learning", "artificial intelligence", "probability"],
    ["pandas", "R", "Python"],
    ["databases", "HBase", "Postgres", "MySQL", "MongoDB"],
    ["libsvm", "regression", "support vector machines"]
]
```

ここからK = 4のトピックを探します。

標本の重みを計算するために、いくつかの値を数える必要があります。まず、そのためのデータ構造を作りましょう。

各トピックが、その文書に何回割り当てられたか。

```
# 文書ごとのカウンターをリスト
document_topic_counts = [Counter() for _ in documents]
```

各単語が、そのトピックに何度割り当てられたか。

```
# トピックごとのカウンターをリスト
topic_word_counts = [Counter() for _ in range(K)]
```

そのトピックに割り当てられた単語の総数。

```
# トピックごとの総数のリスト
topic_counts = [0 for _ in range(K)]
```

文書ごとの単語総数。

```
# 文書ごとの総数のリスト
document_lengths = map(len, documents)
```

ユニークな単語の数。

```
distinct_words = set(word for document in documents for word in document)
W = len(distinct_words)
```

文章の数。

```
D = len(documents)
```

これらの値が集計できれば、例えばdocuments[3]の中でトピック1に関連付いた単語の数は、次の式で得られます。

```
document_topic_counts[3][1]
```

そして、トピック2に関連づいた「nlp」の数は次の式で得られます。

```
topic_word_counts[2]["nlp"]
```

これで条件付き確率を求める関数の準備ができました。第13章で見たように、どのトピックを選択しても単語の出現が0とならないように、これらの関数はスムージングパラメータを持ちます。

```python
def p_topic_given_document(topic, d, alpha=0.1):
    """documents[d]中で、トピックtopicに割り当てられた単語の割合
    （スムージング項が含まれる）"""

    return ((document_topic_counts[d][topic] + alpha) /
            (document_lengths[d] + K * alpha))

def p_word_given_topic(word, topic, beta=0.1):
    """トピックtopicに割り当てられた単語wordの割合
    （スムージング項が含まれる）"""

    return ((topic_word_counts[topic][word] + beta) /
            (topic_counts[topic] + W * beta))
```

これらを用いて、更新されたトピックの重みを計算します。

```python
def topic_weight(d, word, k):
    """与えられた文書とその中の単語に対する、k番目トピックの
    重みを返す"""

    return p_word_given_topic(word, k) * p_topic_given_document(k, d)

def choose_new_topic(d, word):
    return sample_from([topic_weight(d, word, k)
                        for k in range(K)])
```

topic_weightの計算方法については数学的に確かな理由が存在しますが、その詳細を知るには相当な長旅を覚悟しなければなりません。単語と文書が与えられた場合、各トピックに対する尤度は、その文章にどの程度そのトピックが割り当てられるか、そしてそのトピックにどの程度その単語が割り当てられるかの両方に関連していることは、少なくとも直感的にわかります。

部品はすべて揃いました。各単語に無作為のトピックを与えて、各種のカウンター
を用意します。

```python
random.seed(0)
document_topics = [[random.randrange(K) for word in document]
                    for document in documents]

for d in range(D):
    for word, topic in zip(documents[d], document_topics[d]):
        document_topic_counts[d][topic] += 1
        topic_word_counts[topic][word] += 1
        topic_counts[topic] += 1
```

　ゴールはトピックと単語の分布および文書とトピックの分布の結合標本を得ること
です。先に定義した条件付き確率を使いギブスサンプリングによりこれを求めます。

```python
for iter in range(1000):
    for d in range(D):
        for i, (word, topic) in enumerate(zip(documents[d],
                                               document_topics[d])):

            # 重みに影響を与えないように、まずこの単語 / トピックを
            # 除外する
            document_topic_counts[d][topic] -= 1
            topic_word_counts[topic][word] -= 1
            topic_counts[topic] -= 1
            document_lengths[d] -= 1

            # 重みに従い、新しいトピックを割り当てる
            new_topic = choose_new_topic(d, word)
            document_topics[d][i] = new_topic

            # 新しいトピックでカウンターを更新する
            document_topic_counts[d][new_topic] += 1
            topic_word_counts[new_topic][word] += 1
            topic_counts[new_topic] += 1
            document_lengths[d] += 1
```

　トピックは1, 2, 3といった単なる数値として扱ってきました。それらに名前を与え
るのはデータから行います。各トピックに割り当てられた単語を重み順に見てみましょ
う。

```
for k, word_counts in enumerate(topic_word_counts):
    for word, count in word_counts.most_common():
        if count > 0: print k, word, count
```

表20-1　トピックごとの頻出単語

Topic 0	Topic 1	Topic 2	Topic 3
Java	R	HBase	regression
Big Data	statistics	Postgres	libsvm
Hadoop	Python	MongoDB	scikit-learn
deep learning	probability	Cassandra	machine learning
artificial intelligence	pandas	NoSQL	neural networks

これらを元に、トピックの名前付けを行います。

```
topic_names = ["Big Data and programming languages",
               "Python and statistics",
               "databases",
               "machine learning"]
```

これを用いて、モデルがユーザの興味をどのようにトピックに割り当てたのかも見てみましょう。

```
for document, topic_counts in zip(documents, document_topic_counts):
    print document
    for topic, count in topic_counts.most_common():
        if count > 0:
            print topic_names[topic], count,
    print
```

実行結果は次のようになります。

```
['Hadoop', 'Big Data', 'HBase', 'Java', 'Spark', 'Storm', 'Cassandra']
Big Data and programming languages 4 databases 3
['NoSQL', 'MongoDB', 'Cassandra', 'HBase', 'Postgres']
databases 5
['Python', 'scikit-learn', 'scipy', 'numpy', 'statsmodels', 'pandas']
Python and statistics 5 machine learning 1
```

トピックの名前のいくつかには、"and"を用いました。トピックの数をもっと増やす必要があったことを示すのかもしれませんが、おそらく学習に必要なデータが足りなかったのでしょう。

20.6 さらなる探求のために

- Natural Language Toolkit (http://www.nltk.org/) は、一般的 (かつ包括的な) Python用NLPライブラリです。このライブラリ用の書籍が存在し、オンラインで公開されています (http://www.nltk.org/book/)。

- gensimは、Python用トピックモデリングライブラリです。ここで自作したモデルよりも優れた機能を提供しています (http://radimrehurek.com/gensim/)。

21章
ネットワーク分析

> 周囲に存在するすべての物体と皆さんとの関連性が、
> 文字通り皆さんを定義するのです。
>
> ──アーロン・オコンネル ● 物理学者

データに関する多くの興味深い問題は、各種のノードとそれをつなぐエッジで構成されるネットワークを使えば、効果的に考えることができます。

例えばフェイスブックにおける知り合いは、友人関係をエッジとしたノードで構成されると考えられます。World Wide Webもその一例です。各Webページがノードで、ページからページへのハイパーリンクがエッジです。

フェイスブックで筆者があなたの知り合いだとすると、必然的にあなたも筆者の知り合いです。この場合エッジは**無向**です。一方ハイパーリンクは、これとは異なります。筆者のWebサイトはwhitehouse.govへのリンクを持ちますが、whitehouse.govから筆者のWebサイトへのリンクは（筆者からは言いにくい理由により）断られています。この場合のエッジは**有向**です。本章では、2つの種類のネットワークを扱います。

21.1 媒介中心性

第1章では、各ユーザの知り合いの数を数えることで、データサイエンス・スターのネットワークにおけるキーコネクタを計算しました。すでにいろいろな部品が揃っているので、別のアプローチを試してみましょう。ネットワーク（**図21-1**）と、含まれるユーザについて思い出しましょう。

```
users = [
    { "id": 0, "name": "Hero" },
    { "id": 1, "name": "Dunn" },
    { "id": 2, "name": "Sue" },
    { "id": 3, "name": "Chi" },
    { "id": 4, "name": "Thor" },
    { "id": 5, "name": "Clive" },
```

```
        { "id": 6, "name": "Hicks" },
        { "id": 7, "name": "Devin" },
        { "id": 8, "name": "Kate" },
        { "id": 9, "name": "Klein" }
    ]
```

交友関係（friendships）は次のようなものでした。

```
friendships = [(0, 1), (0, 2), (1, 2), (1, 3), (2, 3), (3, 4),
               (4, 5), (5, 6), (5, 7), (6, 8), (7, 8), (8, 9)]
```

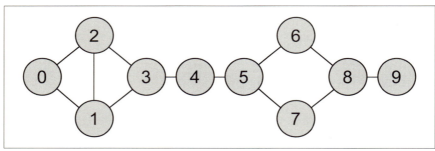

図21-1　データサイエンス・スターの交友関係

そして、ユーザ辞書に知り合いのリストを追加しました。

```
for user in users:
    user["friends"] = []

for i, j in friendships:
    # IDがiのユーザは、users[i]で表される
    users[i]["friends"].append(users[j]) # iの友人にjを追加
    users[j]["friends"].append(users[i]) # jの友人にiを追加
```

これを計算した際には、直感的なキーコネクタとは異なる結果であったため、**次数中心性**の考え方に満足していませんでした。

そこで、別の考え方を使いましょう。**媒介中心性**は、他のユーザ間の最短経路上に最も多く登場するのは誰かを特定します。具体的に説明すると、ノードiに対して、他の2人のノードjとノードkの最短経路上にノードiが存在する割合を計算し、合計したものがノードiの媒介中心性となります。

例えばThorの媒介中心性を計算してみましょう。まずThorを除いたすべてのユーザの組み合わせで、最短経路を特定します。その中で、Thorを通過するものがいくつあるかを数えます。実際にはChi (id 3)とClive (id 5)の間の唯一の最短経路はThorを通ります。一方でHero (id 0)とChi (id 3)の間に2つある最短経路はどちらもThorを通りません。

まず、最初にすべてのユーザ間の最短経路を特定します。効率的に行う洗練されたアルゴリズムもありますが、（いつものように）効率は良くないけれど、わかりやすいアルゴリズムを使います。

このアルゴリズム（幅優先探索）は本書の中でも複雑なアルゴリズムの1つです。そこで、丁寧に説明します。

1. ここでの目的は、指定したユーザ from_user に対して他のすべてのユーザとの最短経路を見つける関数を作ることである。

2. 経路はユーザIDのリストで表す。すべての経路は from_user から開始するので、そのIDはリストに含めないこととする。そのため、経路を表すリストの長さは、経路自身の長さと一致する。

3. キーをユーザのIDとし、値をそのユーザが終端である最短経路[1]のリストを保持する辞書を作る。最短経路が1つしかなければリストにはその経路のみが含まれ、複数の最短経路が存在するなら、それらはすべてリストに含まれる。

4. キュー frontier も作成する。このキューには辿りたいユーザを辿りたい順に格納する。キューの要素はユーザへの到達方法を示すためにユーザのペア（前のユーザ, 今のユーザ）とする。最初にキューを from_user に隣接するすべてのノードで初期化する（キューについてこれまで説明は行わなかったが、データ列の最後に要素を追加し、先頭から取り出す操作に最適化したデータ構造である。Pythonでは collections.deque として両端キュー[2]が実装されている）。

5. 経路を探索する中で、最短経路をまだ探していない隣接ノードを見つけた場合には、後で調べられるようにそのノードをキューの最後に追加する。その際、追加

※1　訳注：項番1で述べられているように、ここでは from_user を始点とする経路について考えているので、この経路の終点はそれぞれのユーザであるが、始点はすべて from_user である。

※2　訳注：両端キューは、要素の追加と削除をデータの最後と最初のどちらに対しても行えるデータ構造であり、スタックまたは本来のキューは両端キューを用いて実現できる。

する要素の「前のユーザ」を現在のユーザとする。

6. キューから取り出したユーザが、これまでに見たことのないユーザであった場合には、そのユーザに至る最短経路を間違いなくすでに見つけているはずである。それは「前のユーザ」への最短経路にもう1ステップ加えたものである。

7. キューから取り出したユーザが、すでに調べたことのあるユーザであった場合、新しい最短経路（リストに加える必要がある）を見つけたか、最短ではないものを見つけたかのどちらかである。

8. キューにユーザがなければ、経路のすべて（または、開始ユーザから到達できる部分のすべて）が探索できたことになるため、作業を終了する。

これらをすべてまとめて、1つの（大きな）関数とします。

```python
from collections import deque

def shortest_paths_from(from_user):
    # 指定のユーザに至るすべての最短経路を保持する辞書
    shortest_paths_to = { from_user["id"] : [[]] }

    # 確認すべきユーザを(前のユーザ、今のユーザ)形式でキューに入れる。
    # 開始時点では、(from_user, from_userの知り合い)組のすべてを持たせる
    frontier = deque((from_user, friend)
                     for friend in from_user["friends"])

    # キューに値がある限り続ける
    while frontier:

        prev_user, user = frontier.popleft() # 最初の要素を取り出し、
        user_id = user["id"]                 # キューから削除する

        # キューへの値追加方法により、
        # 必然的に「前のユーザ」までの最短経路は既知である
        paths_to_prev_user = shortest_paths_to[prev_user["id"]]
        new_paths_to_user = [path + [user_id] for path in paths_to_prev_user]

        # 最短経路が既知である可能性
        old_paths_to_user = shortest_paths_to.get(user_id, [])

        # ここに至る最短経路は既知であるか
        if old_paths_to_user:
```

```
            min_path_length = len(old_paths_to_user[0])
        else:
            min_path_length = float('inf')

        # その経路長がこれまでのもの以下で、新しい経路であった場合のみリストに加える
        new_paths_to_user = [path
                             for path in new_paths_to_user
                             if len(path) <= min_path_length
                             and path not in old_paths_to_user]

        shortest_paths_to[user_id] = old_paths_to_user + new_paths_to_user

        # frontierキューに、新しく見つけた知り合いを加える
        frontier.extend((user, friend)
                        for friend in user["friends"]
                        if friend["id"] not in shortest_paths_to)

    return shortest_paths_to
```

こうして得られた辞書を、各ユーザごとに保存しておきます。

```
for user in users:
    user["shortest_paths"] = shortest_paths_from(user)
```

ここまで来れば、媒介中心性を計算できます。ユーザ i とユーザ j すべての組み合わせについて、n 個の最短経路を、すでに求めています。すべての経路に対して、その経路上それぞれのユーザに中心性として $1/n$ を加えます。

```
for user in users:
    user["betweenness_centrality"] = 0.0

for source in users:
    source_id = source["id"]
    for target_id, paths in source["shortest_paths"].iteritems():
        if source_id < target_id:      # 二重計上を防ぐため
            num_paths = len(paths)      # 最短経路をいくつ持つか？
            contrib = 1 / num_paths     # 中心性に対する貢献度
            for path in paths:
                for id in path:
                    if id not in [source_id, target_id]:
                        users[id]["betweenness_centrality"] += contrib
```

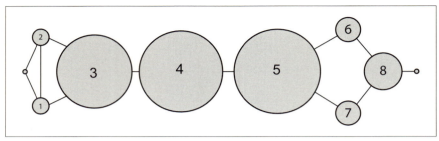

図21-2　媒介中心性でサイズを変えた、データサイエンス・スターの交友関係

図21-2に示したように、ユーザ0と9の中心性は0です（どちらも他のユーザ間の最短系路上に位置していません）が、3, 4, 5は高い中心性を持っています（いずれも、多くの最短系路上に位置しています）。

一般的に中心性の値そのものには意味がないとされています。他のユーザとの比較が重要なのです。

もう1つの指標が**近接中心性**です。まず、あるユーザから他のすべてのユーザに対する最短経路長の合計である**遠さ**（farness）を各ユーザに対して計算します。ユーザの全組み合わせの最短経路はすでに求めているので、そこに経路長を加えるのは簡単です（複数の最短経路を持っていた場合、それらの経路長はすべて同じなので、最初の1つだけを数えます）。

```
def farness(user):
    """他の全ユーザに対する最短経路長の合計"""
    return sum(len(paths[0])
               for paths in user["shortest_paths"].values())
```

ここまでできれば、近接中心性の算出は簡単です（**図21-3**）。

```
for user in users:
    user["closeness_centrality"] = 1 / farness(user)
```

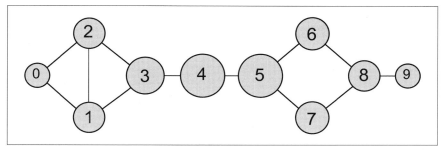

図21-3　近接中心性でサイズを変えた、データサイエンス・スターの交友関係

　周辺にあるノードと比較しても、中心のノードの大きさはあまり大きくなりませんでした。
　この例で見たように、最短経路を見つけるのは面倒な作業です。そのため、大きなネットワークに対して近接中心性と媒介中心性が使われることは、あまり多くありません。そこで、直感的ではないものの（しかし計算量は小さい）**固有ベクトル中心性**が、頻繁に使われることになります。

21.2　固有ベクトル中心性

　固有ベクトル中心性を論ずる前に、固有ベクトルについて触れなければなりません。そして、固有ベクトルに触れる前に、行列操作について説明する必要があります。

21.2.1　行列操作

　A が $n_1 \times k_1$ の行列、B が $n_2 \times k_2$ の行列、そして $k_1 = n_2$ だった場合、2つの行列の積 AB は (i, j) の要素が次の式である $n_1 \times k_2$ の行列となります。

$$A_{i1} B_{1j} + A_{i2} B_{2j} + \ldots + A_{ik} B_{kj}$$

　これは A の i 行（ベクトルと考えられる）と B の j 列（これもベクトルと考えられる）のドット積です。

```
def matrix_product_entry(A, B, i, j):
    return dot(get_row(A, i), get_column(B, j))
```

　これを使うと、次の関数が作れます。

```python
def matrix_multiply(A, B):
    n1, k1 = shape(A)
    n2, k2 = shape(B)
    if k1 != n2:
        raise ArithmeticError("incompatible shapes!")

    return make_matrix(n1, k2, partial(matrix_product_entry, A, B))
```

A が $n \times k$ の行列、B が $k \times 1$ の行列であった場合、AB は $n \times 1$ の行列となります。ベクトルを列数が 1 の行列として扱うならば、A は k 次元のベクトルを n 次元のベクトルにマップする関数であると考えることが可能です。この場合、この関数は単なる行列の積です。

第4章では単純なリストを使ってベクトルを表現しました。

```python
v = [1, 2, 3]
v_as_matrix = [[1],
               [2],
               [3]]
```

そこでこの2つの表現方式を行き来するためのヘルパー関数を作ります。

```python
def vector_as_matrix(v):
    """ (リストとして表現された) n×1行列のベクトルvを返す """
    return [[v_i] for v_i in v]

def vector_from_matrix(v_as_matrix):
    """n×1行列をリストとして返す"""
    return [row[0] for row in v_as_matrix]
```

これらを用いれば、matrix_multiply を利用した行列操作関数が定義できます。

```python
def matrix_operate(A, v):
    v_as_matrix = vector_as_matrix(v)
    product = matrix_multiply(A, v_as_matrix)
    return vector_from_matrix(product)
```

A が**正方行列**の場合、この操作は n 次元のベクトルを別の n 次元のベクトルにマップしているだけです。ある種の行列 A について、ベクトル v に A を適用した結果が、v にスカラー値を乗じた結果、つまり v と同じ方向を持つベクトルとなる場合があります。(v がすべて 0 のベクトルでない場合) このとき v を A の固有ベクトルと呼び、スカラー

値を固有値と呼びます。

Aの固有ベクトルを求める方法の1つは、まず開始ベクトルvを選び、matrix_
operateを適用します。その結果が長さ1となるようリスケールを行い、値が収束する
まで繰り返します。

```
def find_eigenvector(A, tolerance=0.00001):
    guess = [random.random() for __ in A]

    while True:
        result = matrix_operate(A, guess)
        length = magnitude(result)
        next_guess = scalar_multiply(1/length, result)

        if distance(guess, next_guess) < tolerance:
            return next_guess, length       # 固有ベクトルと固有値

        guess = next_guess
```

matrix_operateを適用して長さが1となるようにリスケールすると、元のベクトル
（と非常に近いベクトル）となるようなベクトルをこの関数は返します。これが固有ベ
クトルです。

実数行列のすべてが固有ベクトルおよび固有値を持つわけではありません。例えば
次の行列は、ベクトルを時計回りに90度回転させます。

```
rotate = [[ 0, 1],
          [-1, 0]]
```

この操作を行った結果が、元のベクトルにスカラー値を乗じたものとなるのは、要
素がすべて0のベクトルだけです。find_eigenvector(rotate)を実行すると、永久に
動き続けます。固有ベクトルを持つ行列であっても、繰り返しから抜け出せなくなる
場合があります。次の行列を考えて見ましょう。

```
flip = [[0, 1],
        [1, 0]]
```

この行列は、ベクトル[x, y]を[y, x]に変換します。この行列に対する固有ベクト
ルは[1, 1]、固有値は1です。xとyが異なるベクトルが初期値であった場合、find_
eigenvectorはxとyを永久に交換し続けます（自作の関数とは異なり、NumPyなどが

提供する機能では、このような状況を何らかの手段で回避します)。とはいえ、find_eigenvectorが結果を返したのなら、それは間違いなく固有ベクトルです。

21.2.2　中心性

これらを用いて、データサイエンス・スターの交友関係をどのように理解すれば良いのでしょうか。

まず、(i, j)の値を1（ユーザiとユーザjが知り合いである）または0（知り合いではない）とする隣接行列adjacency_matrixとして、ネットワーク中の接続を表現します。

```
def entry_fn(i, j):
    return 1 if (i, j) in friendships or (j, i) in friendships else 0

n = len(users)
adjacency_matrix = make_matrix(n, n, entry_fn)
```

find_eigenvectorが返す固有ベクトルの中で各ユーザに対応する値が、そのユーザに対する固有ベクトル中心性となります（**図21-4**）。

その理由については本書の範囲を超えますが、技術的な理由により、非ゼロの隣接行列は、必然的にすべての値が非負である固有ベクトルを持ちます。そして、我々のfind_eigenvector関数はその固有ベクトルを見つけることができます。

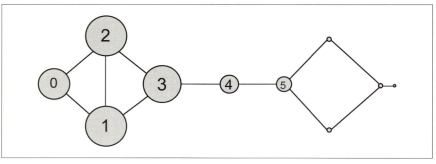

図21-4　固有ベクトル中心性でサイズを変えた、データサイエンス・スターの交友関係

高い固有ベクトル中心性を持つユーザは多くの接続を持ち、それらのユーザに接続

するユーザの固有ベクトル中心性も高くなります。

ここでは、ユーザ1と2はどちらも高い中心性を持つユーザとの3本の接続を持つがゆえに、最も中心に位置していると考えられます。それらの接続を取り除くと、中心性の値は徐々に下落します。

このような小さいネットワークでは、固有ベクトル中心性は若干不規則な振る舞いを示します。接続を加えたり削除したりすると、それがネットワーク上では小さな変化であったとしても、中心性の値は大きく変わります。より大きなネットワークでは、そういった現象は見られません。

固有ベクトルが中心性を表す概念とどのように関係するのか、未だその理由には至っていません。次の計算を行うとき、

```
matrix_operate(adjacency_matrix, eigenvector_centralities)
```

その結果は、eigenvector_centralitiesにスカラー値を乗じたものになります。

行列の積がどのように作用するのかを思い出しましょう。matrix_operateは、i番目の要素が次の式で表されるベクトルを作ります。

```
dot(get_row(adjacency_matrix, i), eigenvector_centralities)
```

これは、ユーザiに接続しているユーザについて、固有ベクトル中心性を合計したものに他なりません。

言い換えると、固有ベクトル中心性とは、各ユーザごとにそのユーザに接続しているユーザの固有ベクトル中心性の合計を定数倍したものです。この場合、中心性とは中心に位置するユーザと接続されていることを意味します。直接接続しているユーザの中心性が高いほど自分の中心性も上昇します。この定義は循環することになりますが、固有ベクトルを使うことでその循環を断ち切ることができます。

別の方法で考えてみましょう。find_eigenvectorは最初に各ノードに対して無作為の中心性を与えます。そして、次の2つの手順を値が収束するまで繰り返します。

1. 隣接するノードの（現在の）を合計し、そのノードの新しい値とする
2. ベクトルの長さが1となるように、リスケールする

この操作に対する数学的な意味は、最初は不可解に感じるかもしれませんが（媒介中心性とは多少異なり）計算手順は単純で、規模の大きなネットワークに対しても適用は

容易です。

21.3　有効グラフとページランク

データサイエンス・スターは未だ十分な魅力を示せているとは言いがたい状況です。そこでセールス担当部長は知り合いモデルから「いいね!」(endorsement)モデルへの転換を検討していました。これは、知り合いにどんなデータサイエンティストがいても誰も関心を持ちませんが、他のデータサイエンティストから「いいね!」と言われている者には、企業の技術者採用担当が注目するだろうことを示しています。

この新しいモデルでは、双方向の関係ではなく、「いいね!」の発信元と対象者との関係を記録します（**図21-5**）。そのため、この非対称の関係を扱う方法を必要とします。

```
endorsements = [(0, 1), (1, 0), (0, 2), (2, 0), (1, 2),
                (2, 1), (1, 3), (2, 3), (3, 4), (5, 4),
                (5, 6), (7, 5), (6, 8), (8, 7), (8, 9)]

for user in users:
    user["endorses"] = []      # ユーザに「いいね!」の送信と受信を記録する
    user["endorsed_by"] = []   # リストをそれぞれ追加する

for source_id, target_id in endorsements:
    users[source_id]["endorses"].append(users[target_id])
    users[target_id]["endorsed_by"].append(users[source_id])
```

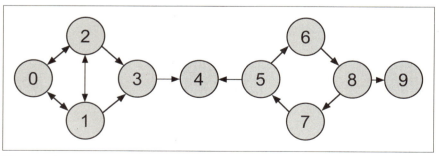

図21-5　データサイエンス・スターの「いいね!」ネットワーク

これで、最も「いいね!」を集めているユーザを特定し、その情報を各社の採用担当に販売できます。

```
endorsements_by_id = [(user["id"], len(user["endorsed_by"]))
                       for user in users]

sorted(endorsements_by_id,
       key=lambda (user_id, num_endorsements): num_endorsements,
       reverse=True)
```

しかし、「いいね！」の数はごまかすのも簡単です。多数のアカウントを適当に作って、そこから「いいね！」すれば数は稼げます。もしくは知り合いと結託してお互いに「いいね！」し合うのです（ユーザ0, 1, 2はすでにそうしているように見えます）。

より優れた指標では、誰が「いいね！」したのかを考慮します。多くの「いいね！」を集めている者からの「いいね！」は、そうでない者からかの「いいね！」よりも重みがあるとみなします。GoogleがWebサイトの表示順を決めるために使っているページランクアルゴリズムの核心です。他のどういったWebサイトからリンクされているか、さらにそのWebサイトはどこからリンクされているかを考慮します。

（固有ベクトル中心性のアイディアに似ているなと感じたなら、その考えはおそらく正しいです）

簡略化した手順を示します。

1. ネットワークには合計で1.0（または100%）のページランクがあるとする
2. 開始時に、このページランクをすべてのノードに等しく分配する
3. 繰り返しの中で、それぞれのノードが持つページランクの大きな部分[※1]を、リンク先に等しく分配する
4. 繰り返しの中で、それぞれのノードのページランクの残りを、すべてのノードに等しく分配する

```
def page_rank(users, damping = 0.85, num_iters = 100):

    # 最初にPageRankを等しく分配する
    num_users = len(users)
    pr = { user["id"] : 1 / num_users for user in users }
```

※1　訳注：関数page_rankには、引数dampingで割り振りの配分を指定している。この引数で指定した割合をリンクの先にあるノードに配分するということ。

```
# ページランクの大部分の残りを、
# 繰り返しごとに各ノードで分け合う
base_pr = (1 - damping) / num_users

for __ in range(num_iters):
    next_pr = { user["id"] : base_pr for user in users }
    for user in users:
        # リンク先にページランクを分配する
        links_pr = pr[user["id"]] * damping
        for endorsee in user["endorses"]:
            next_pr[endorsee["id"]] += links_pr / len(user["endorses"])

    pr = next_pr

return pr
```

ページランクを使うと（図21-6）、ユーザ4（Thor）が最上位のデータサイエンティストであると特定されました。

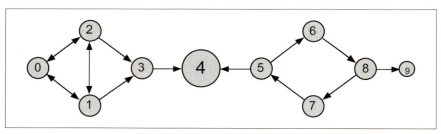

図21-6　ページランクでサイズを変えた、データサイエンス・スターの交友関係

彼が得た「いいね!」（2つ）は、ユーザ0, 1, 2より多いわけではありませんが、彼の得たページランクは、彼に「いいね!」を送ったユーザからもたらされています。さらに言うと、彼に「いいね!」を送った2人は、彼から「いいね!」送られていないので、ユーザ4（thor）は、自分のページランクを他のユーザに分け与える必要がありませんでした。

21.4　さらなる探求のために

- 中心性 (https://en.wikipedia.org/wiki/Centrality) には、この他にも多くの考え方が存在します (その中でも比較的広く使われているものを、ここでは取り上げました)。

- NetworkX (http://networkx.github.io/) はネットワーク分析のための Python ライブラリです。中心性の計算やグラフの可視化機能を提供しています。

- Gephi (http://gephi.github.io/) は好き嫌いの分かれる GUI ベースのネットワーク可視化ツールです。

22章
リコメンドシステム

「ああ、造物主よ、造物主よ、どうして汝は、そもそもこれらの偽りの推薦状をつけて人々を
世の中に送り出すほど、そんなに不誠実であるのか！」（三谷法雄訳『アミーリア』より）
—— ヘンリー・フィールディング ● 18世紀イギリスの劇作家、小説家

　「お勧め」の提供もデータに関する一般的な問題の1つです。Netflixは見たくなるだ
ろう動画を、Amazonは買いたくなるだろう商品を、Twitterはフォローしたくなるだ
ろうユーザを教えてくれます。この章では、お勧めを探すためにデータを利用する方
法を取り上げます。
　すでに何度か登場しているusers_interestsを、ここでも使います。

```
users_interests = [
    ["Hadoop", "Big Data", "HBase", "Java", "Spark", "Storm", "Cassandra"],
    ["NoSQL", "MongoDB", "Cassandra", "HBase", "Postgres"],
    ["Python", "scikit-learn", "scipy", "numpy", "statsmodels", "pandas"],
    ["R", "Python", "statistics", "regression", "probability"],
    ["machine learning", "regression", "decision trees", "libsvm"],
    ["Python", "R", "Java", "C++", "Haskell", "programming languages"],
    ["statistics", "probability", "mathematics", "theory"],
    ["machine learning", "scikit-learn", "Mahout", "neural networks"],
    ["neural networks", "deep learning", "Big Data", "artificial intelligence"],
    ["Hadoop", "Java", "MapReduce", "Big Data"],
    ["statistics", "R", "statsmodels"],
    ["C++", "deep learning", "artificial intelligence", "probability"],
    ["pandas", "R", "Python"],
    ["databases", "HBase", "Postgres", "MySQL", "MongoDB"],
    ["libsvm", "regression", "support vector machines"]
]
```

　そして、ユーザが示している現在の興味から、新しく興味を持つだろう分野をお勧
めする方法を考えます。

22.1 手作業によるキュレーション

インターネットが登場する前は、図書館に行けば司書が興味の内容や好みの書籍から似たものを推薦してくれました。

データサイエンス・スターの限られた興味リストならば、手作業でお勧めを作るのも半日くらいを費やせば可能でしょう。しかしこの方法では規模の拡大に対応できませんし、自分の知識や想像力により制限された結果となってしまいます（読者の知識や想像力が劣っていると指摘しているわけではありません）。そこで**データ**を使った方法を考えます。

22.2 人気の高いものをお勧めする

人気の高いものを提示するのが、簡単な解となります。

```python
popular_interests = Counter(interest
                            for user_interests in users_interests
                            for interest in user_interests).most_common()
```

結果は次のようになります。

```python
[('Python', 4),
 ('R', 4),
 ('Java', 3),
 ('regression', 3),
 ('statistics', 3),
 ('probability', 3),
 # ...
]
```

この結果が得られたならば、後はユーザが現在興味を持っていない物を示します。

```python
def most_popular_new_interests(user_interests, max_results=5):
    suggestions = [(interest, frequency)
                   for interest, frequency in popular_interests
                   if interest not in user_interests]
    return suggestions[:max_results]
```

ユーザ1ならば、すでに次の分野には興味を持っています。

```python
["NoSQL", "MongoDB", "Cassandra", "HBase", "Postgres"]
```

したがってお勧めは、次のようになります。

```
most_popular_new_interests(users_interests[1], 5)

# [('Python', 4), ('R', 4), ('Java', 3), ('regression', 3), ('statistics', 3)]
```

ユーザ3は、すでに多くの興味を持っているので、お勧めは次のようになります。

```
[('Java', 3),
 ('HBase', 3),
 ('Big Data', 3),
 ('neural networks', 2),
 ('Hadoop', 2)]
```

「誰もがPythonに興味を持っているので、あなたもきっとPythonに興味を持つでしょう」は、あまり説得力があるとは言えません。ユーザがデータサイエンス・スターの新規ユーザであり、我々がそのことを全く知らないのであれば、それが最善なのかもしれません。個々のユーザの興味に従って、より良いお勧めを出すために何ができるかを、考えてみましょう。

22.3　ユーザベース協調フィルタリング

ユーザの興味を掴む方法の1つは、まず着目するユーザと似た傾向を持つユーザ群を探し、それらユーザ群の興味を提示することです。

そのためにユーザ傾向の類似性を測る方法が必要となります。ここでは**コサイン類似度**と呼ばれる指標を用います。2つのベクトルvとwのコサイン類似度は次のように計算します。

```
def cosine_similarity(v, w):
    return dot(v, w) / math.sqrt(dot(v, v) * dot(w, w))
```

これはベクトルvとwが作る「角度」を求めています。vとwが同じ方向を向いているなら、分子と分母は同じ値となりコサイン類似度は1となります。vとwそれぞれ反対方向を向いているならコサイン類似度は−1です。vが0であり、wは0でない（またはその逆）場合には、dot(v, w)が0となることから、コサイン類似度は0となります。

これを0と1の値からなるベクトルに適用します。ベクトルvはユーザの興味を表し、v[i]が1ならばユーザはi番目の要素に興味を持っていることを、0ならば持っていな

いことを示します。こうすることで、「似た傾向を持つユーザ」とは「興味ベクトルが最も類似した方向を指しているユーザ」と定義できます。全く同じ興味を持つユーザ同士の類似性は1であり、全く異なる場合は0です。それ以外では「非常に似ている」を表す1に近い値と、「ほとんど似ていない」を表す0に近い値の間の値を持つはずです。

最初に既知の興味をリストし、（暗黙の）インデックスを付与するところから始めましょう。セット内包を用いてユニークな興味を一覧し、リストに入れてソートします。結果リストの最初の興味を0として順にインデックスとします。

```python
unique_interests = sorted(list({ interest
                                 for user_interests in users_interests
                                 for interest in user_interests }))
```

まず、最初に得られるのは次のリストです。

```python
['Big Data',
 'C++',
 'Cassandra',
 'HBase',
 'Hadoop',
 'Haskell',
 # ...
 ]
```

次に各ユーザごとに0と1からなる「興味」ベクトルを作ります。先ほど作った興味の一覧を順に調べ、そのユーザが興味として持っていれば1を、そうでなければ0を設定します。

```python
def make_user_interest_vector(user_interests):
    """興味の一覧から、i番目のアイテムにユーザが興味を持っていれば1、
    そうでなければ0が設定されたベクトルを作る"""
    return [1 if interest in user_interests else 0
            for interest in unique_interests]
```

次に興味のリストのリスト対してこの関数をmap適用することで、ユーザの興味行列を作ります。

```python
user_interest_matrix = map(make_user_interest_vector, users_interests)
```

これで、ユーザiが興味jを持っていればuser_interest_matrix[i][j]は1となり

ます。そうでなければ値は0です。

　我々の使っているデータは少ないので、すべてのユーザ間の類似度を計算しても問題はありません。

```
user_similarities = [[cosine_similarity(interest_vector_i, interest_vector_j)
                      for interest_vector_j in user_interest_matrix]
                      for interest_vector_i in user_interest_matrix]
```

　user_similarities[i][j]はユーザiとjの類似度を表します。例えば、ユーザ0と9はHadoop, Java, Big Dataを共通の興味として持っておりuser_similarities[0][9]は0.57でした。一方ユーザ0と8の共通の興味はBig Dataだけであり、user_similarities[0][8]も0.19という小さな値となりました。

　user_similarities[i]は、ユーザiと他のユーザとの間の類似度のベクトルです。これを使えば、指定されたユーザに最も類似したユーザを探す関数が作れます。自分自身および類似度が0のユーザを含めないようにする必要があります。また、結果をソートして最も類似度の高いユーザから順に並べて返すことにしましょう。

```
def most_similar_users_to(user_id):
    pairs = [(other_user_id, similarity)                      # 類似度が
             for other_user_id, similarity in                 # 0以外の
                 enumerate(user_similarities[user_id])         # ユーザを
             if user_id != other_user_id and similarity > 0]  # 検索する

    return sorted(pairs,                                      # 類似度の
                  key=lambda (_, similarity): similarity,     # 高い順に
                  reverse=True)                               # ソートする
```

　例えば、most_similar_users_to(0)は次の結果となります。

```
[(9, 0.5669467095138409),
 (1, 0.3380617018914066),
 (8, 0.1889822365046136),
 (13, 0.1690308509457033),
 (5, 0.1543033499620919)]
```

　これを使って、新しく興味を持つであろう分野をどのようにお勧めしたら良いのでしょう。各興味ごとに、他のユーザとのuser-similaritiesを加算していきましょう。

316 | 22章 リコメンドシステム

```python
def user_based_suggestions(user_id, include_current_interests=False):
    # 類似度を加算
    suggestions = defaultdict(float)
    for other_user_id, similarity in most_similar_users_to(user_id):
        for interest in users_interests[other_user_id]:
            suggestions[interest] += similarity

    # リストをソートする
    suggestions = sorted(suggestions.items(),
                         key=lambda (_, weight): weight,
                         reverse=True)

    # （おそらく）すでに興味として持っているものを取り除く
    if include_current_interests:
        return suggestions
    else:
        return [(suggestion, weight)
                for suggestion, weight in suggestions
                if suggestion not in users_interests[user_id]]
```

`user_based_suggestions(0)` の結果から、お勧めされた興味分野をいくつか見てみ
ましょう。

```
[('MapReduce', 0.5669467095138409),
 ('MongoDB', 0.50709255283711),
 ('Postgres', 0.50709255283711),
 ('NoSQL', 0.3380617018914066),
 ('neural networks', 0.1889822365046136),
 ('deep learning', 0.1889822365046136),
 ('artificial intelligence', 0.1889822365046136),
 #...
]
```

　この結果は、Big Dataとデータベース関連に興味を持っているユーザに対する妥当
なお勧めとなっているように見えます（重みには本質的に意味はありません、単に並び
替えのために使っているだけです）。

　この手法は、要素数が多くなるとうまく働かなくなります。第12章の次元の呪いを
思い出してください。次元数の大きな空間では、ベクトル同士は離れる傾向にありま
す（その結果、方向も大きく異なることになります）。つまり興味分野が増えると、指

定されたユーザに対する「最も類似したユーザ」は、類似とはみなされなくなります。

Amazon.comのようなサイトで考えてみましょう。この20数年でそういったサイトから非常に多くの商品を購入してきました。その購買パターンから筆者に類似したユーザを見つけようとしましょう。しかし世界中のユーザを考慮に入れたとしても筆者と少しでも同じような購買履歴を持っている者はいないのです。「最も似ている」購買者ですら実際には筆者とは全く異なっているため、そのユーザの購買パターンから得られるお勧めは、質の悪いものとなってしまいます。

22.4　アイテムベース協調フィルタリング

異なるアプローチとして、興味ごとの類似性を直接計算する方法があります。そのユーザが持っている興味との類似を比較して、お勧めを生成します。

まず、行が興味を、列が対応するユーザとなるよう先に作った行列を**転置**します。

```
interest_user_matrix = [[user_interest_vector[j]
                         for user_interest_vector in user_interest_matrix]
                        for j, _ in enumerate(unique_interests)]
```

この行列は何を意味するのでしょうか。interest_user_matrix行列のj行は、user_interest_matrixのj列に相当します。そして、そのユーザがその分野に興味があれば値は1、なければ0となります。

例えば、unique_interests[0]が"Big Data"であり、ユーザ0, 8, 9が"Big Data"に興味を持っているため、interest_user_matrix[0]は次のようになります。

```
[1, 0, 0, 0, 0, 0, 0, 0, 1, 1, 0, 0, 0, 0, 0, 0]
```

ここでコサイン類似度が再登場します。2つの興味に対して、全く同じユーザが興味を持っているなら、2つの興味の類似度は1。ユーザに重なりがなければ、類似度は0です。

```
interest_similarities = [[cosine_similarity(user_vector_i, user_vector_j)
                          for user_vector_j in interest_user_matrix]
                         for user_vector_i in interest_user_matrix]
```

例えば、"Big Data"（興味リストのインデックス0）に最も類似した分野は次の手段で見つけられます。

318 | 22章 リコメンドシステム

```python
def most_similar_interests_to(interest_id):
    similarities = interest_similarities[interest_id]
    pairs = [(unique_interests[other_interest_id], similarity)
             for other_interest_id, similarity in enumerate(similarities)
             if interest_id != other_interest_id and similarity > 0]
    return sorted(pairs,
                  key=lambda (_, similarity): similarity,
                  reverse=True)
```

その結果、類似度が次のように算出できました。

```
[('Hadoop', 0.8164965809277261),
 ('Java', 0.6666666666666666),
 ('MapReduce', 0.5773502691896258),
 ('Spark', 0.5773502691896258),
 ('Storm', 0.5773502691896258),
 ('Cassandra', 0.4082482904638631),
 ('artificial intelligence', 0.4082482904638631),
 ('deep learning', 0.4082482904638631),
 ('neural networks', 0.4082482904638631),
 ('HBase', 0.3333333333333333)]
```

これを使って、興味を持っている分野の類似度をユーザごとに合計します。

```python
def item_based_suggestions(user_id, include_current_interests=False):
    # 持っている興味に対する類似の分野の類似度を加算する
    suggestions = defaultdict(float)
    user_interest_vector = user_interest_matrix[user_id]
    for interest_id, is_interested in enumerate(user_interest_vector):
        if is_interested == 1:
            similar_interests = most_similar_interests_to(interest_id)
            for interest, similarity in similar_interests:
                suggestions[interest] += similarity

    # 類似度の合計でソートする
    suggestions = sorted(suggestions.items(),
                         key=lambda (_, similarity): similarity,
                         reverse=True)

    if include_current_interests:
        return suggestions
    else:
```

```
return [(suggestion, weight)
        for suggestion, weight in suggestions
        if suggestion not in users_interests[user_id]]
```

ユーザ0に対しては、（比較的納得感のある）お勧めが生成できました。

```
[('MapReduce', 1.861807319565799),
 ('Postgres', 1.3164965809277263),
 ('MongoDB', 1.3164965809277263),
 ('NoSQL', 1.2844570503761732),
 ('programming languages', 0.5773502691896258),
 ('MySQL', 0.5773502691896258),
 ('Haskell', 0.5773502691896258),
 ('databases', 0.5773502691896258),
 ('neural networks', 0.4082482904638631),
 ('deep learning', 0.4082482904638631),
 ('C++', 0.4082482904638631),
 ('artificial intelligence', 0.4082482904638631),
 ('Python', 0.2886751345948129),
 ('R', 0.2886751345948129)]
```

22.5 さらなる探求のために

- Crab（http://muricoca.github.io/crab/）はPythonでリコメンドシステムを作るためのフレームワークです。

- Graphlabも、リコメンドシステム用のツールキットを提供しています（https://turi.com/products/create/docs/graphlab.toolkits.recommender.html）。

- Netflix Prize（http://www.netflixprize.com）はNetflixのユーザリコメンドシステムを改善する有名なコンペでした[1]。

※1　訳注：BellKor's Pragmatic Chaosチームが2009年の9月21日に、不可能といわれた10%の改善の壁を破り、100万ドルの賞金を獲得した。

23章
データベースとSQL

> 記憶は人類最良の友であり、最大の敵である。
>
> —— ギルバート・パーカー ● 小説家

データは、たいていの場合**データベース**に格納されています。データベースは、データの格納と検索向けにデザインされたシステムであり、データベースの大部分は、Oracle、MySQL、SQLサーバなどの**リレーショナル**データベースです。リレーショナルデータベースでは、データは**表**として格納され、データを操作するための宣言的な言語であるSQL(Structured Query Language)を使って検索を行います。

SQLはデータサイエンティストの基本的な道具です。この章では、Pythonを使ってデータベースもどき（not-quite a database)であるNotQuiteABaseを作成します。データベースもどきでSQLがどのように処理されるかを見ながらSQLの基礎も学びます。SQLの働きを理解するためには、この「ゼロからはじめる」方式が最も適切であると考えています。NotQuiteABaseを使って問題を解決することで、同じ問題をSQLで解決するための感覚を養うことがここでの目的です。

23.1　表の作成（CLEATE TABLE）と行の追加（INSERT）

リレーショナルデータベースは、表（および、表の関係）の集まりです。表は単純に行の集まりであり、これまで見てきた行列とそれほど違いはありません。しかし、表は列名と列型で構成される固定の**スキーマ**と関連付けられています。

例えば、user_id, name, num_friendsで構成されるユーザのデータがあるとしましょう。

```
users = [[0, "Hero", 0],
         [1, "Dunn", 2],
         [2, "Sue", 3],
         [3, "Chi", 3]]
```

この表は次のSQLで作成します。

```
CREATE TABLE users (
    user_id INT NOT NULL,
    name VARCHAR(200),
    num_friends INT);
```

ここでは、`user_id`と`num_friends`が整数であること（加えて、`user_id`はNULLを許容しない、言い換えると値が入っていない状態またはNoneのような状態であってはならない）を指定しています。また、`name`は200文字までの文字列であることを指定しています。NotQuiteABaseは型を考慮しませんが、あたかも型の指定が有効であるように振る舞います。

SQLは大文字と小文字を区別しませんし、インデントも意味を持ちません。ここで示した大文字と小文字の使い分けとインデント形式は、筆者の好みを反映しています。今後SQLを学ぶにつれ、これとは異なる多くのスタイルを目にすることでしょう。

INSERT文を使い、行を追加します。

```
INSERT INTO users (user_id, name, num_friends) VALUES (0, 'Hero', 0);
```

SQLの行末にはセミコロンを置きます。そして文字列は単一引用符で囲まなければなりません。

NotQuiteABaseで表を作るには、列の名前のみを指定します。行を追加するには、表の`insert()`メソッドを使い、列の順に並べた値のリストを渡します。

舞台裏を明かすと、行は列名をキーとする辞書として保存します。実際のデータベースでは、このような格納場所を無駄遣いするような表現を使いませんが、NotQuiteABaseの実装は簡単になります。

```
class Table:
    def __init__(self, columns):
        self.columns = columns
        self.rows = []

    def __repr__(self):
        """表の文字列表現を返す。列名と行"""
```

```
            return str(self.columns) + "\n" + "\n".join(map(str, self.rows))

    def insert(self, row_values):
        if len(row_values) != len(self.columns):
            raise TypeError("wrong number of elements")
        row_dict = dict(zip(self.columns, row_values))
        self.rows.append(row_dict)
```

例えば使い始めは次のようになります。

```
users = Table(["user_id", "name", "num_friends"])
users.insert([0, "Hero", 0])
users.insert([1, "Dunn", 2])
users.insert([2, "Sue", 3])
users.insert([3, "Chi", 3])
users.insert([4, "Thor", 3])
users.insert([5, "Clive", 2])
users.insert([6, "Hicks", 3])
users.insert([7, "Devin", 2])
users.insert([8, "Kate", 2])
users.insert([9, "Klein", 3])
users.insert([10, "Jen", 1])
```

usersをprintすると、次の表示が得られます。

```
['user_id', 'name', 'num_friends']
{'user_id': 0, 'name': 'Hero', 'num_friends': 0}
{'user_id': 1, 'name': 'Dunn', 'num_friends': 2}
{'user_id': 2, 'name': 'Sue', 'num_friends': 3}
...
```

23.2　行の更新(UPDATE)

　データベースに格納されているデータを変更する必要が生じた場合、例えばDunn
に新しい知り合いができたとすると、次の更新を行うことになるでしょう。

```
UPDATE users
SET num_friends = 3
WHERE user_id = 1;
```

　このSQLは、以下を行っています。

324 | 23章　データベースと SQL

- 更新対象の表の指定
- 更新する行の指定
- 更新する列の指定
- 新しい値の指定

　NotQuiteABaseにも同様の更新用メソッドを追加します。第1引数には、キーを更新対象の列、値を更新値とする辞書を指定します。第2引数は更新すべき行にはTrueを、そうでない行にはFalseを返すような関数[1]を指定します。

```
def update(self, updates, predicate):
    for row in self.rows:
        if predicate(row):
            for column, new_value in updates.iteritems():
                row[column] = new_value
```

これを使えば、更新は次のように簡単に実行できます。

```
users.update({'num_friends' : 3},                   # num_friends = 3 にする
             lambda row: row['user_id'] == 1) # user_id == 1 の行のみを対象にする
```

23.3　行の削除(DELETE)

　表から行を削除する方法がSQLには2つあります。まず危険な方法ですが、表からすべての行を削除します。

```
DELETE FROM users;
```

WHERE句を付けて特定の行だけの削除とすると、危険度は下がります。

```
DELETE FROM users WHERE user_id = 1;
```

この機能を追加するのは、簡単です。

```
def delete(self, predicate=lambda row: True):
    """すべての行、またはpredicateが指定された場合は、
    それに合致する行を削除する"""
    self.rows = [row for row in self.rows if not(predicate(row))]
```

※1　訳注：引数に対してTrueまたはFalseを返す関数を、述語（predicate）と呼ぶ。

predicate関数（つまりWHERE句）が指定された場合、関数で指定された条件を満たす行だけが削除されます。指定されなければ、常にTrueを返すデフォルトのpredicate関数が使われるので、すべての行が削除されます。

例を示しましょう。

```
users.delete(lambda row: row["user_id"] == 1) # user_id == 1の行だけを削除する
users.delete()                                 # すべての行を削除する
```

23.4　行の問い合わせ(SELECT)

表の中身を直接見ることはありません。その代わりにSELECT文を使い、行を検索します。

```
SELECT * FROM users;                          -- すべての中身を取り出す
SELECT * FROM users LIMIT 2;                   -- 最初の2行のみを取り出す
SELECT user_id FROM users;                     -- 特定の列のみを取り出す
SELECT user_id FROM users WHERE name = 'Dunn'; -- 特定の行のみを取り出す
```

SELECT文では、列の値を使った計算も行えます。

```
SELECT LENGTH(name) AS name_length FROM users;
```

クラスに追加するselect()メソッドは、新しい表を返すように作ります。メソッドには、2つの省略可能な引数があります。

keep_columns

結果に入れる列を指定する。指定しなければ、すべての列が結果に入る。

additional_columns

新しい列名をキー、新しい列に入れる値を計算する関数を値とする辞書を指定する。

どちらも省略すると、単純に表のコピーが得られることになります。

```
def select(self, keep_columns=None, additional_columns=None):

    if keep_columns is None:         # 列が指定されなければ
        keep_columns = self.columns  # すべての列を返す

    if additional_columns is None:
```

326 | 23章 データベースとSQL

```
        additional_columns = {}

    # 結果として返す新しい表を作成する
    result_table = Table(keep_columns + additional_columns.keys())

    for row in self.rows:
        new_row = [row[column] for column in keep_columns]
        for column_name, calculation in additional_columns.iteritems():
            new_row.append(calculation(row))
        result_table.insert(new_row)

    return result_table
```

普通、SELECTの結果は（その結果を明示的にどこかの表にインサートしない限り）ある種の一時的な場所に生成されますが、このselect()メソッドは新しい表を生成します。

これとは別に、where()メソッドとlimit()メソッドも必要になりますが、これらは非常に単純です。

```
def where(self, predicate=lambda row: True):
    """指定したpredicateに合致した行だけを返す"""
    where_table = Table(self.columns)
    where_table.rows = filter(predicate, self.rows)
    return where_table

def limit(self, num_rows):
    """先頭から指定した行数のみを返す"""
    limit_table = Table(self.columns)
    limit_table.rows = self.rows[:num_rows]
    return limit_table
```

これらが揃えば、最初に示したSQLと同等の操作をNotQuiteABaseで行えます。

```
# SELECT * FROM users;
users.select()

# SELECT * FROM users LIMIT 2;
users.limit(2)

# SELECT user_id FROM users;
users.select(keep_columns=["user_id"])
```

```
# SELECT user_id FROM users WHERE name = 'Dunn';
users.where(lambda row: row["name"] == "Dunn") \
    .select(keep_columns=["user_id"])

# SELECT LENGTH(name) AS name_length FROM users;
def name_length(row): return len(row["name"])

users.select(keep_columns=[],
             additional_columns = { "name_length" : name_length })
```

本書の他の記述とは異なり、バックスラッシュ（\）を使って継続行を表しています。こうすることで、他の記法を使うよりも連鎖したNotQuiteABaseのクエリが読みやすくなります。

23.5 グループ化(GROUP BY)

SQLの操作で一般的なものにグループ化 (GROUP BY) があります。これは指定した列が同じである行をグループにまとめ、MIN, MAX, COUNT, SUMなどを使って集約した値を生成します（「10.3 データの操作」で作ったgroup_by関数を思い出してください）。

例えば名前 (name) の長さごとのユーザ数と、最小のuser_idを調べたいならば、次の操作を行います。

```
SELECT LENGTH(name) as name_length,
 MIN(user_id) AS min_user_id,
 COUNT(*) AS num_users
FROM users
GROUP BY LENGTH(name);
```

SELECTで指定する列は、GROUP BY句で指定したもの (ここではname_legnth) か、集約値を計算したもの (min_user_idやnum_user) である必要があります。

SQLにはHAVING句も存在します。これはWHERE句と似ていますが、指定による選択は集約値に対して行われます（一方WHERE句は集約がされる前に選択が行われます）。

例えば、名前の最初の一文字ごとに平均の知り合いの数を求めたい、ただし平均の知り合いの数が1以上のグループに限る、という調査を行うには、次のSQLを使います（例として不自然であることは否定しません）。

328 | 23章　データベースとSQL

```sql
SELECT SUBSTR(name, 1, 1) AS first_letter,
 AVG(num_friends) AS avg_num_friends
FROM users
GROUP BY SUBSTR(name, 1, 1)
HAVING AVG(num_friends) > 1;
```

（文字列操作関数は、SQLの実装ごとに異なるかもしれません。SUBSTRではなく、SUBSTRINGを提供しているデータベースもあります）

全体に対する値の集約も可能です。その場合、GROUP BY句を使いません。

```sql
SELECT SUM(user_id) as user_id_sum
FROM users
WHERE user_id > 1;
```

この機能をNotQuiteABaseに加えるために、group_by()メソッドを追加します。引数には、グループ化を行う列の名前と、グループに対して適用する集約関数を辞書として与えます。havingを示す省略可能な引数も用意します。

このメソッドは次の手順を実行します。

1. （グループ化対象の列名の）タプルと、（グループ化対象列の値ごとの）列を関係付けるためのdefaultdictを作る。辞書のキーにリストが使えないことを思い出そう。キーにはタプルを使わなければならない
2. 表中の行を順にdefalutdictに追加する
3. 出力対象となる列を使って新しい表を作る
4. defaultdictを順に使って出力表を作る。指定されていればhavingを使って条件を絞る

（実際のデータベースも、これと同じことをより効率的な方法で実行します）

```python
def group_by(self, group_by_columns, aggregates, having=None):

    grouped_rows = defaultdict(list)

    # グループに追加する
    for row in self.rows:
        key = tuple(row[column] for column in group_by_columns)
        grouped_rows[key].append(row)
```

23.5 グループ化（GROUP BY） | **329**

```python
# 出力用の表は、group_byで指定した列と、集約値の列を持つ
result_table = Table(group_by_columns + aggregates.keys())

for key, rows in grouped_rows.iteritems():
    if having is None or having(rows):
        new_row = list(key)
        for aggregate_name, aggregate_fn in aggregates.iteritems():
            new_row.append(aggregate_fn(rows))
        result_table.insert(new_row)

return result_table
```

先ほど書いたSQLがどのように表現できるかを見てみましょう。名前の長さと最小のuser_idを求めるには次のように表現します。

```python
def min_user_id(rows): return min(row["user_id"] for row in rows)

stats_by_length = users \
    .select(additional_columns={"name_length" : name_length}) \
    .group_by(group_by_columns=["name_length"],
              aggregates={ "min_user_id" : min_user_id,
                           "num_users" : len })
```

最初の1文字ごとの知り合いの数は次のように表現します。

```python
def first_letter_of_name(row):
    return row["name"][0] if row["name"] else ""

def average_num_friends(rows):
    return sum(row["num_friends"] for row in rows) / len(rows)

def enough_friends(rows):
    return average_num_friends(rows) > 1

avg_friends_by_letter = users \
    .select(additional_columns={'first_letter' : first_letter_of_name}) \
    .group_by(group_by_columns=['first_letter'],
              aggregates={ "avg_num_friends" : average_num_friends },
              having=enough_friends)
```

そしてuser_idの合計は次のように表現します。

330 | 23章 データベースとSQL

```python
def sum_user_ids(rows): return sum(row["user_id"] for row in rows)

user_id_sum = users \
    .where(lambda row: row["user_id"] > 1) \
    .group_by(group_by_columns=[],
              aggregates={ "user_id_sum" : sum_user_ids })
```

23.6 並び替え（ORDER BY）

　結果のソートは頻繁に行われます。例えば、名前をアルファベット順に並べたときの最初の2人分が知りたいとします。

```sql
SELECT * FROM users
ORDER BY name
LIMIT 2;
```

　これは順序付けする関数を引数に取る order_by() メソッドとして簡単に実装できます。

```python
def order_by(self, order):
    new_table = self.select() # make a copy
    new_table.rows.sort(key=order)
    return new_table
```

　これは次のように使います。

```python
friendliest_letters = avg_friends_by_letter \
    .order_by(lambda row: -row["avg_num_friends"]) \
    .limit(4)
```

　SQLの ORDER BY にはソートの対象ごとに、ASC（昇順）または DESC（降順）を指定できます。ここでは、どういう順に並べるかは order 関数の機能として指定することとしましょう。

23.7 結合（JOIN）

　たいていの場合、リレーショナルデータベースの表は冗長さが最小となるように**正規化**されています。例えば、Pythonでユーザの興味を扱う場合、ユーザのリストにそれぞれの持つ興味を入れました。

　SQLの表には普通リストは格納しません。そこで2つ目の表 user_interests を作り、

user_idと興味との1対他の関係を格納します。SQLでは次のように表現します。

```
CREATE TABLE user_interests (
    user_id INT NOT NULL,
    interest VARCHAR(100) NOT NULL
);
```

一方、NotQuiteABaseでは、次のように表を作ります。

```
user_interests = Table(["user_id", "interest"])
user_interests.insert([0, "SQL"])
user_interests.insert([0, "NoSQL"])
user_interests.insert([2, "SQL"])
user_interests.insert([2, "MySQL"])
```

それでもまだ冗長さは残っています。興味の名前である"SQL"は2箇所に格納されています。実際のデータベースでは、user_interest表には、user_idとinterest_idの関係だけを持たせます。そして興味の名前が1箇所だけに格納されるように、interest_idとその名前を格納するためのinterests表を作ります。この例では、必要以上に複雑化してしまうため、そこまでは行いません。

別々の表に分かれたデータをどのように分析したら良いのでしょう。表を結合することで解決します。結合すると左側の表の列に対応する右側の表の列が結びつきます。どう「対応する」かは、JOINの一部として指定します。

例えば、SQLに興味を持つユーザは、次のSQLで見つけられます。

```
SELECT users.name
FROM users
JOIN user_interests
ON users.user_id = user_interests.user_id
WHERE user_interests.interest = 'SQL'
```

このJOINでは、users表の各行に対して、user_interests表の同じuser_idを持つ行と関連付けるよう指示しています。

JOINでは、対象とする表と共に、どの列で結合を行うのかを指定します。これは指定した条件に合致した行を結合する（そして合致した行だけを返す）INNER JOINと呼ばれるものです。

332 | 23章 データベースと SQL

これに対し、条件に合致した行に加え、左側に指定した表の条件に合致していない
行（この場合、右側の表側の列にはNULLが入る）も返すLEFT JOINという結合方法もあ
ります。

LEFT JOINを使うと、各ユーザごとにいくつの興味を持っているかを数えるのは簡単
です。

```
SELECT users.id, COUNT(user_interests.interest) AS num_interests
FROM users
LEFT JOIN user_interests
ON users.user_id = user_interests.user_id
```

LEFT JOINでは、結合した結果には興味を持たないユーザも含まれ（user_interests
表側の列にはNULLが入る）、NULLではない値がCOUNTで合計されます。

NotQuiteABaseのjoin()実装は、より制限されたものとなります。2つの表に存在
する共通の列だけを結合の対象とします。それでも簡単に実装できません。

```
def join(self, other_table, left_join=False):

    join_on_columns = [c for c in self.columns       # 両方の表に
                        if c in other_table.columns]  # 存在する列

    additional_columns = [c for c in other_table.columns  # 右側の表にのみ
                           if c not in join_on_columns]    # 存在する列

    # 左側の表にあるすべての列と、右側の表だけにある列
    join_table = Table(self.columns + additional_columns)

    for row in self.rows:
        def is_join(other_row):
            return all(other_row[c] == row[c] for c in join_on_columns)

        other_rows = other_table.where(is_join).rows

        # 結合先の表の中で、この表の行と合致したものが結果となる
        for other_row in other_rows:
            join_table.insert([row[c] for c in self.columns] +
                              [other_row[c] for c in additional_columns])

        # 合致した行が存在せず、これがLEFT JOINだった場合、Noneが結果となる
```

```
            if left_join and not other_rows:
                join_table.insert([row[c] for c in self.columns] +
                                  [None for c in additional_columns])

        return join_table
```

SQLに興味を持つユーザは次のように求められます。

```
sql_users = users \
    .join(user_interests) \
    .where(lambda row: row["interest"] == "SQL") \
    .select(keep_columns=["name"])
```

ユーザごとに持っている興味の数は次のように数えます。

```
def count_interests(rows):
    """Noneではない興味の数を数える"""
    return len([row for row in rows if row["interest"] is not None])

user_interest_counts = users \
    .join(user_interests, left_join=True) \
    .group_by(group_by_columns=["user_id"],
              aggregates={"num_interests" : count_interests })
```

右側の表の行をすべて結果とするRIGHT JOINと、どちらの表の行も結果に含める FULL OUTER JOINもSQLには用意されていますが、どちらも実装は行いません。

23.8　サブクエリ

SELECTした結果を表のように扱い、そこからさらにSELECT（そしてJOINも）が行えます。サブクエリを使うと、SQLに興味を持つユーザの中で、最小のuser_idを持つ者が探せます（JOINを使っても同じことはできますが、それではサブクエリの例とはなりません）。

```
SELECT MIN(user_id) AS min_user_id FROM
(SELECT user_id FROM user_interests WHERE interest = 'SQL') sql_interests;
```

NotQuiteABaseでは、（クエリの結果を表として返すため）この機能はすでに完成しています。

```
likes_sql_user_ids = user_interests \
    .where(lambda row: row["interest"] == "SQL") \
    .select(keep_columns=['user_id'])

likes_sql_user_ids.group_by(group_by_columns=[],
                            aggregates={ "min_user_id" : min_user_id })
```

23.9　インデックス

　特定の値を持つ（例えば、nameが"Hero"である）行を見つけるために、NotQuiteABaseはすべての行を検索します。行数が増えると、実行に時間がかかるようになります。

　ここで作成したJOINも、非常に非効率的なアルゴリズムで作られています。左表の各行に対して、条件に合致する行を探すために右側のすべての行を確認します。大きな表同士を結合するには、非常に長い時間を必要とします。

　ある種の制限を列に加えたい場合があります。例えばusers表に対して、2人の異なるユーザには異なるuser_idが割り当てられているようにするといった制限が考えられます。

　インデックスはこれらの問題をすべて解決します。もしuser_interestsがuser_idに対してインデックスを持っていたなら、条件に合致する行を順に探すのではなく、直接見つけられるようになるでしょう。users表のuser_idがユニークインデックスを持っていれば、重複したuser_idを持つ行をインサートするとエラーになります。

　表ごとにインデックスは複数持つことができます。インデックスがあれば、必要な行を直接探すことも、表を効率的に結合することも、列または列の組み合わせに対して重複を許さない制限を課すこともできます。

　インデックスをうまく使う方法は（どのデータベースを使うかによって少しずつ異なる）ある種の魔法のようなものです。しかし、データベースを使いこなしたいのであれば、学ぶ価値は十分にあります。

23.10　クエリ最適化

　SQLに興味を持つユーザを見つける方法は、次のようなものでした。

```
SELECT users.name
FROM users
JOIN user_interests
ON users.user_id = user_interests.user_id
WHERE user_interests.interest = 'SQL'
```

NotQuiteABaseでは、このクエリを少なくとも2つの方法で実現できます。結合する前に、user_interests表から必要なものを取り出しておく方法と

```
user_interests \
    .where(lambda row: row["interest"] == "SQL") \
    .join(users) \
    .select(["name"])
```

結合結果から必要なものを選択する方法です。

```
user_interests \
    .join(users) \
    .where(lambda row: row["interest"] == "SQL") \
    .select(["name"])
```

どちらを使っても結果は同じです。しかし、結合前に選択を行う方が結合対象の行が減るため、ほぼ確実に効率的です。

SQLでは、これらを考慮する必要はありません。必要とする結果を「宣言」すれば、どのように実行するか（そしてインデックスを効率的に使うか）はデータベースエンジンが選択します。

23.11　NoSQL

データベースに関する最近の流行は、データを表として表現しない非関係データベースである「NoSQL」に向かっています。例えば、MongoDBはスキーマを持たない人気のあるデータベースであり、データ要素を行ではなく任意のJSONデータとして表現します。

列指向データベースはデータを行単位ではなく列単位で格納します（列を大量に持つけれども検索対象とするのはそのうちの一部のみである場合に有効です）。キーバリューストアはキーに対して1つの（複雑な）値の取り出しに特化しています。グラフの格納とグラフ内の探索を行うデータベースもあります。複数のデータセンターにま

たがった環境に最適化されたデータベースや、メモリ上のデータを扱うデータベース、時系列を扱うために作られたデータベースなど、非常に多くのデータベースが登場しています。

　未来のことは誰にもわかりません。NoSQLが今後重要となる以上のことを今は言えませんが、そのことを知るのが、現時点では重要なのです。

23.12　さらなる探求のために

- リレーショナルデータベースを使ってみたいのなら、コンパクトで高速なSQLite（http://www.sqlite.org）か、より多機能なMySQL（http://www.mysql.com）もしくはPostgreSQL（http://www.postgresql.org）が候補となるでしょう。いずれもフリーであり多くのドキュメントが存在します。

- NoSQLを調査するなら、良いところも悪いところもありますが、簡単に使い始められるMongoDB（http://www.mongodb.org）が適しています。ドキュメントも整備されています。

- WikipediaのNoSQL記事（https://ja.wikipedia.org/wiki/NoSQL）には、多くのデータベースへのリンクがあり、その中には本書が執筆されていた時点では存在していなかったものもあるはずです。

24章
MapReduce

未来はすでに訪れている。ただし、あまねく広まってはいない。
——ウィリアム・ギブスン ● 小説家

MapReduceは巨大なデータを並列に処理するためのプログラミングモデルです。非常に有用な技術であり、基本は単純です。

処理したい要素の集合があるとしましょう。要素とは、Webサイトのアクセスログや書籍のテキストやイメージファイルなど何でも構いません。基礎的なMapReduceでは、次の手順で処理を行います。

1. map関数を使い、各要素を0個以上のキーバリューに変換する（たいていの場合、これをmap関数と呼びますが、Pythonが持っているmap関数とは異なります）
2. 同じキーを持つキーバリューを集める
3. 各キーに対する結果を算出するために、収集したグループに対してreduce関数を適用する

これは概要に過ぎないので、具体的な例で考えてみましょう。データサイエンスに絶対的なルールはほんのわずかしかありませんが、そのうちの1つにより、最初のMapReduceの例は単語のカウントでなければなりません。

24.1　事例：単語のカウント

データサイエンス・スターのユーザは数百万人のレベルにまで拡大してきました。あなたの雇用を確保するには望ましい状況ですが、日々の分析作業が困難になりつつあります。

例えば、ユーザの近況が更新[1]された際に、ユーザ同士でどのような会話が行われ

※1　訳注：Facebookでの「今何している？」に相当する。

338 | 24章　MapReduce

ているのかを調べるようコンテンツ担当部長から依頼がありました。会話の中で最も多く使われた単語を報告するための準備として、近況に書かれた単語を数えることにしました。

　ユーザが数百人程度であれば単純に次のように数えられます。

```
def word_count_old(documents):
    """MapReduceを使わない単語カウント"""
    return Counter(word
        for document in documents
        for word in tokenize(document))
```

　ユーザが数百万人にまで拡大した現在では、(近況の更新) documentsの規模はPCで処理するには膨大になってしまいました。この作業をMapReduceモデルで処理できれば、同社のエンジニアがすでに構築している「ビッグデータ」用の環境が使えます。

　最初に文書をキーバリューのデータに変換する関数を作ります。結果は単語ごとに得たいので、キーは単語となります。各単語には、出現回数を表す値として1を与えます。

```
def wc_mapper(document):
    """各単語ごとに、(word, 1)を出力する"""
    for word in tokenize(document):
        yield (word, 1)
```

　いったん、手順2をスキップします。各単語に対して、出現回数として与えた値のリストが作れたなら、次の関数を使ってその単語の出現総数を数えられます。

```
def wc_reducer(word, counts):
    """単語の数を合計する"""
    yield (word, sum(counts))
```

　それでは手順2に戻りましょう。wc_mapperの結果を集めてwc_reducerに送ります。これを1つのコンピュータで行うにはどうすれば良いかを考えます。

```
def word_count(documents):
    """入力した文書の単語をMapReduceを使って数える"""

    # グループ分けした結果を格納する場所
    collector = defaultdict(list)
```

```
            for document in documents:
                for word, count in wc_mapper(document):
                    collector[word].append(count)

            return [output
                    for word, counts in collector.iteritems()
                    for output in wc_reducer(word, counts)]
```

3つのデータとして["data science", "big data", "science fiction"]があるとします。

wc_mapperに最初のデータを与えると、2つのキーバリュー("data", 1)と("science", 1)が得られます。

3つのデータを処理し終わると、collectorには、次の値が入ります。

```
{ "data" : [1, 1],
  "science" : [1, 1],
  "big" : [1],
  "fiction" : [1] }
```

wc_reducerがこれを使って、各単語の出現回数を数えます。

```
[("data", 2), ("science", 2), ("big", 1), ("fiction", 1)]
```

24.2　MapReduceを使う理由

先に述べたように、MapReduceを使う第一の利点は、データの処理を分散できることです。数十億ものデータに対して単語のカウントを行うことを想像してみてください。

最初の単語カウントプログラムは、処理対象のデータすべてにアクセスできる必要がありました。これはデータがそのコンピュータ上に存在しているか、処理する際にどこかから転送するかどちらかです。さらに重要なことは、一度に1つの文書しか処理できないという点です。

複数のCPUコアを活用できるようコードを書き換えれば、複数の文書を同時に処理することは可能です。そうしたとしてもデータはすべてコンピュータから見える場所になければなりません。

数十億もの近況データが、100台のコンピュータに分散配置されているとしましょ

う。そして適切な環境（詳細は曖昧にしていますが）があるのなら、次のような処理が
可能です。

- 各コンピュータではそれぞれの持っているデータを処理して、大量のキーバリュー
  を作成する
- そのキーバリューを"reduce"用のコンピュータに分配し、同じキーに対するキー
  バリューは同じコンピュータ上に配置されるようにする
- reduce用コンピュータでは、各キーごとにキーバリューをグループ化し、reduce
  関数を適用する
- キーに対する結果を返す

　すばらしいことに、MapReduceはスケールアウト（水平スケール）します。コン
ピュータの台数を2倍に増やせば、（MapReduceシステムを稼働させるための一定の
コストを無視するなら）処理速度はおおよそ2倍になります。各map関数が処理する
データ量は半分になり、（reduce用のコンピュータに分散できるだけのキー数が十分に
あることを前提として）reduce関数を処理するコンピュータでも同じように処理量は半
分になります。

24.3　一般的なMapReduce

　先の事例で、単語をカウントする処理はwc_mapperとwc_reducer関数それぞれの中
で実装されていました。何箇所かの修正を行えば、より一般的なフレームワーク（まだ、
1つのコンピュータ上で動くものですが）に作り変えることが可能です。

```python
def map_reduce(inputs, mapper, reducer):
    """mapperとreducerを使って、inputに対してMapReduce処理を行う"""
    collector = defaultdict(list)

    for input in inputs:
        for key, value in mapper(input):
            collector[key].append(value)

    return [output
            for key, values in collector.iteritems()
            for output in reducer(key,values)]
```

これを使って単語カウントは、次のように実行できます。

```
word_counts = map_reduce(documents, wc_mapper, wc_reducer)
```

これによりさまざまな問題に対応できる柔軟性がもたらされます。

先に進む前に、wc_reducerが各キーに対する値を単に合計しているだけであるという点に着目しましょう。この種の集約はたいてい同じような作業であるため、抽象化が可能です。

```
def reduce_values_using(aggregation_fn, key, values):
    """キーバリューにaggregation_fnを適用してreduceする"""
    yield (key, aggregation_fn(values))

def values_reducer(aggregation_fn):
    """（値の集合 -> 結果）を行う関数を使って、（キー -> 値の集合）を
    （キー -> 結果）にマップする"""
    return partial(reduce_values_using, aggregation_fn)
```

これにより、reduce関数は次のように定義できます[1]。

```
sum_reducer = values_reducer(sum)
max_reducer = values_reducer(max)
min_reducer = values_reducer(min)
count_distinct_reducer = values_reducer(lambda values: len(set(values)))
```

24.4　事例：近況更新の分析

コンテンツ担当部長は単語のカウント結果が気に入ったため、何か他に近況の更新から得られる情報があるのではないかと考えているようです。そこで、次のような近況の更新データが入手できるよう手配しました。

```
{"id": 1,
 "username" : "joelgrus",
 "text" : "Is anyone interested in a data science book?",
 "created_at" : datetime.datetime(2013, 12, 21, 11, 47, 0),
```

---

[1] 訳注：sum_reducerは、キーに対する値のリストを合計するreducerであり、この事例でのwc_reducerと等価。max_reducerとmin_reducerはそれぞれ、値のリストに対してmaxまたはminを使ったreduceを行う。count_distinct_reducerは、値のリストをいったんset()に入れることで、値のリストの中でユニークなものの数を数える。

```
"liked_by" : ["data_guy", "data_gal", "mike"] }
```

例えば、データサイエンスについての話題は、何曜日に最も多くなるのでしょうか。これを調べるために、各曜日ごとにデータサイエンスについての更新がいくつ存在したかを数えます。これは、曜日ごとにグループ分けを行い、エータサイエンスを含む更新ごとに値を1とするなら、sum関数を使って総数を計算できます。

```
def data_science_day_mapper(status_update):
    """status_updateが"data science"を含む場合、yields (day_of_week, 1)とする"""
    if "data science" in status_update["text"].lower():
        day_of_week = status_update["created_at"].weekday()
        yield (day_of_week, 1)

data_science_days = map_reduce(status_updates,
                               data_science_day_mapper,
                               sum_reducer)
```

より複雑な事例としては、各ユーザごとにどういった単語が近況更新として使われるのかを明らかにします。次の3つ方法がmap関数として思いつきます。

- usernameをキーとして、単語とその数を値とする
- 単語をキーとして、usernameと単語の数を値とする
- usernameと単語をキーとして、単語の数を値とする

もう少し考えてみましょう。同じ単語でも各ユーザごとに異なる扱いをしたいはずなので、usernameごとにグループ分けを行うべきです。また、各ユーザごとに頻出する単語を調べるため、グループ分けを単語ごとに行うのは望ましくありません。そのため最初の方法が正しい選択肢であるとわかります。

```
def words_per_user_mapper(status_update):
    user = status_update["username"]
    for word in tokenize(status_update["text"]):
        yield (user, (word, 1))

def most_popular_word_reducer(user, words_and_counts):
    """(単語,単語の数)のデータ列を与えると、
    頻出単語を返す"""

    word_counts = Counter()
```

```
        for word, count in words_and_counts:
            word_counts[word] += count

        word, count = word_counts.most_common(1)[0]

        yield (user, (word, count))

    user_words = map_reduce(status_updates,
                            words_per_user_mapper,
                            most_popular_word_reducer)
```

近況にリンクしているユニークなユーザ数は次のように数えられます。

```
    def liker_mapper(status_update):
        user = status_update["username"]
        for liker in status_update["liked_by"]:
            yield (user, liker)

    distinct_likers_per_user = map_reduce(status_updates,
                                          liker_mapper,
                                          count_distinct_reducer)
```

24.5　事例：行列操作

$m \times n$の行列Aに$n \times k$の行列Bを乗ずると、各要素が次の値となる$m \times k$の行列Cが得られることを「21.2.1　行列操作」で扱いました。

$$C_{ij} = A_{i1} B_{1j} + A_{i2} B_{2j} + \ldots + A_{in} B_{nj}$$

そこで見たように、要素A_{ij}がi番目のリストのj番目の要素であるように、$m \times n$の行列をリストのリストで表現するのは、自然な考え方です。

しかし巨大な行列はしばしば疎行列、つまりほとんどの要素が0であるような行列となります。巨大な疎行列にリストのリストを使うのは、空間の無駄遣いです。よりコンパクトにするには、0ではない要素のみを（行列名, i, j, 値）のタプルとし、そのリストで表現します。

例えば、10億要素×10億要素の行列要素数は100京（10の18乗）となり、コンピュータ上に格納するのは容易ではありません。しかし、0ではない要素が各行に数個

しかないのであれば、上記表現によるデータ量は何桁分の1になるでしょう。

この表現を使うと、行列操作をMapReduceを使って分散方式で実行することが可能となります。

アルゴリズムを形にするために、A_{ij}要素は、Cのi行要素を計算する際にのみ必要であり、B_{ij}要素は、Cのj列要素を計算する際にのみ必要となることに着目します。reduce関数はCの一要素を返すようにするなら、map関数ではCの一要素に対するキーを出力させれば良いのです。

実装は次のようになります。

```python
def matrix_multiply_mapper(m, element):
    """mは、共通の次元（Aの列、Bの行）
    element は、（行列名,i, j, 値）のタプル"""
    name, i, j, value = element

    if name == "A":
        # A_ijは、各C_ik, k=1..mそれぞれに対する合計のj番目要素
        for k in range(m):
            # 他のC_ik要素と共にグループ化する
            yield((i, k), (j, value))
    else:
        # B_ijは、各C_kj それぞれに対する合計のi番目要素
        for k in range(m):
            # 他のC_kj要素と共にグループ化する
            yield((k, j), (i, value))

def matrix_multiply_reducer(m, key, indexed_values):
    results_by_index = defaultdict(list)
    for index, value in indexed_values:
        results_by_index[index].append(value)

    # 両方に値がある場合、2つの要素の積を合計する
    sum_product = sum(results[0] * results[1]
                      for results in results_by_index.values()
                      if len(results) == 2)

    if sum_product != 0.0:
        yield (key, sum_product)
```

次の2つの行列があるとします。

24.7　さらなる探求のために　**345**

```
A = [[3, 2, 0],
     [0, 0, 0]]

B = [[4, -1, 0],
     [10, 0, 0],
     [0, 0, 0]]
```

タプルを使って表現すると、次のように計算できます。

```
entries = [("A", 0, 0, 3), ("A", 0, 1, 2),
           ("B", 0, 0, 4), ("B", 0, 1, -1), ("B", 1, 0, 10)]
mapper = partial(matrix_multiply_mapper, 3)
reducer = partial(matrix_multiply_reducer, 3)

map_reduce(entries, mapper, reducer) # [((0, 1), -3), ((0, 0), 32)]
```

　小さな行列では、それほどすばらしい効果があるようには見えません。しかし、行と列がそれぞれ数百万にも及ぶような巨大な行列に対する効果は絶大です。

24.6　余談：コンバイナ

　すでに気付いているかもしれませんが、ここまでに登場したmap関数は、大量の不要な情報をもたらしています。例えば、単語のカウントでは、(単語, 1)を合計するのではなく、(単語, None)を出力してそのタプルの数を数えるという方法も考えられます。

　そうしなかった理由は、分散環境において、コンピュータからコンピュータに渡すデータを削減するために**コンバイナ**を使いたい場合が出てくるからです。あるmap用のコンピュータが単語"data"を500回検出したとしましょう。500個の("data", 1)をreduce用のコンピュータに送る前に1個の("data", 500)にまとめてしまうことも可能です。こうして転送するデータ量を削減すれば、アルゴリズムを高速化できます。

　reduce関数はこうした結合済みのデータを正しく扱えるように作られています（もし、len関数を使っていたなら、コンバイナには対応できませんでした）。

24.7　さらなる探求のために

- 最も広く使われているMapReduceシステムはHadoop（http://hadoop.apache.org）です。Hadoopに関する書籍の多さも魅力の一部です。商用、非商用ディス

トリビューションが数多く存在し、Hadoop関連ツールは巨大なエコシステムを形成しています。

Hadoopを使うためには、（どこかのクラスタを利用するか）自分でクラスタを用意する必要があります。これは必ずしも容易ではありません。Hadoopの`map`関数と`reduce`関数は一般的にJavaを使って実装しますが、「Hadoop streaming」を使えば、（Pythonなど）他の言語で`map`関数や`reduce`関数を記述できます。

- Amazon.comはプログラムからクラスタの作成や削除を行えるElastic MapReduceサービス（http://aws.amazon.com/elasticmapreduce/）を提供しています。使用した時間に応じて課金されます。

- mrjob（https://github.com/Yelp/mrjob）はHadoop（またはElastic MapReduce）を使うためのPythonパッケージです。

- Hadoopの実行はレイテンシーが高いので、リアルタイムの分析には向いていません。Hadoopの上に構築されたリアルタイム用のツールがいくつか存在しますが、この分野は著しく成長しているため多くのツールが存在しています。特に人気が高いのが、Spark（http://spark.apache.org/）とStorm（http://storm.incubator.apache.org/）です。

- 本書の執筆時点では存在していなかったものが、今ではすっかり中心的なツールとなっているかもしれません。最新の情報は読者各自で調べてみてください。

25章
前進しよう、
データサイエンティストとして

そして今再び、幸運を祈りつつ私は醜いわが子を世に送り出す。
（森下弓子訳『フランケンシュタイン』著者序文（1831年版）より）

ここから先は何に取り組みましょうか。データサイエンスに対して恐れを抱いてないのなら、次に学ぶべきことは山ほどあります。

25.1　IPython

IPython（http://ipython.org/）は本書ですでに取り上げました。シェルとしてPython標準シェル以上の機能を提供しています。加えて、（空行と空白によるフォーマットを維持したまま）コードのコピー＆ペーストを容易に行うためのmagicコマンド（および、その他多くの機能）が用意されています。

IPythonを使いこなせば、さまざまなことが容易に進められます（少し学んだだけでも、日常生活がより楽になります）。

さらに言うと、テキスト、Pythonコード、画像、グラフなどを1つにまとめた「notebook」を作れば、作業の記録として保存することも、それを他人と共有することも可能となります（**図25-1**）。

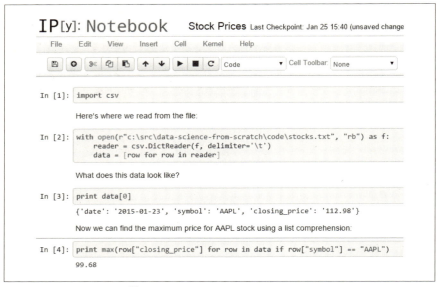

図25-1　IPython notebook[※1]

25.2　数学

本書を通して、線形代数（第4章）、統計（第5章）、確率（第6章）、そしてさまざまな機械学習の話題を取り上げました。

良いデータサイエンティストであるには、これらについての深い理解が欠かせません。各章の最後に示した教科書や、自分で見つけた書籍、オンライン講座、実際の授業などを通して、学習を進めてください。

25.3　既存のライブラリを活用する

「ゼロからはじめる」方式は、それがどのように働くかを理解するための優れた方法ではありますが、（特にパフォーマンスに配慮した実装をしない限り）たいていは高いパフォーマンスが望めませんし、使いやすさ、エラー処理、素早いプロトタイプ実装

[※1] 訳注:IPython notebookはIPythonから分離され、現在はJupyter notebookとして提供されている。次世代のnotebookとして、さらに洗練されたJupyterLabのリリースが予定されている。

などの面でも劣っています。

良く設計され、理論を完全に実装したライブラリを使うのが現実的です（当初の構想では、本書の後半は「ライブラリから学ぼう」という構成になっていましたが、オライリーとの話し合いの結果、そうしないことにしました）。

25.3.1 NumPy

（Numeric Pythonを表す）NumPy（http://www.numpy.org）は、「現実的な」科学技術計算手段を提供します。配列をリストで表現したり、行列をリストのリストで表現するよりもずっと高速な計算が可能です。また、配列や行列を処理するための機能を豊富に用意しています。

NumPyはその他のライブラリの基礎的な構成要素でもあり、学ぶ価値のあるライブラリの1つです。

25.3.2 pandas

pandas（http://pandas.pydata.org）はデータをPythonで扱うためのデータ構造を提供します。その1つがDataFrameです。基本的な考え方は、第23章で作成したNotQuiteABaseの表クラスと似ていますが、より多くの機能とより良いパフォーマンスを実現しています。

Pythonを使ったデータのフォーマット変換、分離、結合などの操作を行うのなら、pandasは計り知れないほどの利便性をもたらすでしょう。

25.3.3 scikit-learn

Pythonを使って機械学習を行うのなら、最も良く使われる人気の高いライブラリがscikit-learn（http://scikit-learn.org）です。本書で取り上げた機能以外にも、数多くのモデルが実装されています（http://scikit-learn.org/stable/auto_examples/）。実際の問題を解くために決定木をゼロから構築することは普通ありません。力仕事はすべてscikit-learnに任せます。実際の問題を解くために、最適化アルゴリズムを作り込むことも普通はありません。scikit-learnの提供する実績のある優れたアルゴリズムに任せるからです。

scikit-learnのドキュメントには、使い方の例（そして機械学習で何ができるか）が数

多く掲載されています。

25.3.4 可視化

　本書で作成したグラフは整っていて機能的でしたが、見た目に優れていたわけではありません（そして対話的でもありませんでした）。可視化についてより深く追求したいのなら、選択肢は2つあります。

　1つ目は、本書で少しだけ取り上げたmatplotlib（http://matplotlib.org/examples/）について詳しく調べることです。matplotlibのWebサイトには、可視化機能の使い方や、その他興味深い機能についての実例（http://matplotlib.org/gallery.html）が取り上げられています。（例えば書籍に印刷するなどの）静的な可視化を必要としているのなら、これが最適な選択です。

　matplotlibをより魅力的にするライブラリ、（数ある中でも、特に）seaborn（http://web.stanford.edu/~mwaskom/software/seaborn/）について調べてみましょう。

　対話的な可視化を行いWeb上で共有したいのであれば、「データ駆動ドキュメント "Data Driven Documents"」（3つのD）作成のためのJavaScriptライブラリであるD3.js（http://d3js.org）が、第一選択肢となります。JavaScriptに詳しくなくても、D3ギャラリーの事例をコピーしてデータに合わせた微調整を行えば、たいていの用途で使えます（優れたデータサイエンティストはD3ギャラリーを模倣し、偉大なデータサイエンティストはD3ギャラリーを盗む）。

　D3に興味が湧かなくても、D3ギャラリー（https://github.com/mbostock/d3/wiki/Gallery）は覗いてみましょう。見るだけでもデータ可視化について多くを学べます。

　Bokeh（http://bokeh.pydata.org）は、D3風の機能をPythonにもたらすためのプロジェクトです。

25.3.5 R

　R（http://www.r-project.org）についてこれまで全く学んでこなかったとしても、多くのデータサイエンティストがRを使い、多くのデータサイエンスプロジェクトがRを使っていることを考慮すれば、少なくともRに慣れておくことには価値があります。

　その価値とは例えば、Rに関連したブログを読んだり、事例やコードを理解できる

こと。例えば、Pythonの（比較的）クリーンなエレガントさを認識する助けとなること。例えば、果てしない「R対Python」の応酬に正しい知識を持って参加すること、などです。

世界はRのチュートリアル、学習講座、書籍で溢れています。"Hands-On Programming with R"（邦題『Rstudioではじめる Rプログラミング入門』）は、オライリー社の書籍であることを除いても（実際にはオライリー社から出版されているからこそ）、優れた書籍だと言われています。

25.4　データの供給源

仕事としてデータサイエンスを行っているのなら、（必ずではありませんが）おそらくデータの収集も仕事の一部であるはずです。趣味の一種としてならどうでしょうか。データはあらゆる場所に存在します。次に挙げるのは、その一部です。

- Data.gov（http://www.data.gov）は、合衆国政府のオープンデータポータルです。政府の活動で得られたデータ（最近では、多くのデータが公的活動により収集されています）を必要としているなら、ここから探し始めるのが良いでしょう。
- redditにはデータを見つけるための質問ができるフォーラム r/datasets（https://www.reddit.com/r/datasets）、r/data（https://www.reddit.com/r/data）があります。
- Amazon.comは彼らの製品の分析（Amazon製品以外の分析に使用しても、もちろん構いません）に使用できるパブリックデータセットを提供しています（https://aws.amazon.com/jp/public-data-sets/）。
- Robb Seatonは精選されたデータセットのリストをブログとして公開しています（http://rs.io/100-interesting-data-sets-for-statistics/）。
- Kaggle（https://www.kaggle.com）はデータサイエンスの競技会を開いています。筆者は（データサイエンスの分野に進んだ後も、競争にあまり興味がないため）参加したことはありませんが、皆さんは参加することになるかもしれません。

352 | 25章　前進しよう、データサイエンティストとして

25.5　データサイエンスを活用しよう

　データカタログを調べるのは楽しいのですが、気になる点があるならそれを解明する方がずっと楽しいに違いありません。そこで、これまでに筆者が行ったことをいくつか紹介します。

25.5.1　Hacker News記事分類器

　Hacker News（https://news.ycombinator.com/news）は、技術関係のニュースに対するまとめと議論が行われているサイトです。膨大な量の記事が投稿されていますが、その多くは筆者の興味を引かないものです。

　そこで自分が興味を持つだろうものと、持たないだろうものを予測し分別するHacker News記事分類器（https://github.com/joelgrus/hackernews）を数年前に用意しましたが、Hacker News記事に興味を持たない者もいるという前提を快く思わないユーザには、受け入れられませんでした。

　記事に対して（学習データを作るために）手で付与したラベルと、記事の選択機能（例えば、タイトル内の単語や、リンク先のドメインなど）に加えて、他のスパムフィルタと同様に単純ベイズによる分類器で構成されていました。

　理由は忘れましたが、これはRubyで実装しました。そして、この誤りから多くを学びました。

25.5.2　消防車ランク

　筆者はシアトルのダウンタウンの大通り沿い、消防署と火事の良く発生する（と思っている）場所の中間あたりに住んでいます。そのため、シアトル消防署に対する興味から、ちょっとした気晴らしのための開発を行いました。

　（データの観点から）幸いなことに消防署は、消防車が出動した通報のすべてをRealtime 911のサイト（http://www2.seattle.gov/fire/realtime911/getDatePubTab.asp）で公開していました

　そこで筆者は興味の赴くまま、何年にも渡る通報のデータと消防車に関するソーシャルネットワーク分析（https://github.com/joelgrus/fire）を行いました。そうした活動の中で特筆すべき点は、筆者が消防車ランクと呼ぶ消防車特有の中心性の概念を考案したことです。

25.5.3 固有Tシャツ

筆者には娘がいます。彼女の幼少期を通して筆者を悩ませ続けていたのは、「男の子のTシャツ」には楽しいことがたくさん書かれているのに、「女の子のTシャツ」には面白みが全くないという点でした。

実際に幼児向けの商品として男の子用と女の子用には明らかな違いがあると感じました。そこで、両者の違いを学習により認識するモデルを作れるのではないかと考えます。

その結果、モデルができました (https://github.com/joelgrus/shirts)。

何百種類ものシャツ画像をダウンロードし、同じサイズに揃えます。そのデータを画素ごとの色ベクトルに変換して、ロジスティック回帰を使った分類器を作りました。

1つ目のアプローチは、単純にシャツのどこにどの色が配置されているかを単純に調べるものでした。2つ目の手法では、Tシャツのイメージベクトルから10個の主成分を見つけ、各シャツを10次元「固有Tシャツ」空間 (図25-2) への射影を使って分類します。

図25-2　第1主成分に対する固有Tシャツ

25.5.4　データサイエンスを使って何をしますか？

あなたはどんなことに興味がありますか。あなたにとって夜通し考え続けられるような問題とは何でしょう。データを探して (またはWebサイトからデータを集めて) データサイエンスを適用してみてください。

何か発見があれば、ぜひお知らせください。筆者のメールアドレスはjoelgrus@gmail.com、Twitterなら@joelgrusです。

付録A
日本語に関する補足

A.1　本書のコード例と日本語コードについて

　本書の日本語化にあたり、コードのコメントとdocstringを日本語に翻訳しました。また、データサイエンス・スター社の方針により、本書のコードはPython 2.7向けに書かれています。Python 2.7ではASCII以外の文字がコードに含まれているとエラーとなるため、コメントやdocstringであっても日本語文字列を含むコードをそのままPython 2.7インタープリタで実行できません（Python 3を使う場合、エンコーディングがUTF-8であれば問題はありません）。

　例えば、「2.1.3　空白によるフォーマット」に、日本語コメントの入ったコードがあります。これをPython 2.7で実行してみます。ここではLinux（Ubuntu）を使っているものとします。

例A-1　日本語コメント入りコードの例

```
for i in [1, 2, 3, 4, 5]:
    print i                 # i ブロック最初の行
    for j in [1, 2, 3, 4, 5]:
        print j             # j ブロック最初の行
        print i + j         # j ブロック最後の行
    print i                 # i ブロック最後の行
print "done looping"
```

　このコードを`loop.py`として保存します。vimを開き、表示とファイルへの書き込みをUTF-8に設定してからコードを貼り付け、ファイルに保存します。

```
:set encoding=UTF-8
:set fileencoding=UTF-8
```

356 | 付録 A　日本語に関する補足

```
:w loop.py
:q
```

　loop.pyがUTF-8のファイルであることをfileコマンドで確認して、pythonコマンドで実行してみましょう。この例では、python@ubuntu:~$がシェルのプロンプトを表し、$より後ろの文字列を入力しています。

例A-2　日本語コメント入りコードの実行とエラーメッセージ

```
python@ubuntu:~$ file loop.py
loop.py: UTF-8 Unicode text
python@ubuntu:~$ cat loop.py
for i in [1, 2, 3, 4, 5]:
    print i                 # i ブロック最初の行
    for j in [1, 2, 3, 4, 5]:
        print j             # j ブロック最初の行
        print i + j         # j ブロック最後の行
    print i                 # i ブロック最後の行
print "done looping"
python@ubuntu:~$ python loop.py
  File "loop.py", line 2
SyntaxError: Non-ASCII character '\xe3' in file loop.py on line 2, but no encoding
declared; see http://python.org/dev/peps/pep-0263/ for details
```

> SyntaxError: ファイルsample.pyの1行目に\x82で始まるASCIIではない文字があるが、エンコーディングは指定されていない。詳細は http://python.org/dev/peps/pep-0263/ を参照

　コードの2行目に、日本語を含むコメント「ブロック最初の行」があるため、Pythonインタープリタが文法エラー（SyntaxError）を出しました。

　Python 2.7のデフォルト文字エンコーディングはASCIIであるため、それ以外の文字があるとエラーになります。Python組み込みのgetdefaultencoding()関数を使って、デフォルトの文字エンコーディングを調べてみましょう。

例A-3　getdefaultencoding()を使った、デフォルト文字エンコーディングの調査

```
python@ubuntu:~$ python
Python 2.7.12 |Anaconda 4.2.0 (64-bit)| (default, Jul  2 2016, 17:42:40)
[GCC 4.4.7 20120313 (Red Hat 4.4.7-1)] on linux2
Type "help", "copyright", "credits" or "license" for more information.
Anaconda is brought to you by Continuum Analytics.
```

A.1　本書のコード例と日本語コードについて ┃ **357**

```
Please check out: http://continuum.io/thanks and https://anaconda.org
>>> import sys
>>> sys.getdefaultencoding()
'ascii'
>>> quit()
```

　Pythonインタープリタにコードの文字エンコーディングを知らせることで、このエラーに対応できます。次の行をコードの1行目に加えましょう。

```
# coding: UTF-8
```

　そのコードを同じように実行します。

例A-4　エンコーディング指定を行ったコードの実行

```
python@ubuntu:~$ cat loop.py
# coding: UTF-8
for i in [1, 2, 3, 4, 5]:
    print i                 # i ブロック最初の行
    for j in [1, 2, 3, 4, 5]:
        print j             # j ブロック最初の行
        print i + j         # j ブロック最後の行
    print i                 # i ブロック最後の行
print "done looping"
python@ubuntu:~$ python loop.py
1
1
2
2
...途中省略...
5
10
5
done looping
```

　このエンコーディングの指定方法は、PEP-0263として定義されています。最初のエラーメッセージに書かれていたURL http://python.org/dev/peps/pep-0263/ を参照してください。

　ファイルの内容と、ソースコードのエンコーディング指定が一致している点が重要です。ここでは、vimでファイルの保存形式を「UTF-8」に設定し、ファイルがUTF-8

で保存されていることと、1行目で指定したエンコーディング「UTF-8」が一致していたことで、コードの実行が可能となりました。

ファイルが例えばShift_JISエンコーディングで保存されていた場合には、1行目も次のようにShift_JISを指定する必要があります。

coding: Shift_JIS

Windowsのメモ帳は、保存する際の文字コードをUTF-8に指定すると、ファイルの先頭にBOM（Byte Order Mark：バイト順マーク）を付加します。pythonインタープリタはこのBOMの存在によりUTF-8エンコーディングされていることを認識するため、エンコーディング指定がなくてもエラーにはなりません。しかし、これは特殊な場合であり、普通のテキストエディタはBOMを付加しないので、エンコーディングの指定は必要です。

本書のコードを実行する際には、コードをファイルとして保存する方法に合わせて、エンコーディング指定のコメントを加えてください。

A.2 和文対応のtokenize関数

「13章 ナイーブベイズ」ではスパム分類器を作り、実際のスパムメッセージを使った学習と推定を行いました。メッセージはtokenize関数により単語に分解されますが、オリジナルのtokenize関数は単語が空白で区切られる英文を前提としているため、分かち書きされない和文には対応していませんでした。

そこで、形態素解析を行い和文に対応するtokenize関数を作ってみましょう。ゼロから作るのは大変なので、データサイエンス・スター社の方針には反しますが、既存のライブラリを使うことにします。Pythonで使用できる形態素解析ライブラリはいくつかありますが、ここではpipコマンドだけでインストールが完了するJanomeを使います。

例A-5　Janomeのインストール

```
python@ubuntu:~$ pip install janome
Collecting janome
  Downloading Janome-0.2.8.tar.gz (13.6MB)
    100% |████████████████████████████████| 13.6MB 45kB/s
```

A.2 和文対応の tokenize 関数 | **359**

```
Building wheels for collected packages: janome
  Running setup.py bdist_wheel for janome ... done
  Stored in directory: /home/python/.cache/pip/wheels/8b/08/f2/9e1d9300c6041925ad32148eb67bc997ec91f0d7ffc
Successfully built janome
Installing collected packages: janome
Successfully installed janome-0.2.8
```

それでは Janome を使って和文を単語に分解してみます。日本語の文字列には u をつけて Unicode 文字列とします。

例A-6　janome.tokenizer を使った、和文の単語分割

```
python@ubuntu:~$ python
Python 2.7.12 |Anaconda 4.2.0 (64-bit)| (default, Jul  2 2016, 17:42:40)
[GCC 4.4.7 20120313 (Red Hat 4.4.7-1)] on linux2
Type "help", "copyright", "credits" or "license" for more information.
Anaconda is brought to you by Continuum Analytics.
Please check out: http://continuum.io/thanks and https://anaconda.org
>>> from janome.tokenizer import Tokenizer
>>> t = Tokenizer()
>>> tokens = t.tokenize(u'格安バイアグラと正規ロレックス')
>>> for token in tokens:
...     print token.surface
...
格安
バイアグラ
と
正規
ロレックス
```

janome.Tokenizer インスタンスの tokenize 関数に文を渡すと、分解された結果がリストとして返り、リスト要素の surface プロパティに単語が入ります。英文のように空白で区切られた文章はどのように扱われるのでしょうか。

例A-7　janome.tokenizer を使った、英文の単語分割

```
>>> tokens = t.tokenize("cheap viagra and authentic rolex")
>>> for token in tokens:
...     print token.surface,
...     print token.part_of_speech,
...     print
...
```

```
cheap 名詞,固有名詞,組織,*
  記号,空白,*,*
viagra 名詞,固有名詞,組織,*
  記号,空白,*,*
and 名詞,固有名詞,組織,*
  記号,空白,*,*
authentic 名詞,固有名詞,組織,*
  記号,空白,*,*
rolex 名詞,固有名詞,組織,*
```

　空白が記号として区別され、単語に準じた扱いとなっています。オリジナルの
tokenize関数と動作を揃えるには、part_of_speechプロパティのカンマ区切りされた
品詞情報を使い、空白を除外します。

例A-8　空白の除外

```
>>> for token in tokens:
...     if token.part_of_speech.split(',')[0] != u'記号' and \
...         token.part_of_speech.split(',')[1] != u'空白':
...          print token.surface
...
cheap
viagra
and
authentic
rolex
```

これらを1つにまとめて、和文対応版のtokenize関数を作ります。

```
# 和文対応版tokenize関数
from janome.tokenizer import Tokenizer
from functools import partial

def tokenize_janome(tokenizer, message):
    """janome.tokenizerを用いた、単語分解関数。
    「13.3　実装」のtokenize関数と同じように、空白を単語区切りとして扱う。
    Tokenizerクラスのインスタンス化には時間がかかるので、関数の外部から渡す
    方式とする。"""

    all_words = [token.surface for token in tokenizer.tokenize(message)
                 if token.part_of_speech.split(',')[0] != u'記号' and
                    token.part_of_speech.split(',')[1] != u'空白']
```

```
        return set(all_words)

# partial関数を用いて1引数化することで、オリジナルのtokenizer関数と
# 同じインターフェースにする
tokenize = partial(tokenize_janome, Tokenizer())
```

　tokenize関数は1つのメールメッセージに対して1回呼ばれます。大量のメールメッセージを処理する場合、janome.tokenizerのインスタンス化をtokenizer関数の中で行うと、何度もインスタンス化が行われ実行時間が非常に長くなります。インスタンス化はtokenize関数の外で一度だけ行い、関数を呼び出す際に引数として与えるようにします。

　そのままではオリジナルのtokenize関数とインターフェースが異なるため、partial関数を用いて1引数にします。この和文対応版のtokenize関数は、オリジナルのtokenize関数に置き換えて使えます。

13章で使用したスパムアサシン（SpamAssassin）の公開コーパスには、さまざまな文字コードで書かれたメールメッセージが含まれます。和文対応版のtokenize関数が使用するjanome.tokenize関数は内部でUTF-8エンコードを行っていますが、コーパスの中にはUTF-8にエンコードできないメッセージも含まれるため、実際にはいくつかのメッセージを処理対象から外す必要があります。

コーパスのファイルを~/spam以下に展開していた場合、Linuxでは次のコマンドで対象外のファイルを削除できます。

```
python@ubuntu:~/spam$ for d in *
> do
> file $d/* | grep -v ": ASCII text" | grep -v "UTF-8" | awk -F: '{print "rm", $1}'
> done | bash
python@ubuntu:~/spam$ rm easy_ham/2342.f3a2998bb86db89f22971aceca333a98
```

また、同コーパス内には、和文のメールメッセージもいくつか存在しています。Subject:行などのメールのヘッダは、ASCII文字しか使えないため、例えば次のようにMIME形式でエンコーディングされているのが普通です。

```
Subject =?ISO-2022-JP?B?GyRCTCQ+NUJ6OS0cCIoPF5HLiEqPVAycSQkJE45LT5sGyhC?=
```

これを正しく解釈すると、「Subject: 未承諾広告※灼熱！出会いの広場」となりますが、このSubject行を日本語にデコードする処理は、ここでは扱いません。Python用のMIMEメッセージ処理ライブラリについて調べてみてください。

362 | 付録 A　日本語に関する補足

　tokenize関数は和文を処理できるようになりましたが、オリジナルのスパム分類器は、ファイルをデフォルトのエンコーディング、つまりASCIIのデータとして読み込みます。そのため、UTF-8でエンコーディングされた和文のSubject行を正しく読み込めません。メールヘッダの制限により、実際にはUTF-8で書かれたSubject行はコーパス内に存在しませんが、tokenize関数が和文対応したので、読み込みのコードも対応しておきましょう。オリジナルのコードを1行修正し、importを1行追加します。

```python
import codecs       # UTF-8のファイルを読み込むため、codecsライブラリを使用する
import glob, re

# ファイルを展開した場所に従って、次の値は変更する
path = r"/home/python/spam/*/*"

data = []

# glob.glob は、ワイルドカードに一致するファイル名を返します。
for fn in glob.glob(path):
    is_spam = "ham" not in fn

    with codecs.open(fn,'r', encoding='UTF-8') as file:  # UTF-8エンコーディングを指定
        for line in file:
            if line.startswith("Subject:"):
                # 行頭の"Subject: " を取り除き、残りの部分を保存する
                subject = re.sub(r"^Subject: ", "", line).strip()
                data.append((subject, is_spam))
```

　UTF-8エンコーディングでファイルからデータを読み込むためにPython組み込みのopen関数ではなくcodecs.open関数を使い、encodingパラメータに'UTF-8'を指定します。codecsライブラリはコードの先頭でimportします。

索引

数字・記号

20の質問（Twenty Questions）...........233
|（パイプ）...120

A

A/Bテスト 102
all関数..32
Anacondaディストリビューション 17
any関数 32
API...133-141
　認証の必要がないAPI...................135
　必要なAPIの探索.........................136
　JSON（そしてXML）....................133
　Twitter APIの事例...............137-141
　　Twythonを使う 138
　　認証の取得 137
argsとkwargs 41

B

Beautiful Soupライブラリ
　.....................................126, 134, 280
　XMLからのデータ取り出し 134
bi-gramモデル 280
Bokehプロジェクト 350
break文 31

C

CAPTCHA（キャプチャ）...........254-259
CDF（累積分布関数）...........................87
continue文...31
correlation関数.................................201
Counterクラス.....................................29
CREATE TABLE文 322

D

D3.jsライブラリ 350
DELETE文 324
distance関数............................156, 178

E

enumerate関数 40

F

F1値...171
filter関数 39
forループ 31
　リスト内包 33
FULL OUTER JOIN.......................333

G

GithubのAPI	135
GROUP BY文	327-330

H

Hacker News	352
HTML解析 (HTML parsing)	126
Beautiful Soupライブラリ	126
データに関するオライリー書籍の例	128-133

I

if文	30
if-then-else文	30
in演算子	24, 26
forループ	31
集合	31
INNER JOIN	331
INSERT文	322
IPython	18, 347

J

JavaScript	350
JOIN文	330
JSON (JavaScript Object Notation)	133

K

k近傍法 (k-nearest neighbors classification)	177-190
k平均法クラスタリング (k-means clustering)	262
kの選択	266
kwargs	41

L

Lasso回帰 (Lasso regression)	217
LEFT JOIN	332

M

map関数	39
MapReduce	337-346
基本アルゴリズム	337
行列操作の例	343-345
近況更新の分析の例	341
コンバイナ	345
単語のカウントの例	337-339
利点	339
math.erf関数	89
matplotlib	45, 350

N

n-gramモデル (n-gram model)	279-283
bi-gram	280
tri-gram	282
n-grams	282
NLP (自然言語処理)	277-294
None	31
NoSQLデータベース	335
NotQuiteABase	321
NumPy	349

O

ORDER BY文	330

P

p値 (p-value)	98
pハッキング (p-hacking)	101

pandas............................ 141, 164, 349
partial関数 39
PCA（主成分分析）............................158
pip...18
Python...17-43
　argsとkwargs 41
　Counterクラス...............................29
　enumerate関数 40
　stdinとstdoutを通じてデータを渡す
　..119
　zip関数と引数展開...........................41
　オブジェクト指向プログラミング.....37
　関数 21
　関数型ツール 38
　空白によるフォーマット 19
　算術演算..21
　ジェネレータとイテレータ 34
　辞書 26-29
　実行順制御 30
　集合 29
　真偽値 31
　正規表現..37
　ソート 33
　タプル 25
　データサイエンスに適した特徴.........ix
　文字列..22
　乱数の生成 35
　リスト 23
　リスト内包..33
　例外 22

R

R言語 ....ix, 350
randomモジュール 35
range関数 34
reduce関数 39
　ベクトル..59
RIGHT JOIN....................................333

S

scikit-learn 349
SELECT文...................................325-327
SQL (Structured Query Language)
　..........321, データベースとクエリも参照
stdinとstdout...................................119
stemmer関数 199

T

Tシャツプロジェクト（t-shirts project）
　..353
tokenize関数.............................194, 358
tri-gram...282
Twitter API.............................137-141
　Twythonを使う 138
　認証の取得 137

U

UPDATE文...323

W

Webページのスクレイピング（scraping
　data from web page）...............125-133
　HTML解析.....................................126
　データに関するオライリー書籍の例
　..128-133
WHERE句...324
whileループ 30

X

XML 134
xrange関数 34

Y

yield オペレータ 34

Z

zip 関数 41
　ベクトル 58

あ行

アイテムベース協調フィルタリング (item-
　based collaborative filtering)
　..317-319
アンサンブル学習 (ensemble learning)
　...245
一様分布 (uniform distribution) 86
　累積分布関数 87
因果関係 (causation) 78
インデックス (index) 334
動き (trend) 51
エッジ (edge) 295
エントロピー (entropy) 235
　分割 237
お勧め (recommendation) 311
オフラインミーティングの例
　(meetups example) 263-265
折れ線グラフ (line chart)
　matplotlib を使った作成 45
　動きを見る 51

か行

カーネルトリック (kernel trick) 229
　重回帰分析 207-217
　線形回帰 201-206
　ロジスティック回帰 219-231
回帰木 (regression tree) 235
解析 (parsing) .... HTML 解析を参照

階層的クラスタリング
　(hierarchical clustering) 270-275
過学習 (overfitting) 167, 172
角カッコ (square bracket、[]) 23
学習用データ (training data) 169
確率 (probability) 81-93, 348
　確率変数 85
　従属と独立 81
　条件付き確率 82
　正規分布 88
　中心極限定理 91
　定義 81
　ベイズの定理 84
　連続分布 86
確率的勾配下降法
　(stochastic gradient descent) 116
　PCA データによる 160
　重回帰モデルで最適な β を求める
　..210
確率変数 (random variable) 85
　Bernoulli 91
　一様 86
　期待値 86
　条件付きの事象 86
　正規 88-91
　二項 91
確率密度関数
　(probability density function) 86
仮説 (hypotheses) 95
仮説検定 (hypothesis testing) 95
　A/B テストの例 102
　p 値 98
　p ハッキング 101
　回帰係数 213-215
　コイン投げの例 95-100
　信頼区間 100
片側検定 (one-sided test) 98
カリー化 (currying) 38
関数 (function) 21

カンマ区切り値ファイル
（comma-separated values file）........123
　カンマ区切りの株価データ 150
キーコネクタ（key connector）................3
キーと値の関連付け（key/value pairs）
....26
キーバリューストア（key-value store）
....335
機械学習（machine learning）.......165-175
　scikit-learn ライブラリ..................349
　過学習と未学習 167
　正確さ 169
　定義 166
　特徴抽出と特徴選択 174
　バイアス‐バリアンス トレードオフ
....172
　モデリング 165
ギブスサンプリング（Gibbs sampling）
....286-288
帰無仮説（null hypothesis）...................95
　A/Bテスト 103
逆正規累積分布関数（inverse normal
cumulative distribution function）.....90
逆伝播誤差法（backpropagation）........252
キャプチャ（CAPTCHA）............254-259
教師あり学習（supervised learning）....261
教師あり学習モデル（supervised model）
....166
教師なし学習（unsupervised learning）
....261
教師なし学習モデル（unsupervised
model）..166
凝集型階層的クラスタリング（bottom-up
hierarchical clustering）............270-275
共分散（covariance）............................73
行列（matrix）................................62-65
　行列操作.......................................301
　　MapReduce....................343-345
　散布図行列 148

重要性...63
距離（distance）............177, 近傍法も参照
　クラスタ間 271
　ベクトル.......................................60
　ユークリッド 156
近接中心性（closeness centrality）.......300
近傍法（nearest neighbors classification）
....177-190
　好みのプログラミング言語の例
....179-183
　次元の呪い 183-189
　モデル...177
空白（whitespace）..............................19
クエリ最適化（query optimization）
....334-335
区切り文字を使ったファイル
（delimited file）..............................123
クラス（class）....................................37
クラスタ（cluster）......................156, 261
　クラスタ間の距離 271
クラスタリング（clustering）.........261-276
　kの選択 266
　k平均法クラスタリング 262
　色のクラスタリング事例................268
　オフラインミーティングの例
....263-265
　凝集型階層的クラスタリング
....270-275
係数の標準誤差（standard errors of
coefficient）...................... 211, 213-215
結合したクラスタ（merged cluster）....270
決定木（decision tree）.................233-246
　エントロピー 235
　生成 238
　定義 233
　分割のエントロピー 237
　面接決定木 242
　ランダムフォレスト 244

決定係数 (coefficient of determination)
....203
検証用データ (validation data) 169
勾配 (gradient) 109
勾配降下法 (gradient descent).....109-118
　確率的...116
　勾配の評価.....................................110
　最善の移動量を選択する.................114
　重回帰モデル.................................209
　単純な線形回帰.............................204
　バッチ型最小化の例.......................115
コード例の使用 (code examples from this book) x
誤差 (error)
　誤りが最小であるモデル.........109-118
　回帰係数の標準誤差.............213-215
　クラスタリング..............................266
　重回帰モデル.................................209
　単純な線形回帰モデル..........202, 205
コサイン類似度 (cosine similarity)
....313, 317
コマンドライン (command line).........119
固有Tシャツプロジェクト (eigenshirts project) 353
固有値 (eigenvalue)............................303
固有ベクトル (eigenvector) 302
固有ベクトル中心性 (eigenvector centrality) 301-305
混同行列 (confusion matrix) 170
コンバイナ (combiner) 345

さ行

再現率 (recall) 171
最小二乗モデル (least squares model)
　単純な線形回帰.............................204
　追加前提.......................................208
最小値 (minimum) 110
最大値 (maximum) 116

最頻値 (mode) 71
最尤推定 (maximum likelihood estimation) 205
サブクエリ (subquery) 333
サポートベクタマシン (support vector machine) 227
算術演算 (arithmetic)
　Python 21
　ベクトル..58
散布図 (scatterplot) 52-54
散布図行列 (scatterplot matrices) 148
ジェネレータ (generator) 34
シグモイド関数 (sigmoid function).....250
次元 (dimensionality) 183-189, 316
次元削減 (dimensionality reduction)
....157-164
　主成分分析 158
次元の呪い (curse of dimensionality)
.... 183-189, 316
　呪い 183-189, 316
事後分布 (posterior distribution) 104
辞書 (dictionary) 26
　defaultdictクラス...........................27
　itemsメソッドとiteritemsメソッド
....35
次数中心性 (degree centrality) 6, 296
自然言語処理 (natural language processing：NLP) 277-294
　興味に関するあれこれ.....................13
　トピックモデリング 288-294
　文法.......................................283-286
　ワードクラウド......................277-278
事前分布 (prior distribution) 104
実行順制御 (control flow) 30
集合 (set)...29
従属 (dependence) 81
主成分分析 (principal component analysis：PCA) 158
述語関数 (predicate function) 324

条件付き確率 (conditional probability)
....82
　確率変数................................85
消防車プロジェクト (fire trucks project)
....352
真偽 (truthiness) 31
真偽値 (boolean) 31
人工ニューラルネットワーク
　(artificial neural network) 247
シンプソンのパラドックス
　(Simpson's Paradox) 76
信頼区間 (confidence interval) 100
推定 (inference)
　A/Bテスト 102
　ベイズ推定 104
スカラー (scalar) 57
スキーマ (schema) 321
スクレイピング (scraping)...........125-133
スパムフィルタ (spam filter).......191-194
正確さ (accuracy, correctness) 169
　モデルの良し悪し 171
正規化された表 (normalized table).....330
正規表現 (regular expression) 37
正規分布 (normal distribution) 88
　p値の計算 100
　コイン投げの例..............................97
　中心極限定理 91
　標準 89
正則化 (regularization) 215
正方行列 (square matrix)...................302
線形回帰 (linear regression)
　重回帰分析 207-217
　　あてはめの良さ 211
　　回帰係数の標準誤差 213-215
　　最小二乗モデルへの追加前提
　　..208
　　正則化.................................215
　　ブートストラップ法 212
　　モデル..................................207

モデルの解釈.........................210
単純................................201-206
　勾配降下法 204
　最尤推定.................................205
　モデル 201
有料アカウントを使うかどうかの推測
　..219
線形代数 (linear algebra) 57-65, 348
　行列 62-65
　ベクトル................................57-62
潜在的ディリクレ分析 (Latent Dirichlet
　Analysis：LDA) 288
層 (layer) 249
相関 (correlation) 73
　因果関係.....................................78
　シンプソンのパラドクス...............76
　単純な線形回帰.............................202
　注意点.......................................78
　外れ値.......................................75
ソーシャルネットワーク分析
　(social network analysis) 352
ソート (sorting) 33
疎行列 (sparse matrix) 343

た行

第一種の過誤 (type 1 error) 97
対数尤度 (log likelihood)....................223
第二種の過誤 (type 2 error) 97
代表値 (central tendency)
　中央値..69
　分位数..71
　平均値..69
　モード..69
対話的な可視化
　(interactive visualization) 350
多重割り当て (multiple assignment).....25
タブ区切り値ファイル
　(tab-separated values file) 123

タプル (tuple) 25
ダミー変数 (dummy variable) 207
単位行列 (identity matrix) 63
中央値 (median) 69
中心極限定理 (central limit theorem)
....91, 100
中心性 (centrality)
　近接 300
　固有ベクトル 301-305
　次数 6, 296
　媒介 295-301
超平面 (hyperplane) 227
調和平均 (harmonic mean) 171
散らばり (dispersion) 71
　範囲 71
　標準偏差 73
　分散 72
データ (data)
　供給源 351
　取得 119-141
　　APIを使う 133-141
　　stdinとstdout.........................119
　　Webページのスクレイピング
....125-133
　　ファイルの読み込み 121-125
　スケールの変更.....................156-157
　整理と変換 149
　操作 152-155
　調査 143-149
データサイエンス (data science)
　概要 vii
　さらに深く学ぶ.....................347-353
　ゼロからはじめる viii
　著者個人のプロジェクト.................353
　定義 1
　必要なスキル vii
　変換 163
　マイニング 166
　ライブラリの使用 348

データの可視化 (data visualization)
....45-55
　matplotlib 45
　折れ線グラフ 51
　詳しく調べる 350
　散布図...52-54
　棒グラフ.......................................47-51
データのスケール (scale of data) 156
データのスケール変更
　(rescaling data) 156-157, 217
データの操作 (manipulating data)
....152-155
データベースとSQL (databases and
　SQL) 321-336
　CREATE TABLE文 321-323
　DELETE文 324
　GROUP BY文 327-330
　INSERT文 321-323
　JOIN文 330
　NoSQL 335
　ORDER BY文 330
　SELECT文 325-327
　UPDATE文............................323
　行の更新 323
　行の削除 324
　行の問い合わせ.........................325-327
　クエリ最適化...............................334-335
　グループ化...............................327-330
　結合 330
　サブクエリ 333
　並び替え 330
　表の作成と行の追加 321-323
データ変換 (transforming data) 163
データマイニング (data mining) 166
適合率と再現率 (precision and recall)
....171
テキストファイル (text file) 122
テスト用データ (test data) 169
統計 (statistics) 67-79, 348

仮説検定......................................95
相関係数......................................73
 因果関係..............................78
 シンプソンのパラドクス............76
 注意点..................................78
 データの特徴を表す.................67
 代表値..................................69
 散らばり..............................71
トークン (token)..........................285
遠さ (farness)..............................300
特徴 (feature)..............................174
 選択..................................174
 抽出..................................174
独立 (independence).....................81
ドット積 (dot product)
 ....60, 74, 229, 301
トピックモデリング (topic modeling)
288-294
貪欲法 (greedy algorithm).................239

な行

ナイーブベイズアルゴリズム
 (Naive Bayes algorithm).........191-200
 実装..................................194
 スパムフィルタの例...............191-194
内包 (comprehension)......................35
滑らかな関数 (smooth function)........250
二項確率変数 (binomial random variable)
91
二項関係 (binary relationship).............64
偽陽性 (false positive).....................97
ニューラルネットワーク
 (neural network)...................247-260
 CAPTCHA........................254-259
 逆伝播誤差法..........................252
 人工..................................247
 層....................................249
 パーセプトロン......................247

フィードフォワード......................249
ニューロン (neuron)......................247
ネットワーク (network)..................295
ネットワーク分析 (network analysis)
295-309
 近接中心性............................300
 固有ベクトル中心性.............301-305
 次数中心性............................6, 296
 媒介中心性........................295-301
 有効グラフとページランク.....306-308
ノイズ (noise)..........................167, 187
 機械学習..............................167
ノード (node)..............................295

は行

パーセプトロン (perceptron)..............247
バイアス (bias)............................172
 データの追加..........................174
バイアス‐バリアンス トレードオフ
 (Bias-Variance Tradeoff)..........52, 172
媒介中心性 (betweenness centrality)
295-301
パイプ (pipe、|)............................120
 Python スクリプトを通じてデータを
 渡す..................................119
バギング (bagging)..........................245
バケツ (bucket)............................143
バックプロパゲーション
 (backpropagation)........................252
パラメータ (parameter)....................104
パラメータ化されたモデル
 (parameterized model)..................166
バリアンス (variance)..................52, 172
 データの追加による低減.............174
範囲 (range)................................71
引数展開 (argument unpacking)..........41
ビジネスモデル (business model).......165
ヒストグラム (histogram)

知り合いの数 68
棒グラフを使って作る 48
微分係数 (derivatives) 110
表 (table) 321
インデックス 334
正規化 330
標準誤差 (standard error)
.... 211, 213-215
標準正規分布
(standard normal distribution) 89
標準偏差 (standard deviation) 73
ファイルの読み込み (reading file) 121
区切り文字を使ったファイル 123
テキストファイル 122
フィードフォワードニューラルネットワーク
(feed-forward neural network) 249
ブートストラップアグリゲーティング
(bootstrap aggregating) 245
ブートストラップ法 (bootstrapping)
....212
プログラミング言語 (programming
language)
Python ....Pythonを参照
R言語 ....ix, 350
データサイエンス ix
分位数 (quantile) 71
分散 (variance) 72
共分散との違い 73
分布 (distribution)
Bernoulli 92
正規 88
二項 91
ベータ 104
連続 86
文法 (grammar) 283-286
分類木 (classification tree) 235
平均値 (mean)
計算 69
情報量 235

調和平均 171
ベイズ推定 (Bayesian Inference) 104
ベイズの定理 (Bayes's Theorem)
....84, 191
ページランクアルゴリズム
(PageRank algorithm) 307
ベータ分布 (Beta distribution) 104
ベクトル (vector) 57-62
加算 57
減算 59
スカラーの乗算 59
ドット積 60
二乗の合計 60
複数のベクトルで構成されるデータを
行列として表現 63
ベクトル間の距離の計算 60
マグニチュード 60
ベルヌーイ試行 (Bernoulli trial) 96
辺 (edge) 295
偏導関数 (partial derivative) 109
棒グラフ (bar chart) 47-51

ま行

マグニチュード (magnitude) 60
未学習 167, 172
メンバー関数 (member function) 37
モード (mode) 71
モジュール (module) 20
文字列 (string) 22
モデル (model) 165
機械学習 166
バイアス-バリアンス トレードオフ
......................................52, 172

や行

ユークリッド距離関数
(Euclidean distance function) 156

ユーザ体験の最適化
（experience optimization）...............102
ユーザベース協調フィルタリング（user-
based collaborative filtering）..........313
尤度（likelihood）........................205, 223
有料アカウント（paid account）.............12
予測モデリング（predictive modeling）
....166

ら行

ランダムフォレスト（random forest）
....244
リコメンドシステム
（recommender system）............311-319
　アイテムベース協調フィルタリング
　...317-319
　知り合いかも？.................................6
　手作業によるキュレーション 312
　人気の高いものをお勧めする 312
　ユーザベース協調フィルタリング
　...313-317
離散型分布（discrete distribution）........86
リスト（list）...23
　sort メソッド...................................33

zip と引数展開 41
行列表現................................62
ベクトルの表現................................57
リスト内包（list comprehension）..........33
リッジ回帰（ridge regression）.............215
リレーショナルデータベース
（relational database）.......................321
累積分布関数（cumulative distribution
function：cdf）..................................87
例外（exception）.................................23
連続確率分布（continuous distribution）
....86
連続性補正（continuity correction）.......99
ロジスティック回帰（logistic regression）
....219-231
　あてはめの良さ..............................225
　モデルの適用 224
　有料アカウントを推測する上での問題
　.......................................219
　ロジスティック関数 222

わ行

ワードクラウド（word cloud）......277-278
割り当て（assignment）.........................25

●著者紹介

Joel Grus（ジョエル・グルス）

Google勤務のソフトウェアエンジニア。Googleの前は、複数のスタートアップ企業でデータサイエンティストとして働く。シアトル在住。定期的に「Data Science Happy Hours」に参加。時々joelgrus.comにブログを書いたり、一日中@joelgrusでつぶやいたりしている。

●訳者紹介

菊池 彰（きくち あきら）

日本アイ・ビー・エム株式会社勤務。翻訳書に『IPythonデータサイエンスクックブック』『詳説Cポインタ』『GNU Make第3版』『make改訂版』（以上オライリー・ジャパン）がある。

カバー説明

　表紙の動物はライチョウ（Rock Ptarmigan、学名Lagopus muta）です。欧米では狩猟対象ともなる中型の鳥で、英国とカナダでは単に「ターミガン」(ptarmigan) と呼ばれ、米国では「スノーチキン」(snow chicken) と呼ばれています。ライチョウは季節による移動を行わない留鳥として知られ、北極から亜寒帯にかけてのユーラシア大陸、北米、グリーンランドに生息しています。隔絶された荒涼とした土地を好み、スコットランドの山岳帯、ピレネー山脈、アルプス山脈、ウラル山脈、パミール高原、バルカン山脈、アルタイ山脈、日本アルプスなどで姿を見ることができます。主にカバノキと柳の芽のほか、種子、花、葉、果実などを食べます。幼鳥にとっては昆虫も重要な栄養源です。

　オスとメスの外見的な差異はあまりありませんが、オスには目の上に赤い肉冠があります。この肉冠は求愛表現に使われ、肉冠の大きさとテストステロンの強さには相関があることが、多くの研究からわかっています。季節によって周囲の環境に合わせて保護色となるように換羽し、夏は岩場で目立たないような黒っぽい羽、冬は雪に紛れるように黒い尾を除いて全身が真っ白な羽で覆われます。

　生後6ヶ月で繁殖可能となり、1回に平均6個の卵を産みます。狩猟の対象となったり、イヌワシに捕食されたりすることも多いのですが、比較的多産なために個体数を維持できています。

　アイスランドではクリスマス料理としてライチョウの肉は人気があります。しかし、個体数の減少により、2003年と2004年にはライチョウの狩猟が禁止されました。2005年には、特定の狩猟日に限り再び狩猟可能となりましたが、現在ライチョウの取引は法律で禁止されています。

ゼロからはじめるデータサイエンス
──Pythonで学ぶ基本と実践

2017年 1 月27日	初版第 1 刷発行
2017年 1 月30日	初版第 2 刷発行

著　　　者	Joel Grus（ジョエル・グルス）
訳　　　者	菊池 彰（きくち あきら）
発　行　人	ティム・オライリー
制　　　作	ビーンズ・ネットワークス
印刷・製本	日経印刷株式会社
発　行　所	株式会社オライリー・ジャパン
	〒160-0002　東京都新宿区四谷坂町12番22号
	Tel　(03)3356-5227
	Fax　(03)3356-5263
	電子メール　japan@oreilly.co.jp
発　売　元	株式会社オーム社
	〒101-8460　東京都千代田区神田錦町3-1
	Tel　(03)3233-0641（代表）
	Fax　(03)3233-3440

Printed in Japan（ISBN978-4-87311-786-7）
乱丁本、落丁本はお取り替え致します。

本書は著作権上の保護を受けています。本書の一部あるいは全部について、株式会社オライリー・ジャパンから文書による許諾を得ずに、いかなる方法においても無断で複写、複製することは禁じられています。